JN119330

場所の記憶

大阪東部下町／旧神路村界隈とその周辺まちづくり史

竹内 陸男

南風舎

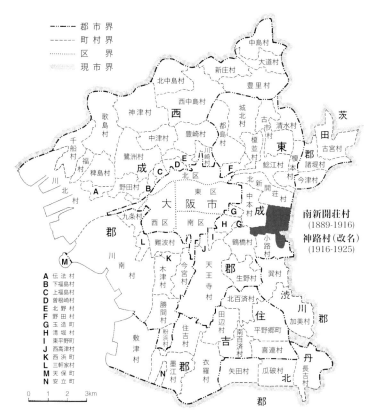

A　伝法村
B　下福島村
C　上福島村
D　曽根崎村
E　北野村
F　玉造町
G　清堀村
H　東平野町
I　西高津村
J　西浜町
K　三軒家村
L　天保町
M　安立町

0　1　2　3km

市制町村制施行時（1889.4）の南新開荘村（1916年「神路村」に改名）の位置
出典：『新修大阪市史』第5巻 p.198の挿図（『大阪百年史』附図による）に加筆

東成区およびその周辺部の建物用途別土地利用（昭和25年）
出典：『新修大阪市史』歴史地図（図9の一部）

はじめに

　地域のまちづくりが一般にも認知されるようになってきたようだ。相次ぐ地震や水害で誰にとっても自分の住む地域の安全性について関心を向けざるを得なくなってきたこと、近年のコミュニティ政策の一環で学校区等を単位に地域活動協議会が全国的に設立され、生活に身近な範囲でまちづくりが取り組まれるようになってきたこと、さらに、地方はいうまでもなく大都市郊外でも人口減少や高齢化の進行で地域再生が強く意識されるようになってきたことなどがその背景事情ともいえる。そういえば、「地域学」という言葉はまだまだ未成熟だが社会教育分野を中心に使われるようになってきた。また、今では普通に使われる「まちづくり」という言葉も市民権を得るようになったのはせいぜいここ40〜50年のこと、もともとその言葉には「住民・市民の自治の力をもとにしたコミュニティ活動」という意味が込められていた。

　地域のまちづくりを進める上で、現在の問題や将来の見通しを考えて取り組むことはもちろんだが、歴史をふり返ることを通して、自分たちの「まち」の歩みについてしっかり理解することも大事なことである。

　しかし、意外に思うかもしれないが、都市計画やまちづくりに関する歴史の本はそんなに多くない。日本近代都市計画の全体像を明らかにした体系的な通史といえば、石田頼房『日本近代都市計画の百年』(1987、自治体研究社)が代表的であるが、都市・自治体レベルのまちづくりの歴史となるとごく限られる。自治体が編纂したものは、「事業誌(史)」という形式のものがほとんどで、かなり専門的で記録としては貴重なものだが、一般市民にとって読み物としてはなかなか馴染みにくい。また、自治体単位の地方史(いわゆる「市史・区史」など)は数多いが、執筆者が歴史研究者や郷土史家であることが多いため、都市づくりのことがきちんと取り上げられているケースはむしろ少ないといえる。

　こうした中、例えば「大阪の都市づくりやまちなみ形成」を広く扱った歴史の本を探してみると、次の2冊が目にとまる。1つは、大阪市都市住宅史編集委員会編『まちに住まう―大阪都市住宅史』(1989、平凡社)で、まちなみ形成や市民の都市生活などを中心に、多くの貴重な資料を収録しながら、一般にも

たいへん読みやすい内容のものである。もう1つは、玉置豊次郎『大阪建設史夜話』(1980、大阪都市協会)で、内務省の都市計画技官や大阪府の建築監督官をしていた豊富な実務経験をもとにエピソードを交えた興味深い都市づくり回想記である。これらは、本書の執筆に際しても多く参考にさせていただいた。

　さて、都市づくりの歴史の本について、「全国版」と「都市(自治体)版」の状況に少しふれたが、さらに狭い範囲の「地域版」のものとなるとほとんど皆無といってもいいすぎではない。まちの主人公である住民・市民が、自分たちの「まち」を知り、「まちづくり」を考え・参加する契機になる、そんな「地域まちづくり史読本」が身近にあると、むずかしいといわれる都市づくりも少しは分かりやすくなって、どんなにか役立つに違いない。それがこの本のいちばんの執筆動機である。

　この本の執筆動機にはもう1つある。筆者が学んだ都市計画研究室(東京都立大学都市計画研究室)では暗黙の習いがあった。自分の住む地域や生まれ育った場所など、よく知る身近な地域の観察やまちづくりにかかわり、実際のまちを理解し、習い学ぶことである。また、どんな市街地でも「まったく計画というものが存在しない場合はまず無く、計画の痕跡を辿り、その成功と失敗あるいは不十分な実施を学ぶことが都市計画にかかわるものには大事なこと」だと教わった。「生まれ育った場所」のことは、いずれのときにまとめておきたいテーマだった。

　本書が対象とする地域は、筆者が生まれ育った大阪東部下町である。タイトルにある「神路村界隈」とは、1889(明治22)年の市制町村制の施行に際し、それまでの古集落である大今里村・東今里村・深江村の3村が合併して誕生した村の範囲を指している(施行当時の名は南新開荘村)。また「その周辺」とは、神路村に隣接する中本村・鶴橋村・小路村の3村を指している。現在の東成区域は、当時の神路村全域と周辺3村の各一部で構成されているので、地域的な広がりでみると、神路村<現在の東成区域<神路村と周辺3村、という関係になる。本書で扱う「地域」とは、ごく大まかにくくると、大阪市内「上町台地」の東側、南北に流れる平野川以東、北は中央大通り、南は近鉄奈良線に囲まれた地域を中心に、その周辺部を含む現東成区域よりやや広いエリアを対象としている。

　ちなみに、「神路」という名の由来は、村内を東西に横断する暗越奈良街道が「神武天皇大和國に東征の際の御通路なりとの口碑あり」(『東成郡誌』)、つま

り「神の路」との伝承から、1916（大正5）年の天皇即位御大典記念に際して、それまでの南新開荘村を「神路村」と改称され、かなり時代がかった名であるが、それほど古くからあったものではない。たぶん、大阪に慣れ親しむ人たちには「神路界隈」というより「今里界隈」といった方が分かりやすいかもしれない。

　さて、本書の内容は次の3部で構成している。第1部では「まちづくり前史」として、当地域が「まち」に移行するまでの大正期以前を、その長い歴史と原風景についていくつかトピック風に紹介している。第2部は「地域まちづくり史」と題したこの本の本編であり、大正に入った1910年代後半から2010年代まで、およそ百年余りのまちづくりについて年代を追って書いている。第3部は「まちの記憶」と題した話題編で、まちなみ形成にかかわるエピソードやかつての下町の暮らし・文化などをいくつか取り上げている。これらのうち、第1部は特にふるい歴史に関心がある方に、第3部はまちづくり余話として興味半分ぐらいで、それぞれ独立して読んでいただいて差し支えない。

　本編の第2部では、時期区分しておおよそ4つの時期に分けた。①まちの形成―1919（大正8）年の大阪市区改正設計や1928（昭和3）年の総合大阪都市計画に基づくまちの基盤が形成された1940（昭和15）年ごろまでのこと、②大戦と防空都市づくり―時代が急変し、軍事色が強い都市づくりが展開された1930年代後半から敗戦の1945年までのこと、③まちの復興とまちの改造―敗戦後の戦災復興計画や万国博開催をテコに大規模開発が相継いだ1945（昭和20）年から1970（昭和45）年までのこと、④まちなかの持続と再編―街づくりの基本法ともいうべき都市計画法・建築基準法の大改正が行われ、地方自治体や市民・住民がまちづくりの主役として積極的に関わることができるようになった1970年前後以降ここ半世紀のこと、の4つの時期である。

　この本は、筆者にとってのまちづくり学習の1つでもあり、その対象がたまたま大阪市内という場所柄から、「地域からみた近代都市計画百年」のおさらいにもなった。この作業を通じて、戦前の土地会社（今でいう民間デベロッパー）の活躍や全国的なモデルとなる区画整理公園の存在、戦災被害にも匹敵する建物強制疎開の実態、ほとんど忘れ去られた未完の計画など、地域を深掘りすることで得られた発見もいくつかあった。

　東京在住の筆者にとって文献調査は在京の図書館（国会図書館や東京都立中央

図書館など）を中心としたが、細かなことはメール等による相談で多くの方に協力いただいた。特に大阪市立中央図書館の調査相談では貴重な資料の提供・紹介を、また、大阪市都市整備局（区画整理課・住環境整備課）や都市計画局（都市計画課）、建設局（管財課・真田山公園事務所）、東成区役所市民協働課の担当の皆さんには、多くのことを質問させていただき、その都度丁寧に回答をいただいた。ここに深く感謝申し上げます。

　2021年6月

竹 内 陸 男

目　　次

場所の記憶
大阪東部下町／旧神路村界隈とその周辺まちづくり史

第1部
まちづくり前史

この地が、村からまちへ大きく変わってきたのはせいぜいここ100年ほどのことである。当地の神路村や周辺の村々が1925（大正14）年の市域拡張によって大阪市へ編入されたが、それが「まちの形成」のスタート期といえる。さて、このスタート期の話に入る前に、まずはこの地の長い歴史と原風景を、そしてまちへの準備期ともいうべき明治から大正にかけてのいくつかの動きを、かなり駆け足にはなるが振り返ってみよう。

1　台地の東に生まれた集落

むかしは河内湾の一部

　大阪の地形図をみると、南北に走る上町台地を除けばほとんどがゼロメートルに近い低地から成っている。特に平野川以東のこの地は、そのむかしは生駒山麓まで広がる河内湾の一部であった。1966年に現在の大今里3丁目、ロータリーがある今里駅地下14m付近（5、6千年前の地層）からヒゲクジラ類の頭骨化石が発見されている。それが海岸線の後退や旧大和川とその支流（平野川もその1つ）による土砂堆積や干拓で次第に陸地化された。長い間ここは、菅や葦が生い茂る低湿地であった。「深江」「片江」の名は上町台地の東沿岸の入江にあたる旧大和川下流の湖水域の名残り、「今里」とは新しく開拓された所の意である。

　この地に人びとが定住したのは古墳時代末期の6世紀頃とされる。1955年に大今里西1丁目付近で繋留杭とともに独木船や土師器が見つかり、ここに集落があったことが判明した。それより前の5世紀頃の地図によると、平野川と長瀬川（旧大和の河道とほぼ重なる）の間に位置するこの地は淡水域とされており、干潮時には広い干潟が出現し、また河川沿いの自然堤防や砂州等の微高地など、ところどころ陸地化されていた。

難波京域の一角

　「難波の地」に都や副都が置かれたのは、およそ5世紀から8世紀のことである。5世紀における応神天皇の大隅宮や仁徳天皇の難波高津宮（都）、その後7世紀中頃、大化改新の政治が行われた孝徳天皇の難波長柄豊碕宮（都）、さらに、天武朝の前期難波宮（7世紀後半）、聖武朝の後期難波宮（8世紀半ばの都）がそれであり、上町台地は大阪の歴史発祥の地である。8世紀初めの郡郷制ではこの台地をほぼ東西に2分し（通説では現在の谷町筋辺り）、それぞれ東成郡・西成郡と

2

約2100年前の大阪平野（河内湖の時代）
出典：『大阪遺跡』大阪市文化財協会編 創元社 2008

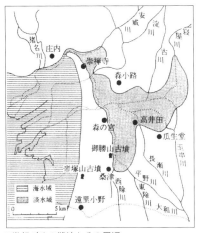

5世紀ごろの難波とその周辺
出典：『新修大阪市史』第1巻 p.543,『続大阪平野発達史』より

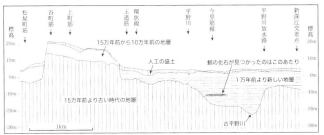

地下鉄千日前線に沿う東西方向地質断面図
出典：樽野博幸「今里を鯨が泳いだころ」『大阪春秋』2008年4月 No.130 p.55

クジラの化石
写真：朝日新聞社提供

称した。前者は奈良時代には「東生」とも書き、上町台地の東に新しく生まれた集落の意とされる。ちなみに、難波京の復元案によると、都城の京域や条坊街区の存在について諸説あるが、後期難波京（8世紀前半の聖武期）の東端は平野川辺り、広く推定した説ではこの地の一部を含んでいる。いずれにしろ8世紀に入った頃には、上町台地の東側低湿地では新たな開墾等で水田地帯が広がり始めていたのであろう。

四天王寺支配の寺領荘園「新開荘」

　8世紀の終わり、長岡京遷都とともに難波宮が廃止されてからは難波の地は歴史の表舞台から遠ざかる。10世紀後半の平安中期、冷泉天皇によって勅納されたと記される四天王寺三昧院領の荘園「新開荘」（平安時代まで「玉造江」とい

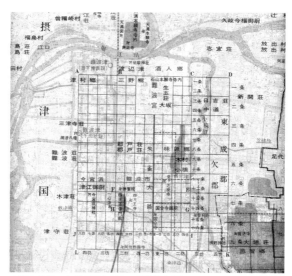

大阪の古代・中世（難波京城・新開荘など）
出典：『新修大阪市史』歴史地図（図3の一部）

われた風光明媚の水郷地帯に開拓された新しい荘園）は、その範囲が旧大和川・平
野川・暗越奈良街道に囲まれた一角というから、この地が当時、古代からの
有力寺院である四天王寺の支配下にあったことが知られる。江戸時代に編纂さ
れた摂津志によると、新開荘の範囲は深江・新家・大今里・東今里・西今里・
本荘・中浜・左専道・永田・天王田・鴫野の11か村にわたるものとある。また、
15世紀頃の記録によると、四天王寺は、上町台地東側に「東方十四庄」と呼ば
れる一連の寺領荘園を所有したが、その1つに「今里荘」（時期はわからないが後
に成長して、大今里・東今里・西今里の3村に分かれた）が、天王寺金堂舎利講記
録には本庄・中道荘の名も挙げられている。この地の村々が、中世以前にすで
にその起源を有していたことがうかがえる。

2　秀吉の城下町づくりと暗越奈良街道

上町台地の西側で進んだ城下町づくり

　「大坂」という地名が歴史に登場するのは15世紀終わり頃である。本願寺蓮
如が摂津国東成郡生玉荘内の大坂の地（現在の大阪城付近）に坊舎（後の石山本願
寺）を建立したことが初めであり、その坊舎を中心に寺内町ができるまでに賑

慶長期の大坂城下概念図
出典：『まちに住まう－大阪都市住宅史』
　　　内田九州男原図

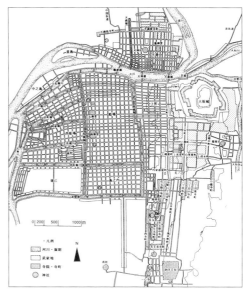

明暦期の大坂城下町復元図
出典：『まちに住まう－大阪都市住宅史』宮本雅明作図

わったのが近世大坂の源流とされる。1583（天正11）年に豊臣秀吉が石山本願寺の跡地に天下統一の拠点として大坂城を築き、城下町を建設した。四方一里に及ぶ広大な街づくりは、後の大坂三郷（江戸期大坂町奉行支配下の北組、南組、天満組の三組の総称で、現在の大阪の中心市街地部にあたる）の骨格をほぼこの時期に形成した。

　当時（秀吉・秀頼の時代）の城と城下の街づくりは、町域など詳細は不明とされながらもかなりその全容がわかってきている。上町台地北端部の高台を中心に、本丸・二の丸・三の丸・惣構という四重構造の城郭は、北は天然の大河（大川）、西は東横堀、南は末吉橋付近から玉造駅付近に至る空堀、東は旧大和川支流の猫間川に囲まれたおよそ2km四方に及ぶ。その西側に整備された城下町は、市街地の最西端部が現在の御堂筋辺り、南は道頓堀近く、北は大川を隔てた天満の地とされる。上町台地の西側御堂筋辺りや天満の地は地形的には低地に分類されるが盛土不要の微高地にあたる。ちなみに、御堂筋以西、西横堀辺りから木津川に至る低湿地部等の市街地の拡大は大坂夏の陣（大坂落城）の後、幕府直轄下での復興整備に合わせ初期の有力町人たちによって新堀や新町の開

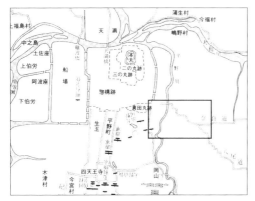

暗越奈良街道のまちなみ
（大今里3丁目付近）
出典：HP「東成まちかどツアー」より

左）街道の起点「二軒茶屋跡」
　　出典：『暗越奈良街道ガイドブック2012』
　　㈱読書館『暗越奈良街道』編集委員会
右）常夜灯を兼ねた道標
　　出典：『東成区史』

上）大坂夏の陣両軍布陣図に一部加筆
　　出典：『新修大阪市史』第3巻 p.112
下）暗越奈良街道位置図　　出典：『東成区史』

発が進められ、江戸期を通じて新地開発による大坂三郷の区域拡大が図られた。

　話を戻すが、上町台地とその西側で進んだ城下町づくりは、城普請で大坂に集められた諸大名や家臣、直接従事させられた大量の職人ほか多種多様な人々でたちまち5万人を超す大都市に膨れ上がったという。築城には石集めが欠かせない。古墳に最適だった千塚（八尾市）の石や生駒山系の採石場も使用され、河内のいたるところで石運びの喧騒が沸き立っていたともいう。城の東南部2〜3kmの至近距離に位置するこの地からも台地上にそびえる5層の天守が見えたに違いない。大坂夏の陣では猛火に包まれ、大量の火薬もろとも大爆発を起こして飛び散った天守の様も見たに違いない。

暗越奈良街道とその街村の大今里村・深江村

　大坂夏の陣の両軍布陣図をみると、図の中に南北に流れる平野川とともに、城の東南の隅（現在の玉造駅辺り）から東西方向に延びる道（奈良道）が描かれて

いる。暗越奈良街道である。

　この街道がいつ頃開設されたか定かでないが、古代道路（古事記に記される「日下の直越道」）の一部と重なり、古くは天平期、都が飛鳥から平城京に移されると難波津に上陸した人たちが生駒越えの路を利用した。大仏開眼に招かれた天竺僧菩提僊那や鑑真和尚も難波津に上陸してこの道を辿って平城京に入ったとされる。また、古地図に記載されてくるのは織豊期の頃からとされ、特に、秀吉の弟秀長が大和郡山の城主（大和支配の拠点）になると、この街道が政治的にも注目され、多く利用されるようになった。摂津・河内・大和村落を結ぶ東西の重要路、生駒山の暗峠を越えて奈良へ抜ける最短ルートである（江戸期までの街道の起点は二軒茶屋）。

　中道村、本庄村、大今里村、深江村はその街村（街道沿いの集落）にあたる。戦国期そして大坂の陣を含めこの街道にも陣馬が駆け抜けたに違いない。天正年間、織田信長の石山本願寺攻めでは、大今里村の熊野大神宮や妙法寺等の坊舎が兵火で焼失、東小橋村の比売許曽神社（旧社地）も灰燼に帰した。また大坂冬の陣では、大今里の熊野大神宮に東軍（徳川方）の京極若狭守忠高が陣屋を置き、平野川沿いには多くの武将が布陣して城を囲んだ。深江村の深江稲荷神社はこの戦火に巻き込まれ焼失した。さらに大坂夏の陣では、本庄村の八王子神社や誓立寺、西今里村の八剣神社なども兵火で焼失、街道付近が両軍の戦場になった。

3　幕府直轄支配と当地農民たちの抵抗

太閤検地による新開荘の廃止

　秀吉が大坂城に入ったとき、摂津・河内両国の大部分を直轄領とした。当地はそれまで四天王寺支配の寺領荘園（新開荘）であったが、荘園は廃止され、支配の仕組みが一変した。統一の重要な手段であった検地や刀狩令・人掃令による身分の固定化など農民や村単位の統制が強められた。特に、領主と農民（名請人）の間の年貢賦課・納入の関係を確定する検地は、農民支配の基本であった。1594（文禄3）年に実施された大坂周辺の太閤検地によると、大今里村の面積（田畑・屋敷）63.3町、村高832石、東今里は同32.8町、451石、深江村（1677年の延宝検地による）は同58.5町、752石であり、これら3村（後の神路村に当たる）の合計でみると、約155町、2,000石余りとなっている。また、年貢負担を東今

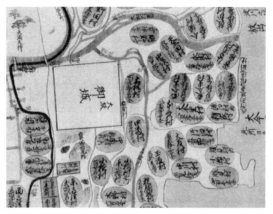

上）1679（延宝7）年東今里村検地
帳（岸田氏蔵）
左）元禄期の大坂城東側の村々
出典：『元禄国絵図』（公文書館蔵）

里村の例（1688年）でみると、村高453石から栽培不能や不作分を差し引いた残高（毛付高）445石に対して、取米（年貢納入米）が258石、したがって租率は約58％、6割近い値である。なお、大今里村の西小路（現大今里4丁目）には、御蔵屋敷と称する納米のための2つの倉があって、西倉は江戸へ積み送る320石を、東倉は京都へ積み送る180石を納めて、代官方から村に派遣された番人が常住し管理していたという。両方合わせると取米500石になるから、大今里村の村高（800〜900石台）からみて租率は5〜6割程度であったと推定できる。もっとも秀吉の二公一民制よりも厳しい取り立て事例もあったというから、いずれにしてもかなり高いものであったといえる（『東成郡誌』、『新修大阪市史』第3巻）。

代官支配の幕府領

江戸期におけるこの地の領主を確認しよう。まず所領規模の概数だが、江戸初期における現大阪市域の総石高は11万石ほど（約140か村）、うち東成郡は3万石余り（約60か村）である。大坂落城直後の東成郡の所領は、大坂藩主に任じられた松平忠明領（1.76万石）と秀吉の正室であった高台院領（0.83万石）で大部分を占め、深江・片江などが高台院領、大今里・東今里・西今里・本庄など多くは城代忠明領である。

その後畿内の幕府直轄化が強められ、正保期（1644〜1648）の当地および周辺の村々はいずれも幕府領（幕府直轄の天領）となった。西鶴や近松が活躍した元禄期（1688〜1704）は、大今里・東今里が旗本小浜氏領となったほかは、深江・片江・西今里・本庄・中道・東小橋など多くは幕府領のままである。元禄の頃といえば、国学の基礎を築いた契沖が今里妙法寺（現大今里4丁目）の住職をし

ており、そこで水戸光圀の委嘱で万葉集の注釈書「万葉代匠記」を著したとさ
れる。時代が下がって、大坂町奉行所与力の大塩平八郎が近在農民らと共に決
起した幕末に近い天保期(1830〜1844)は、深江・東今里・西今里・本庄などが
大坂城代領、大今里・片江・東小橋・中道などは幕府領となっている。若干の
変動はあるが、基本的には幕府領(代官支配)か城代や奉行の知行地となってい
た(『新修大阪市史』第10巻 歴史地図)。

年貢減免運動の中心だった当地農民たち

　農民には「死なぬ様に生きぬ様に」治めよといわれていた時代である。豊臣
氏の治下では、年貢は庄屋(村の有力農民)の請負制、つまり庄屋を介した間接
的な年貢納入が基本であったという。徳川の時代になると、それが村請制や五
人組制、宗門改・人別改などによる村単位の農民統制が強化された。年貢納入
の義務とともに治安維持を含め村全体の連帯責任とされた。

　18世紀の中頃近く(吉宗将軍の終わり頃)、幕府財政の悪化を背景に畿内にお
いてもかつて例のない年貢増徴策が図られた。時の勘定奉行神尾春央は今でい
う増税強硬派にあたる。これに抗して農民の減免運動が広がるが、特に摂津・
河内大和川筋の農民たちは各代官所や大坂町奉行所への出訴にとどまらず、京
都・江戸へも越訴するなど、その後の農民一揆の先駆けともなる運動を展開し
た。当地の大今里・東今里・西今里・深江を含む十数か村が訴願活動の中心だっ
たという。減免願いはことごとく却下、運動は圧殺された。支配代官の青木次
郎九郎や手代等の下級役人を含め関係した庄屋や村々が処罰・処分を受けた。
過料処分を申し付けられた村の中には深江・東今里・西今里も含まれる(『新修
大阪市史』第3巻 p.800)。この地においても幕府領主と農民の関係が必ずしも穏
やかでなかったことをうかがわせる。

4　大和川の付け替えと平野川流域のこと

最盛期には70艘を数えた柏原船の運航

　人々の暮らしや生産活動において「川」が果たした役割は大きかった。17世
紀の終わり頃まで、この地を挟んで南北方向に、西の端を平野川、東の端の深
江から東1km余りの所を大和川の本流が流れていた。当時の大和川は、現在
の長瀬川の河道とほぼ重なり、大和国から河内国に出て石川と合流する辺りか
ら北流し、いくつかに分かれて淀川に合流していた。一方の平野川は、大和川

柏原舟

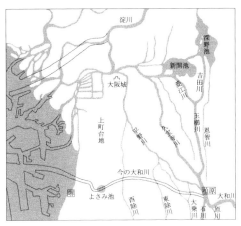

淀川
深野池
新開池
吉田川
大阪城
玉櫛川
恩智川
上町台地
今の大和川
よさみ池
西除川
東除川
大乗川
右原川
大和川
柏原

左) 柏原船（『和漢船用集』）
右) 付け替え前の大和川と周辺河川
　　出典：『大和川の歴史』柏原市文化財課

から分岐して(現柏原市古市辺り)ほぼ北西に流れ、環濠集落として知られた平野郷辺りから北流し、京橋で淀川と合流する。上流から下流までの高低差が少なく、雨が続くと流域はすぐに冠水したという。

　この平野川は、17世紀の前半期、1636(寛永13)年から柏原船が運航し、柏原から京橋を経て大坂市中八軒家を結ぶ物資輸送を担った。もともと船の運航は、洪水常襲地であった大和川と石川との合流地にあたる柏原村での災害復旧費の捻出がその目的であったという。船は、長さ39尺5寸(約12m)幅7尺(約2.1m)、船頭2人が乗り、20石積みほどの大きさ、最盛期には70艘を数えた。江戸期における平野郷の繁栄はこの柏原船による中継交易地としての立地性にもよっていた。

大和川の付け替え事業

　大坂は「水の都」と称され、町の繁栄と縦横に通る水路とは不可分にあった。淀川・大和川という二大河川によって畿内主要部に直結するとともに、古くから瀬戸内海によって西国とも結ばれ、水運・海運の結節点でもあった。しかし、水利の良さは時として自然の猛威にさらされる。古い記録によると淀川・大和川の流域のどこかで6年に1度の割合で洪水の被害を被ったとされる。畿内はどの時代も治水には重大な関心が払われた。江戸期における淀川・大和川水系の治水対策といえば、1684(貞享元)年に始まる淀川治水工事と1703(元禄16)年から翌年にかけて行われた大和川の付け替え事業(現在の大阪市域の南端を東西に流れる現ルートへの付け替え)が代表である。

17世紀後半（五代将軍綱吉の頃）に相次いだ水害に、もはや小手先の対応では間に合わず、抜本的な対策が必要とされ、河村瑞賢を派遣して大規模な治水事業が実施された。瑞賢の工事では、付け替え案は当初から排除され、流末の疎通に重点が置かれた。淀川河口の開削（安治川）を中心に、工事は淀川筋、大和川筋、木津川筋など広範囲に及び、「支流まで合わせると十万余丈にわたって河岸を侵す田畑や建物を取り払い、芦葦竹木（ろ　い）を除き、河道堤岸を明白にすることによって河川の侵されるのを止めた」とある（『新修大阪市史』第3巻p.406）。

　しかし瑞賢の川普請は、治水水準の底上げとともに、特に水運の利便は甚大であったものの、大和川流域滞水の排除には効果が薄かった。大和川の治水の根本は淀川・寝屋川水系との分離が必要という河道分散論（新井白石）が説得力を増し、河内の低湿地の村々を中心に再び河川付け替えの訴願が盛んになった。また一方で、付け替えによる廃川旧河床の新田化をもくろむ町人（新田開発を請け負う町人）の後押しもあり、幕府は、ようやく付け替え案の採用を決定した。政治的には、幕府の財政強化に向けた新田開発と治水対策の大和川付け替え事業はセットのものと考えたのであろう。もちろん新川筋の村々は反対陳情を繰り返したが、幕命には逆らえない。実際に新川開削による潰れ地は、40数か村、274町歩に上った。

　大和川の付け替えはいろいろな変化をもたらした。旧大和川筋や淡水域の名残であった深野池（ふこ　の　いけ）・新開池などの湿地帯は新田に変わった。新田では主に砂地に適した綿が栽培された。新開池では鴻池善右衛門が開墾の権利を譲り受け、新田の中でも最大の鴻池新田（約120町歩）を開発した。一方で、周辺村々の水利条件も大きく変わった。旧大和川筋の村々はもちろん、その支流の平野川でも水量が減少して水損・旱損となり、取米や作付にも大きく影響した。用水利用をめぐる水争いも頻発したという。先にみた旧大和川筋の過激な幕領農民の抵抗運動（年貢減免運動）もこうした土地利用改変が複雑に絡んでいたのであろう。

和気清麻呂による平野川開削

　余談になるが、大和川の付け替え事業（1704年）のはるか千年近く前、大和川水系の氾濫対策として平野川の開削事業が試されていた。平安京遷都の少し前の788（延暦7）年、摂津・河内の振興を期待し、当時の摂津大夫であった和気清麻呂（733-799）によって提案され、延べ23万人を動員して上町台地の開削工事を行った。ルートは、平野川と駒川・今川と合流する杭全町辺りから分流をはかり西北へ、現天王寺区河掘神社―堀越神社―茶臼山古墳南側から海（大阪

湾)に流入させる計画である。自然地形を生かしたルートであったが、残念ながら、落差5〜6mもある上町台地を開削するには、当時の土木技術では困難をきわめ、成功を収めるには至らなかった。工事の痕跡がいくつか残っている。現在の茶臼山・河底池(ここに「和気橋」がある)、堀越神社前の谷町筋や天王寺中学校南側を東西に走る窪地など、地名の堀越町・河掘町もその名残である。

　不成功に終わったのは、技術的な問題のほか、当時の蝦夷征討(788年には歩騎5万人余りを動員し、多賀城に集結)や長岡京遷都(造宮に延べ31万4千人の役夫を雇用)による財政難なども重なったのではないかともいわれている。この平野川開削事業の不成功により、以来河内平野は千年近くも水害に苦しんだ。

5　街道のエピソード

60年周期で流行した伊勢参宮お陰参り

　江戸期の3都(3つの大都市)といえば、政治の中心「江戸」と経済の中心「大坂」、それに文化の中心ともいうべき「京(京都)」であった。人口規模でみると、江戸の人口は諸説あるが多い時で100万人以上、京・大坂の人口は40万人程度とされている。江戸・京都を結ぶ東海道と京都・大坂を結ぶ京街道(大坂街道ともいう)はこれら東西の都市をつなぐ主要幹線路にあたる。ところで、大坂と奈良を結ぶ当地の街道(暗越奈良街道)はこの時期、ずいぶんのんびりしていたに違いない。政治的には大坂・奈良ともに幕府の直轄下にあってその影響力は弱く、また畿内の物資流通もその中心はもっぱら水運であった。当地の街道は、もちろん摂津・河内・大和村落を結ぶ東西の重要路であったものの、広域的には奈良の大仏詣でやお伊勢参り(西国・関西方面からの参宮者の多くは最短コースとされる暗越奈良街道(大坂―奈良)と伊勢本街道(奈良―伊勢)の道を通った)といった民衆の娯楽を兼ねた文化・宗教面での利用が主であったといえる。

　江戸中期、大和川付け替え後の1705(宝永2)年には熱狂的な伊勢参宮「お陰参り」が流行った。約2か月の間に全国から300数十万人もの参詣があったという。当時の総人口が約2,600万人と推計(1721年の幕府による第1回全国人口調査)されているからおよそ1割強にあたる。その後も1771(明和8)年、1830(文政13)年とほぼ60年周期で爆発的に流行し(いわゆる参宮ブーム)、ピーク時にはこの街道が1日5万人とも8万人ともいわれる旅人であふれたという。この時ばかりは街道沿いの物価も高騰し、文政のお陰参りでは、大坂で13文のわ

上）オールコックのスケッチ「大坂城」
　出典：『大君の都（幕末日本滞在記）』
左）深江の菅笠図（『摂津名所図絵』）

らじが200文になったという記録もある。旅の道中笠は深江の「すげ笠」が名産である。当時のブランド品として歌にもうたわれ（深江伊勢音頭）、その値段も多分高騰したであろうが大繁盛であったに違いない。

松尾芭蕉・伊能忠敬・英公使オールコック

　街道の来歴といえば少し大げさだが、江戸期にこの街道を通った数多くの人たちの中には、かの俳人松尾芭蕉や足かけ17年をかけて全国を測量した伊能忠敬、幕末のイギリス初代駐日公使オールコックも含まれる。

　芭蕉は西国に向けた最後の旅のことである。1694（元禄7）年5月に江戸を発って故郷の伊賀上野に帰省し、9月に伊賀を発って大坂に入り、その後1か月ほど経った10月に大坂で病没した（享年51歳）。伊賀―奈良―大坂の行程はわずか3日ほどであるが、奈良―大坂間の暗越奈良街道が芭蕉最後の旅の街道となった。大坂へ向かうこの暗峠を越え「菊の香にくらがり登る節句かな」の句を残している。

　幕命による伊能忠敬の第六次測量は、1808（文化5）年1月から約1年間、四国沿岸・畿内（大和路）の測量が目的であった。四国測量の後に大坂に入り、同11月26日、冬の朝5時半過ぎから大坂淡路町を出立、安堂寺町から測り始め、平野口町（玉造）、中道、本庄、大今里、深江と街道に沿って測量を進めた。一行8名の当日の宿泊は深江村の長百姓弥七、庄屋五郎兵衛宅とある。その後は奈良・吉野の大和路を測量し、伊勢を経由して江戸に戻った。なお、海岸線だけでなく内陸部も測らせたのは、測量の信頼性を高めるためであり、改めて地図づくり（大日本沿海輿地全図）の緻密さに驚かされる（『伊能忠敬 測量日記』第二巻、大空社／地元広報誌『深江タイムズ』2013年8月27日付参照）。

続くイギリス公使オールコックは、滞日3年の記録をたくさんのスケッチとともに残しているが、1861（文久元）年に長崎から江戸に向けて1か月ほどかけて陸路の旅をした（『大君の都─幕末日本滞在記』岩波文庫）。その前年には大老井伊直弼が桜田門外で水戸・薩摩浪士らに暗殺されるなど、攘夷論が叫ばれた時期である。大坂から江戸への道は、危険な京都を避け、大坂─奈良─伊賀上野（その先は亀山を経て東海道へ）のルートが選ばれた。大坂─奈良間は当地の暗越奈良街道を通り、この街道に足を踏み入れた最初のヨーロッパ人とされる。滞在記の中にもこの街道についての記述がある。大坂市街を出ると「イネ、ムギ、ワタでおおわれた広い平原にさしかかった」（ワタはたぶん河内木綿のこと）、「子供ばかりか大人さえも、村から村へとわれわれのあとをつけてきて、うるさくつきまとった」とある。一行には案内の役人が付き添っていたのだが、子どもたちは、物珍しくはしゃぎ、無遠慮にまくし立てていたに違いない。

6　この地の原風景

　江戸から明治へ時代が大きく変わっても、この地はのどかな田園風景を保っていた。明治に描かれた当地風景画を見ると、手前に旧平野川、その向こうに周囲は田んぼばかりの村々（大今里・西今里、東今里、深江、片江など）が広がり、ずっと先には薄っすらと生駒山が見える。平野川では漁業に従事するものもあり、鯰・鯉・鰻・鮒などが相当漁獲されたという。川はいつも満水で透き通る清流であった。川面をすべるように運航する柏原船は明治の終わり頃まで続いた。この地の原風景である。

　1874（明治7）年から79年にかけて実施された大阪府の地租改正によると、後の神路村に当たる大今里・東今里・深江の3村は、旧石高（幕末時の村高）でみて約2,204石（大今里村981石、東今里村457石、深江村766石）と記録されている。また、1889（明治22）年の大阪府農事調査によると、3村の合計面積約197町のうち、田が184町と全体の94％を占めて圧倒的である。畑はわずか4.2町、宅地は8.6町となっている。まさに「周囲は田んぼばかり」で、米作を基本に他には裸麦・菜種・綿・菅などが栽培された。大阪近郊の農村でありながら、畑地が少なかったため蔬菜栽培などの商品農業も発達せず、農業形態は旧来の水稲中心のまま推移した。菅の栽培と菅笠の生産は唯一古くから続く「深江」の特産であった。

　ちなみに、1876（明治9）年の当地村々の戸数は、大今里村158戸（人口810人）、

明治期の当区風景（紀本善治郎氏筆）
出典：『(旧) 東成区史』

1886（明治19）年の陸測図より
（大日本帝国陸地測量部／村名等加筆）

東今里村58戸（同289人）、深江村140戸（同682人）となっており、これら3村の合計でみても戸数は356戸、人口1,781人とわずかである。その後10年余り経過した1888年でみても戸数397戸、人口2,071人と少し増えたもののそれほど大きく変わっていない。少なくとも明治の中頃まで当地の村々は江戸時代の純農村の姿をそのまま留めていたのであろう。

7　明治の大合併と南新開荘村（神路村）の誕生

めまぐるしく変化した村の再編

　明治に入ると、それまで続いた自然集落としての村々も新たな再編の波に洗われた。1871（明治4）年の廃藩置県による府内統一と戸籍法の制定で、府下郡村地域に当たる東成郡61か村は3区33組に分画され、この地は第2区8番組（深江村・東今里村）、9番組（大今里村・片江村）に属した。また従来の庄屋・年寄・百姓代などが廃止され、区（石高およそ1万石を単位）には区長を、番組（石高1千石内外を単位）には戸長・副戸長・伍人組等が置かれた。伝統的な集落慣行や民俗的な信仰・行事などを否定した新しい地方制度のスタートである。明治の新政府にとっては、各人の身分関係を明らかにする戸籍と財政の安定を図るための徴税の仕組みづくりは急務であり、その業務に当たる行政地区の合理的な再編が欠かせなかった。

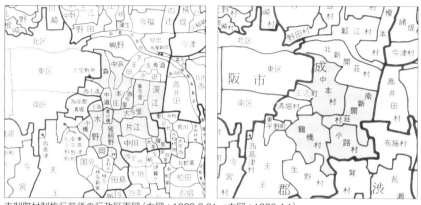

市制町村制施行前後の行政区画図（左図：1889.3.31／右図：1889.4.1）
出典：『大阪百年史』附図に一部加筆

　しかし、性急な編成であったせいか地域の再編はその後も続き、1875年には大区小区制を実施し、この地は第5大区（東成郡）2小区24か村の中に属した。また1878年の郡区町村編成では東成郡は21分画に再編、この地は第8分画（大今里村・深江村）、第9分画（東今里村・西今里村・本庄村・中浜村）に属した。さらに1884年の戸長役場管理区域の制定では、東成郡は16戸長役場に編成され、この地は第8戸長役場（大今里村・深江村・東今里村・西今里村）に組み入れられた。新しい社会に向けた産みの苦しみか、この十数年間に村々の単位はめまぐるしく変化した。

1889年の明治の大合併

　そして1889（明治22）年の市制町村制の施行、いわゆる「明治の大合併」により、ようやく近代的な行政区分上の自治体が形成された。もともとの自然集落を単位に約300〜500戸を標準規模として合併が行われ、この地は大今里・東今里・深江の3村が合併して南新開荘村（後の神路村）が誕生した。戸数約400戸、人口2,000人強の規模である。その名は平安中期（10世紀の後半）、この地が四天王寺の所領「新開荘」の南側に当たることに由来する。なお、その北側に位置する現城東区の4村（鴫野・左専道・永田・天王田）は北新開荘村と称した。また、西北部に隣接する西今里・本庄・中道・中浜等の6村は中本村、西南部の東小橋・猪飼野・木野等の5村は鶴橋村、南側の片江・中川・大友・腹見等の4村は小路村となった。

阪東尋常小学校（手前の道は暗越奈良街道）
出典：『東成区史』

神路村役場と神路尋常小学校（1920年移転当時）
出典：『（旧）東成区史』

8　阪東小学校（後の神路小学校）の創設

　1872（明治5）年、わが国の学校教育の基礎となった学制が発布された。「邑に不学の戸なく、家に不学の人なからしめん」とする国民皆教育の方針は近代国家展開への第一歩であった。当時の地方行政の仕事は、戸籍や徴税の事務処理のほか、教育も主要な業務の1つであった。1879年の教育令公布と翌年の改正で「各町村は独立又は連合して公立小学校を設置すべきもの」「就学期間は3か年以上8か年以下（学齢6〜14歳まで）」とされ、学校づくりは村の大きな事業となった。その後、1886年の小学校令公布と1890年の改正（市制町村制公布に伴う改正）では、国の監督のもと、市町村単位で小学校の設置義務が課せられ、義務教育の期間も3〜4か年と初めて規定された。また、小学校の義務教育年限についてはその後の改正で、1907年には6か年に延長され、国民皆教育に向けた強化が図られた。

1882年創設の阪東小学校

　『東成郡誌』によると、江戸末期に当地（後の神路村）には2つの寺小屋があったと記されている。1つは、安政元年（ペリー来航の年）に開かれた大今里村妙法寺内の寺子屋、もう1つは、深江村長龍寺内の寺子屋である。前者は大今里・西今里・本庄の村々の子弟たち男80人女20人ほどが来学（寺子屋の規模としては比較的大きい）、珠算習字等を基本に教え、年齢制限はなく、修業期間も長いもので3〜4年だが、大抵は人名修業の程度で退学したという。後者は深江・東今里・大瀬・西高井戸などの子弟たち男15人女7人ほど、学科や教法は前者と大差なく、毎月祝儀と称し五百文を包んで先生に渡したとある。

　学制に基づく当地の最初の小学校は、1875年に設立された大今里小学校（当

初は大区小区制実施の下で「第5大区第2区9番小学校」と称した）とその翌年に設立された深江小学校（同11番小学校）である。どちらもそれまでの寺子屋が学制発布によって小学校に名を改めた旧態のものと思われるが（詳細は不明）、この時期の学校の開設・運営は各学区の負担とされ、費用の多くは村民の直接負担で賄われていたようだ。

　大今里・深江の両小学校は1882（明治15）年3月に合併され、大今里・深江・東今里・西今里・本庄の5か村を学区域とする阪東小学校（後の神路小学校）が創設された。これが教育令に基づく当地の最初の小学校であり、その名も「大阪の東に位置する小学校」の意で名付けられたという。阪東小学校はその後、1889年の市制町村制の実施による南新開荘村の誕生によって、大今里・深江・東今里の旧3村を学区域とする村立の阪東尋常小学校に、1916年には村名変更（神路村）に合わせて神路尋常小学校と改称された。当時の小学校の位置は、旧街道（暗越奈良街道）沿いの御蔵屋敷跡（現大今里4丁目、火袋式道標が立つ付近）にあり、1920（大正9）年に神路村役場と併設する形で現在地に移された。移転先へは比較的近い位置にあったので「コロ」を使った曳家で校舎を移動したという。

1919年の就学率ほぼ100％

　周辺の村々でもほぼ同様に、1870年代の中頃まで学制に基づく小学校として、中道・中浜・猪飼野・大友などの小学校が開設された。その後統廃合され、町村制施行後の1890年当時でみると、西隣の中本村には中本尋常小学校（現中本小学校）、鶴橋村には鶴橋尋常小学校（現生野区鶴橋小学校）、南隣の小路村には才進尋常小学校（現生野区小路小学校）が、それぞれ小学校令に基づく学校として再編された。

　ところで、当地および周辺地域の学齢児童の就学率をみると、学制発布当時の1877年は平均45％（全国平均は約40％）でまだ不就学の児童が多かった。それが1919（大正8）年の東成郡内30校の就学率でみると95〜99％とほぼ100％近くに達している。もっとも東成郡誌（神路村学事統計）によると、当時の出席率は85〜90％程度であったから、実態的には9割前後の就学率といった方が正確かもしれない。ともあれ「邑に不学の戸なからしめん」の学制発布は、こうして半世紀近くかかってようやく実現したものといえる。

9　鎮守の杜と神社合祀のこと

一村一社の郷社氏子制

　地域の再編でいまひとつ見落とせないのは神社合祀をめぐる顛末である。王政復古の大号令のもと、明治新政府は天皇親政の国家づくりを急ぎ、その宗教的支柱となる新道の国教化とともに、神社制度や氏子制度の法制化による祭政一致をはかった。廃仏毀釈につながる神仏分離の布告や社格制度による神社の編成（神社を規模や格式に応じて官社→府社→郷社→村社→無格社と序列化した）などがそれである。また、1871年に定められた郷社氏子制では、先の戸籍法の施行と合わせ、1区1,000戸からなる戸籍区に神社1つを郷社に指定した。江戸時代の寺請制度の「宗門改め」に代わる「氏子改め」という内容のもので、民衆はそれまで仏教寺院の檀家となることを義務付けられていたのが、神道の制度に置き換わり、在郷の神社の氏子となることを義務付けた。

　もともと明治以前には、自然村として集落単位に共同生活が営まれ、その一部に民衆の素朴な信仰を集めていた氏神祭祀が存在した。いわゆる鎮守の杜（神社）である。当地では、大今里村の氏神は熊野大神宮、深江村は深江稲荷神社、東今里村は八剣神社である。隣接する西今里村、本庄村、中道村、東小橋村の氏神はそれぞれ八剣神社、八王子神社、八阪神社、比売許曽神社がそれに当たる。祭礼の費用も村の自主財源ともいうべき村入用（租税とは別に徴収された村の諸事にあてる入費）が使われた。

　ところで、明治初めの社格制度で当地の神社はいずれも村社に列し、これら村社の上位にある郷社には現鶴見区の旧大和川河口の高台に位置した式内社「阿遅速雄神社」が指定された。郷社制度は1875年に施行された大区小区制と呼応するもので、阿遅速雄神社は当地を含む東成郡第2区24か村の各村社を束ねる郷社に位置づく。ただし、大区小区制は1879年に廃止されたため、小区ごとにおかれた郷社と小区村々との関係は無くなり、その後は社格としてのみ存続した。なお、明治初めの神仏分離に際して、当地および周辺の熊野大神宮や八王子神社、八剣神社などはそれまで、熊野大権現、八王子稲荷大明神、八剣大明神と称していたが、「権現」とか「明神」の称号はいずれも仏教のことばを神号としているため、社格指定に際して改名された。

町村再編に合わせた神社合祀

　また、先の郷社氏子制は、祭政一致の宗教的側面とともに、戸籍や身分証明、

行政単位の区分けという側面を持っていたが、1878年の郡区町村編成（新戸籍法）に際して廃止され、さらにその後、1889年の市制町村制の施行（明治の大合併）によってそれまでの自然村が減ると、一村一社の郷社・村社の存在意義も薄れ、1906（明治39）年の神社合祀令につながっていった。当地の東今里の氏神八剣神社は1911年に熊野大神宮に、隣接する西今里の氏神八剣神社も1909年に八王子神社にそれぞれ合祀さ

樹齢千三百年の楠の大樹（西今里）
写真提供：與川 二三

れ、神社の再編・統合がはかられた。地域コミュニティの原型ともいうべき自然村とその核をなしていた「鎮守の杜（神社）」がこうして、行政地区の編成に合わせ、義務教育を行う学区とともに統一的な再編が進められたのである。

　かの南方熊楠が1907年、神社合祀によって神社林（鎮守の杜）が伐採され生態系が破壊されてしまうことを憂い、神社合祀反対の論陣を張ったことは知られている。そういえば、神社合祀の対象となった西今里村の八剣神社（現八王子神社の御旅所）は、俗に樟の宮といわれ、樹齢千三百年を超える楠の老樹が今に残っている。幹周は11m、樹高25mである（市の指定保存樹）。1885（明治18）年の淀川大洪水では、一帯が水没し、村民40数名がこの樹に櫓を組んで、三日三晩耐え忍び助かったと伝えられている。

10　大阪城周辺の軍事施設化

東洋一の軍事工場となった砲兵工廠

　大阪城の東側2～3kmほどに位置する当地において、その後のまちの形成に大きな影響を及ぼしたことの1つに軍施設の立地が挙げられる。維新の動乱期、大阪は政治や軍事の面で重要な位置を占めていた。実現しなかったものの一時、大久保利通の大阪遷都論や大村益次郎の大阪軍都（陸海軍の中枢地）構想なども浮上したほどである。前者の遷都論の顛末はさておき、後者の大村の構想は一部であるが実施に移された。1870（明治3）年に大阪城内三の丸米蔵跡に設置された兵部省造兵司がそれである。

　官営の兵器工場である造兵司は、当時の最新式設備とされる旧幕府の長崎製鉄所から機械とともに技術者、職工を移設して造られ、火砲・砲車台・弾丸・

1887年大阪城周辺
（内務省発行地図）

明治末期の大阪城周辺
（1908年の測図／大日本帝国陸地測量部）

1945年大阪陸軍造兵廠
出典：『新修大阪市史』歴史地図（図8①）

火具などを製作した。1877年の西南戦争当時には「兵器の製造繁劇を極め」と工場はフル稼働であったという。79年には大阪砲兵工廠と改称され、軍需だけでなく鋳鉄製品や橋梁といった民需も受注し、鋳造や金属加工分野では最先端の技術水準にあったとされる。そして1894（明治27）年の日清戦争や1904（明治37）年の日露戦争、さらに1914（大正3）年の第一次大戦への参戦を通して、その規模は東洋一の軍事工場にまで拡大していった。

　明治期以降の大阪城周辺の地図を時期別に比べてみると、この兵器工場の敷地が大きく変化していることがわかる。明治の中頃までは外堀外三の丸の北東方向の一角（現大阪城ホール辺り）に限られていたが、明治の終わり頃になると、外堀の東側（現市民の森）や川に挟まれた北側一帯（現大阪ビジネスパーク）にまで敷地が広がっている。職工数でみると、西南戦争翌年の1878年の男子職工数は1,200人足らずであったが、日露戦争前の1902年には2万人近くとこの間大幅に増えている。

　大阪砲兵工廠はその後、1940年には大阪陸軍造兵廠と改称され、第二次大戦に向けた兵器増強を背景に隣接する城東練兵場にもその敷地を拡大した。敗戦直前の1945年の本廠土地面積は1.18 km^2、工員数は一般工員のほかに動員学徒、女子挺身隊、徴用工員を合わせ、6分廠（枚方・播磨など）を含む全工場で6万人を超えたという。関係の民間工場従業員数まで含めると約20万人と記した資料もある。大村益次郎構想の明治の造兵司は、その名称を大阪砲兵工廠、大阪陸軍造兵廠などと変えながら、昭和の敗戦で閉鎖に至る4分の3世紀もの長い間、官営兵器工場の一大拠点として富国強兵・軍拡路線のニッポンを象徴していた。

大阪城周辺に配置された軍事施設

　少し話は拡がるが、大阪城と軍事施設との関係をみておこう。わが国の近代陸軍の発祥は、先の大村の軍都構想を背景に1870年に創設された大阪陸軍所がそれとされる（大阪城内外に配置された兵部省役庁、兵学寮、陸軍屯所、砲銃製造局などを指す）。しかしその後、軍の中心は東京に移り、全国に陸軍の拠点となる鎮台（各地域の治安を護るために置かれた陸軍の軍団）が設置された。1871年の廃藩置県の年に東京、大阪、鎮西（熊本）、東北（仙台）の4鎮台、徴兵令が施行された1873年には2鎮台が増設され6鎮台（東京、仙台、名古屋、大阪、広島、熊本）となった。鎮台本営（1888年に師団司令部と改称）が置かれた6つの都市がいわば陸軍の軍都である。

　ところで、鎮台本営が置かれた都市では、広大な土地を有する城郭周辺部に軍事施設が優先して配置された。旧大阪城下域は、江戸期においては「天下の台所（商都）」と言われただけに市街地の大半が商店を中心にした町人地で占められた。比較的まとまった土地は城郭とその周辺の旧武家地、中之島・堂島の川沿いの蔵屋敷跡地に限られた。こうして明治の初め、上町台地の北端に位置した大阪城と周辺旧武家地に軍事施設が集中して配置された。鎮台本営は城内の本丸等に置かれ、西外堀内には火薬庫、兵営や練兵場、先にみた砲兵工廠等の軍施設は外堀周辺部に配置された。広い土地を要する練兵場は当初、南外堀外の現在の難波宮跡付近に位置していたが、1890年に猫間川（現環状線にほぼ沿った位置）の東側に移設し城東練兵場として開設された。練兵場の東端は平野川付近であり当地から至近距離にある。

　また、外堀の南側・西側にかけては各種の兵営が位置した。南側の現国立病院辺りや難波宮跡付近には陸軍草創期以来の古参部隊である歩兵第8聯隊や日清戦争後の1898年に編成された歩兵第37聯隊の兵営があった。西側には砲兵・工兵・輜重兵などの兵営、1889年に編成された騎兵は少し離れた位置になるが現真田山公園辺りに兵営があった。兵営とは連隊ごとの居住や教育・訓練の場であり、連隊本部・兵舎・医務室・厩舎・工場・倉庫などで構成される。歩兵聯隊の兵営なら千数百人規模の兵士が営内で生活していた。ちなみに、1877年の西南戦争旅団編制でみると、歩兵第8聯隊の兵員数は兵卒約1,600人、士官・下士官を含めると約1,900人となっている。

　1871年の大阪鎮台の設置から1888年の師団制の発足（大阪鎮台は第四師団と改称）、日清戦争後の三国干渉を背景にした軍備の増強、そして日露戦争へ、

明治の終わり頃には大阪城周辺部はほぼびっしりと軍の施設が張り付いた形になる。

11　城東線と大阪電気軌道の開設

　軍施設の立地に加えて、当地のまちの形成に大きな影響を与えたもう1つは、明治中期以降に本格化した鉄道の開設である。1895（明治28）年に現JR環状線の東半分に当たる天王寺—大阪間（城東線と称した）が開通し、現東成区の西端に接して玉造駅が開設された。また、1914（大正3）年には現東成区の南端、東西の方向に現近鉄奈良線に当たる上本町—奈良間（大阪電気軌道と称した）が開通し、当地の近接地に鶴橋、片江（現今里）、深江（現布施）の駅が新設された。

大阪鉄道による城東線（現JR環状線）の開設

　話は前後するが、大阪市域の鉄道整備は、1874（明治7）年に大阪—神戸間（77年に京都—神戸間）が東海道線の一部として開通し、大阪の玄関口となる梅田停車場（大阪駅）が旧市街の北端に接する曽根崎村に開設されたのが最初である。東海道線の全通（東京新橋—神戸間）は1889（明治22）年のこと、この時期を境にして旅客輸送の主流がそれまでの汽船から鉄道へと移るなか、大阪近郊の鉄道網の整備も急展開した。

　私鉄の近郊都市型鉄道の先駆けともいうべき大阪—堺間（阪堺鉄道）が大阪の南、難波新地を起点として1888年に開通、同線延伸の形で1898年には難波—和歌山間（現南海）の直通運転も実現した。また、大阪の南、湊町（現JR難波駅）を起点とし天王寺を経て奈良や桜井に至る大阪—奈良間（開設は大阪鉄道、現JR関西本線）が1893年に開通した。大阪市街と奈良盆地を結ぶ最初の鉄道である。そしてこの路線と大阪駅を連絡するために建設されたのが先の1つ目に挙げた城東線（天王寺—大阪間）である。大阪城の外堀に使われた猫間川に沿って敷設された同線は、東側に城東練兵場、西側は大阪砲兵工廠、玉造駅の西1km圏内には歩兵第8聯隊の営舎があった。軍事上の価値も大きく、やがて玉造—砲兵工廠間の専用線も開設された。軍事上といえば、城東線と同じ年の1895年に片町—四条畷間（98年に片町—京都木津間が開通、現JR片町線）が開通し、やがて砲兵工廠や沿線に位置した火薬庫等を結ぶ軍需輸送も担った。

1914年開設の大阪電気軌道（現近鉄線）

　鉄道網の整備はその後電気鉄道がブームになり、1905年に梅田（出入橋）—三

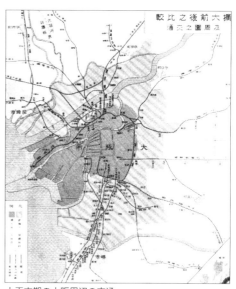

上）1895年に開通した城東線
　　出典：『旧東成区史』
下）1914年開業当時の上本町停留場構内
　　出典：『大阪電気軌道株式会社三十年史』
　　　　（国立国会図書館蔵）

大正末期の大阪周辺の交通
出典：大大阪明細地図1925（大阪市立中央図書館蔵）

宮間（郊外電車の先駆け、現阪神線）、1910年に梅田―宝塚間（小林一三が率いる沿線開発型私鉄経営の原型、箕面有馬電気軌道・現阪急線）、同年に天満―五条間（現京阪線）など、大阪と神戸、京都を結ぶ私鉄郊外電車もそれぞれ開業した。そしてこれら私鉄に続き、大阪―奈良間で新たに敷設されたのが先の2つ目に挙げた大阪電気軌道（「大軌」の愛称をもつ）である。大阪と奈良を結ぶ最短ルートで暗越奈良街道にほぼ並行して走る。中間点にある生駒山脈のトンネルは（当初はケーブル案もあった）、難工事の末に当時長さでは日本第2位、複線規格の広軌トンネルでは東洋一の規模を誇ったという。こうして明治中頃から大正期にかけて、ほぼ現在の大阪市域の鉄道網の原型が形成された。

　ちなみに、大軌の当地最寄り駅となる今里駅は、1914年の開業時には片江停留所と称した（駅は小路村大字片江に位置した）。その後1922年に今里片江駅、現在の名の今里駅となったのは1929年である。西隣の鶴橋駅は当初、現在地の東約300mのところにあり、鶴橋―片江（今里）間は路上を走行する併用軌道であった。南北に走る城東線（現JR環状線）もまだその頃は地上線でようやく複線化が完成した時期である。大軌（現近鉄線）はその上を築堤でまたいでいた。

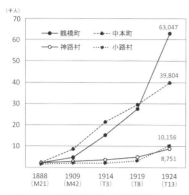

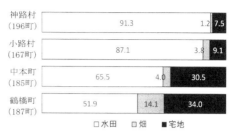

神路村（196町）　91.3　1.2　7.5
小路村（167町）　87.1　3.8　9.1
中本町（185町）　65.5　4.0　30.5
鶴橋町（187町）　51.9　14.1　34.0

□水田　□畑　■宅地

4町村の土地利用（1924年1月現在の有租地）
資料：『（旧）東成区史』p.60より作成

4町村の人口推移（1888〜1924年）
資料：『東成区史』『（旧）東成区史』より作成

1932年に城東線が高架化され、同時に鶴橋駅が新設されたことにより大軌も同年に高架化、鶴橋駅も現在地に移されて乗換駅となった。

12 都市膨張の最前線

平野川に迫るスプロール最前線

　明治の大合併で誕生した当地の南新開荘村（1916年に神路村に改称）および周辺の村々、すなわち西隣の中本村と鶴橋村および南隣の小路村を加えた4村について、明治中期から大正期にかけての人口の動きを追ってみよう。1888（明治21）年の各村の人口は、小路村が1,515人とやや小さいが、神路村2,071人、鶴橋村2,176人、中本村2,297人となっていて後の3村はほぼ同じくらいの規模である。人口が大きく変化してくるのは明治の終わり頃からである。1909（明治42）年には中本村8,734人、続いて鶴橋村4,652人と両村の人口が伸び始め、大軌（現近鉄線）開設時の1914（大正3）年になると、中本町が21,287人、鶴橋町が15,267人とこれら城東線沿い地域（両地域とも1912年に町制移行）の人口が大きく増加した。対して大軌沿い地域に当たる神路村・小路村は、1914年の人口がそれぞれ3,675人、2,022人とこの間の増加幅は小さい。さらにその後10年の1924（大正13）年でみると、鶴橋町63,047人、中本町39,804人、小路村10,156人、神路村8,751人となっており、この10年間の動きは鶴橋町の人口増加が他を圧倒した。

　つまりこういうことである。当地周辺の村々は明治後半、特に日露戦争以降、

まず城東線の玉造駅に近接する中本村の中道周辺で、砲兵工廠や中小工場の従業員向け住宅の開発や家内工業化の動きが進み始めた。続いて城東線と大軌の2つの鉄道の交差部に位置する鶴橋村で、城東線以西（大阪市域）からの市街地拡大の波を受けて、工場・住宅等のスプロール状の開発が始まった。大軌開設以降の大正期になると、鶴橋地区はその利便性を背景に城東線を超えてスプロール化が急進展した。それに連接して施行された平野川を挟む南北帯状の鶴橋耕地整理事業地区にも建築ラッシュが及んだ。当時この地区の建築監督官をしていた玉置豊次郎の回想によると（『大阪建設史夜話』大阪都市協会、1980）、「鶴橋の組合は大正8年の設立であるが、仮換地の発表を待ちかねて大正末までに猛烈に建築が続き、昭和2年には殆ど全域建ち塞がった。（中略）恐らく大阪膨張史の中で、ここほど建築が急増した所は、外には見られないのではないか」と述べている。大正末から昭和にかけて、平野川辺りはまさに開発の最前線にあった。

大きく変わりかけていた神路村・小路村

　1908（明治41）年と1921（大正10）年の地形図を見ると当時の状況がいくつか読み取れる。大軌開設前の1908年の地形図では、城東線以東の開発はあまり目立たないが、玉造から延びる旧街道（暗越奈良街道）沿いの中道付近や本庄（中本町）にも建物が伸びてきている。それが1921年の地形図になると、城東線から平野川の間の中道・本庄一帯や城東線と大軌（現近鉄線）が交差する鶴橋駅周辺は既に市街化し、さらに旧街道沿いの大今里や大軌の現今里駅周辺、東隣の布施駅周辺にも新規の住宅開発が認められる。当地（神路村）にはいくつか新たな道路も加わり、旧街道とほぼ並行してまっすぐ東西に延びる道（新道筋と呼ばれる現商店街通り）の西側沿道では建物が張り付き始めている。

　改めて、市域編入前の1924（大正13）年1月現在の土地利用をみると（1957年発行『東成区史』p.60参照、以下『(旧）東成区史』とし、1996年発行の『東成区史』と区別する）、神路村では総有租地196町のうち、農地が92.5％、宅地7.5％とまだ圧倒的に農地が多い。また小路村（総有租地169町）も農地90.9％、宅地9.1％とほぼ同様である。しかし当時の農業は「農業者比較的多きも専業とする者少なく、農閑期には手伝、砲兵工廠職工等となり、農事に全力を注ぐもの絶無なり」（『東成郡誌』）という状況であった。大正の終わり頃、当地の神路村および南隣の小路村はまだ田園風景をとどめながら、西隣の中本町・鶴橋町の開発の波を間近に受けながら大きく変わりかけていた。

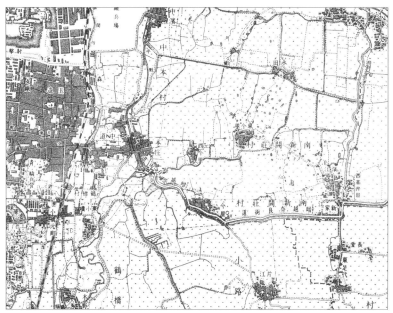

1908（明治41）年の測量図　　出典：『正式2万分の1地形図集成 関西』大阪東北部・東南部（柏書房）

1921（大正10）年の地形図　　出典：大阪近傍（渡辺文庫）大阪東部・東南部1万分の1地図（国会図書館蔵）

第2部
地域まちづくり史

第1章　まちの形成

　1925(大正14)年の市域拡張によって、当地の神路村および周辺の村々はまだ大部分が農地であったが大阪市域に編入され、「まち」の一角に組み込まれた。1916年に村名改称して誕生した神路村はわずか10年ほどでその名は消滅し、村の時代が終わり、まちの時代が始まった。ところで、神路村が誕生しそして消滅した大正期といえば、わが国の「都市計画」において画期をなした時期と重なっている。1919(大正8)年に近代都市計画のスタートとされる都市計画法と市街地建築物法(現在の建築基準法に当たる)が制定され、これを機に大阪の都市づくりも本格的に動き始めた。市街地形成の歴史からみると、大正期を境に「それ以前」と「それ以後」に分けながらその経過をたどってみるとわかりやすい。

1　大阪の市域拡張と大大阪の誕生

　そもそもの話になるが、「まちの範囲」について少し理解を深めよう。市域をどの範囲に定めるかは「都市づくり」を考える上で最も基本となるからだ。さて、大阪市域の再編の動きはこれまでに2度あり(戦後の市域拡張を含めると3度)、1度目は日清戦争後の1897年の市域拡張、2度目は当地の神路村も市域編入され、大大阪が誕生した1925年の市域拡張である。

第1次市域拡張

　1889(明治22)年の市制町村制の施行に際して大阪市制が発足するが、市域は旧市街、すなわち江戸期の町奉行支配地であった大坂三郷(天満組・北組・南組)をほぼ引き継ぐ範囲の東西南北の4つの区に限られていた。大阪の玄関口となる梅田駅(大阪駅)や大阪の発展を期した臨海部・大阪湾も市外であった。

　1897(明治30)年の1度目の市域拡張では、市が計画する築港事業の区域を市内に組み込むことや、衛生面から広域による上下水道事業の必要性(当時はコレラ等の伝染病が大流行し、多数の犠牲者が出て大きな社会問題となっていた)などが特に強調された。この時の市域拡張は、東成・西成両郡71か町村のうち、28か町村の全部または一部を編入するもので、市郡の境界は河川や街道、鉄道路

線等で区画された。市の区域は、北端は伝法川に至り（大阪駅をもちろん含む）、東部および東南部はほぼ城東線（現JR環状線）を境とし、西南は木津川以西海岸線に達する臨海部を含む。市域面積も15.3km²から55.7km²と3倍半に拡大した。当地に隣接する鶴橋村・中本村もその一部、城東線以西はこの時大阪市域に編入された。

第2次市域拡張と大大阪の誕生

1度目の市域拡張の後も市域接続町村の市街地化の勢いは衰えなかった。日露戦争後は淀川改修工事（新淀川開削工事は1898〜1910年）の進展もあって市の北部で、また、第一次世界大戦後は市の東部・南部の接続町村で急速に市街地化が進んだ。市の東部、町制移行した大正期の鶴橋町・中本町の人口急増の状況については既にみたところである（第1部「都市膨張の最前線」参照）。

そしてこうした市街地拡大の動きを背景に、1921（大正10）年に大阪の都市計画区域を決める国（内務省）の諮問を受けた大阪市会は、その答申に際し「効果的に都市計画を実施するためには都市計画区域と市域拡張の予定地を一致させる必要がある」とし、郊外部の農村地帯を含めた広い地域の編入を主張した。後でも触れるが当時、市の助役であった関一（後に市長となり、約20年間にわたり大阪の都市政策を主導した）の都市計画に対する考え方が大きく反映した結果である。また、1923（大正12）年には関東大震災があり、都市防災への対応を含め都市計画への取り組みと市域の拡張が急務とされた。

拡張案をめぐっては、「市域の編入は市街地化した地域のほかは市域への編入を認めない」という内務省見解が示されるなどいくつかハードルもあったようだが、結果、周辺農村部を含む広域拡張案が許可され、1925年に東成郡と西成郡の全域44か町村が大阪市域に編入された。大阪市の面積は181.7km²、人口211.5万人、この時点で面積・人口ともに東京市（面積81.2km²、人口199.6万人）を抜いて全国第1位となり、ここに大大阪が誕生した。当時の新聞記事によると、「輝かしい『大大阪市』は愈々けふから實現（面積は東京の二倍、人口は世界第六位）」という見出しで、「日本第一の大都市として更めて新発展の首途にのぼる劃期的の事件として市史の上に特筆大書さるべきである」とその興奮ぶりがうかがえる。こうして当地および周辺町村は市域編入され、大大阪の一部を担う形になった。

ちなみに、大大阪は13区に分画され、当地は東成区に属し、町名では大今里町・東今里町・深江町・片江町など旧村名が使われた。後には、区画整理（1932

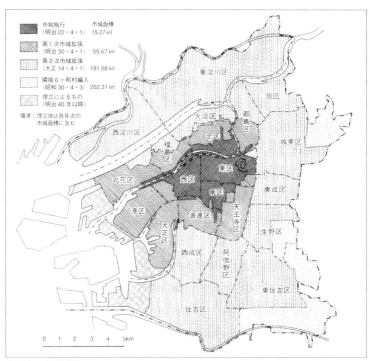

大阪市の市域拡張　出典:『新修大阪市史』第8巻 p.78

年施行の神路土地区画整理事業)に伴う町名変更の際に大今里町・東今里町の各
一部を同事業換地処分時の1939(昭和14)年に神路町と改称してその名も地名
に刻まれた。また、1925(大正14)年当時の第1次東成区域はほぼ現在の旭・城
東・東成・生野の4区(ほか鶴見の一部)を含み、面積では約29.8km²に及ぶ市
内第2の広さであった。しかしその後、1932年の分区(15区制、第2次東成区)で
約11km²、さらに1943年の分区(22区制、第3次東成区)で現在の面積にほぼ近
い約4.65km²となり、13区創設時の約6分の1に縮小した。

2　未完に終わった1899年の大阪計画

　大阪市域は、1889(明治22)年の市制発足時の旧市街の範囲15.3km²から、
1897(明治30)年の拡張で55.7km²へ、そして1925年の拡張で181.7km²と大き
く拡がってきたが、さてこの間、市域内の街づくりはどのように展開したのだ
ろうか。話は少し前後するが明治・大正期の主な動きを追ってみよう。

軒切りと建築取り締まりのこと

　旧大阪城下域は、市街地の大半が商店を中心にした町人地で占められていたことは既に触れた。太閤秀吉のまちづくりで碁盤目状の町割りが残っていたが、近世以来水運に頼った大阪は特に道路が狭く（物資の流通はもっぱら上町台地と大阪湾を結ぶ東西方向の水運が軸になっていた）、最も整備された船場・島之内でも東西道路の幅は4間3分（約7.8m）、南北道路の幅も3間3分（約6.0m）にすぎなかった。それも町屋の軒や軒下利用による建物の突出で道路は著しく狭められていた。1871（明治4）年に「道路ヲ狭隘ナラシムル可ラサル件」という布達が出され、火災などで建物を建て替える際には道路を本来の幅員に回復しようという試みが行われていた。1917（大正6）年からは突出部分を取り払う費用の2分の1を補償する路幅整理事業（通称：軒切り）として促進し、ほぼ全面回復したのが1940年頃というから、取りかかってから約70年に及ぶ息の長い事業となった。あまり派手な事業ではないが街を少しずつ改善していく取り組みが明治の初めから長期にわたり続けられたことは日本では珍しい。

　また、個々の建築規制においても明治期の大阪は先進的であった。もともと江戸期も大坂は全町瓦葺（秀吉以来の慣習）であったから、江戸（板葺が多かった）に比べて大火は非常に少なかったという。そして1886（明治19）年に制定された大阪府長屋建築規則は、わが国初の本格的な建築規制令規とされるものだ。対象を長屋に限定しているものの、1棟の戸数、他の建家との距離、通路の広さ、便所の設置義務など事前申請等の手続きを含め具体的に制限していた。また1909（明治42）年の大阪府建築取締規則は、1919（大正8）年に制定された国の市街地建築物法の内容を先取りした、成熟度の高い内容であった。道路の確定、敷地内に雨水溝設置（軒下利用の防止）、建坪の4分の1以上の空地確保、軒高は前面道路幅員の2倍以下、室の天井高は7尺以上、便所の屎尿溜の規定（地中浸透の防止）など、他にも長屋規則を含めて細かく規定された。今からみれば当たり前のことばかりだが、当時としては画期的であった。

大阪市新設市街地設計書

　ところで、明治初めの都市づくりといえば、大阪開港や川口居留地の形成など大阪の発展は西の海側へ向いていた。1874（明治7）年に川口居留地の対岸の江之子島に大阪府庁舎が新設されたが、その正面玄関は西、すなわち海側の居留地に向けられていた。市街の東側には比較的まとまった土地の城郭とその周辺には武家地があった。しかしそこには軍の施設が張り付き、機密上きわめて

山口半六の大阪市新街路設計全図(国立国会図書館蔵)

閉鎖的な空間が形成された(第1部「大阪城周辺の軍事施設化」参照)。鉄道の開設
は、1874年に旧市街の北端に大阪の玄関口となる梅田駅(大阪駅)が、明治の中
頃には大阪の南、難波を起点にした和歌山や奈良方面と結ぶ鉄道も開設された。
梅田と難波は大阪市街と近郊都市(神戸、京都、奈良、和歌山)を結ぶいわば都
市拠点(交通の結節点)に当たる。しかしこれらの拠点を結ぶ南北の都市軸とも
いうべき都市の背骨づくり(後の御堂筋がそれに当たる/御堂筋ができるまでは堺
筋が南北軸であった)や市内交通を支える道路の拡幅整備は容易に進まなかった。

　1897(明治30)年の第1次市域拡張に際して、新市域を含めた都市計画を建築
家山口半六に委嘱し、1899年に「大阪市新設市街設計書」としてまとめられた。
明治に入っての大阪の都市計画の最初のものといえる。陸の玄関口梅田駅(大
阪駅)と海の玄関口築港を結ぶ幹線道路を重視しつつ、旧市街中心部に広幅員
の道路を配置し、運河・公園の整備も組み込まれている。最も特徴とする点は、
これから市街化が進むと見られる新市域について、かなり詳細な道路網が計画
されていることだ。新設道路の幅員は90尺〜19.8尺(約27m〜6m)、最も狭い
幅員6m道路にも歩道が付いていた。都市計画研究者の石田頼房によると(『日
本近現代都市計画の展開1868–2003』自治体研究社 2004)、明治期における東京の
計画(東京市区改正計画)は既成市街地の改造計画であるのに対して、大阪の計
画は「市街地拡張にそなえる計画」であるとし、都市拡張に備えるということ

が近代都市計画の特徴であるとすると、山口半六の大阪市新設市街設計書は「まさに日本における近代都市計画の草わけ」とも評している。しかし、この先進的な計画も市に予算がなく着手には至らず、未完の計画に終わっている。

3　伝染病流行で急がれた水道敷設

　1889（明治22）年の大阪市制発足当時、都市づくりの重要な二大事業として挙げられていたのは、築港事業（1868年の大阪開港以来の懸案）と水道敷設事業であったという。前者の築港事業の詳細は別に譲るとして、後者の水道事業（近代水道の創設）は、明治に入っての海外貿易の活発化によって持ち込まれたコレラ等の伝染病の流行に対処するためのもので、人命に関わる緊急要請事項であった。

1895年開設の大阪市営水道

　大阪の地形を思い出してみよう。中央部を南北方向に伸びる上町台地（洪積層）を除けば、その西側（臨海側）および当地を含む東側はともに沖積低地で、地下水位は高く、井戸を掘るのは容易であるが、水質が悪く飲料水には不適であった。多くの人々は、河川からの汲み水を飲料水としていたから、川水等の汚染で衛生状態が悪くなると、伝染病がたちまち流行した。江戸期においても何回かコレラ等の流行をみたが、明治に入ると、開港による人・物の流入が多くなり1877（明治10）年以降、2〜3年間隔で伝染病流行が相次いだ。

　特に、1879年のコレラ流行は西日本一帯に蔓延し、大阪府管内の患者数は9,300人、うち死亡者7,400人（全国の患者16万人、死者約10.5万人）に、また、1885年の淀川大洪水では衛生状態は極度に悪化し、翌年のコレラ被害は、大阪府域で患者16,700人、うち死者13,700人（全国の患者15.6万人、死者10.9万人）に及んだ。なお、当時の大阪4区（1886年人口39万人余り）でみると、1885・86年の2年間のコレラ騒動は、「市民1,000人に23人が感染し、そのうち19人が死亡するという悲惨な状況」にあったという。

　こうした状況から、大阪府知事は1886年にイギリス人技師パーマーに依頼して水道敷設計画を立案させた。この時期、横浜・函館・長崎などの開港場で先行して近代水道が開設されたが、東京・大阪のように大都市部では巨額な建設費に財政上の見通し等がつかず、なかなか前に進まなかったようだ。そして1890（明治23）年2月、最初の事業法ともいうべき水道条例が公布され（市町村

1914年に完成した柴島浄水場
出典：『大阪水と環境今昔』大阪 水・環境ソリューション機構（写真提供：大阪市水道局）

公費布設を原則とする水道公営主義）、その翌年10月、大阪市はこの条例に基づく大臣認可第1号となった。事業費は当時の市予算総額の約8倍、資金はすべて市公債でまかない（国庫補助率30％）、1892年に着工、1895（明治28）年に完成した。対象区域は当時の市内4区、給水計画人口61万人、水源地を大川左岸の桜宮に置き、淀川の水を取水・浄化して、南へ約2kmの大阪城天守台東側に設ける貯水池へ送水し、自然流下式で市内に給水した。水道の完成は、もちろん伝染病発生を激減させ、また火災による延焼防止にも大きな成果を収めたという。

神路村への給水開始は1924年

1897年の第1次市域拡張後もしばらくは、既設水道施設の拡張によって市内給水を続けていたが、その後の人口増加や隣接町村における給水需要の高まり（市外給水の要請）などから、1907年に新たな水道拡張計画が立案された。給水計画人口300万人、水源地として淀川北岸の柴島（現東淀川区）に約15万坪の用地を確保し、1908年に着工、1914年に完成した（桜宮水源地は1920年廃止）。余裕分は市外給水に回され、当地西隣の中本町は1914年、鶴橋町は1916年、当地神路村は1924（大正13）年にそれぞれ給水が開始された。市外給水の方法は、各町村の費用をもって水道管布設等の工事を大阪市が行い、町村はそれぞれ水道料を町村民から徴収して水道事業の運営に当たった。

ちなみに、1914（大正3）年8月の井戸水質検査によると（『東成郡誌』）、中本町（人口約21,300人）の調査井戸642個のうち、飲料不適は597個で全体の93％を占め、残りの45個もその内訳は、飲料適14、濾過飲料適27、煮沸飲料適4と、そのまま使えるのはほんのわずかであった。また、神路村（人口約3,700人）の井戸

も合計183個（大今里79、深江77、東今里27）の全部が鉄・炭酸・アンモニアなどを含んで飲料不適水とされ、なお川水も洗濯用に利用していただけであった。上水道の普及は、こうして市域外の町村にとっても切実な課題であった。

4　いわゆる市電道路のこと

人力車・乗合馬車

　明治に入っての市内交通の主力はもっぱら人力車であった。明治の初め東京で発明されたという人力車は、駕籠に代わって大阪でもいち早く流行した。1897（明治30）年のピーク時には大阪（市域内4区と周辺の東成郡・西成郡）の人力車数は1人乗りのものが多かったが約17,800両を数えた。ちなみに、当地および周辺の3町村（中本・鶴橋・神路）でみたその数は1915（大正4）年当時、合計44両（中本21、鶴橋18、神路5）となっており（『東成郡誌』）、街道にも人力車が行き交っていたことがうかがえる。人力車に乗って瓢箪山稲荷神社にお参りする人たちで結構賑わっていたという。

　また、文明開化の象徴ともいうべき乗合馬車は、1871（明治4）年に市内6つの路線（高麗橋―川口居留地間ほか）で許可されたが、道路の狭さに加えて馬車運行による道路や橋の損傷、撒き散らされる馬の糞尿の衛生問題など、1879年には乗合馬車取締規則が定められ、馬車数は1882年の68台をピークに1897（明治30）年にはわずか2台にまで落ち込んだ。一方、馬車鉄道（道路上に軌道を敷設して馬で客車を引いた）も明治の初めに1路線（造幣寮―堂島新船町間）で許可されたもののほとんど利用されず、東京のようには普及しなかった。

　ところで、市内での乗合馬車が後退するなかで、馬車は市外交通に一時利用された。当地においても中河内馬車株式会社により、現在の中本4丁目の玉津橋附近から旧街道を河内の瓢箪山・枚岡まで馬車が運行した。橋の東詰やや下流の本庄村の船着き場（江戸時代に平野川を行き来した船着き場）に1902年に馬車の発着所が設置され、8人から10人乗りの乗合馬車が往復した。ただし、1914年の大軌の開通（現近鉄）によりその役割も小さくなり、大正期後半になって姿を消したようだ。

市電の開設をテコとした道路拡幅

　人力車に代わる市内交通の主力として注目されたのは路面電車である。京都では1895（明治28）年に全国に先駆けて民営の市街電車が開設され（電力は琵琶

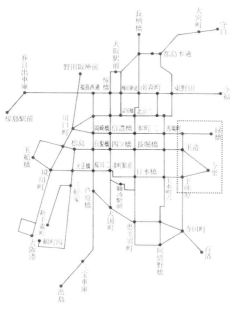

路面電車系統図
出典：『新修大阪市史』第8巻 p.160、『大阪市交通局75年史』より

上）花園橋付近を走る初期の２階付市電
出典：『まちに住まう－大阪都市住宅史』
（写真提供：大阪市）
下）今里付近を走る市電（1964年）
出典：『東成区史』

湖疏水を利用した水力発電による）、大阪でも1890年代に民営開設の請願運動が盛んであったという。時の市長（第二代市長鶴原定吉）はこれを認めず、市街電車の市有市営の方針を堅持した。技術的に問題はなく収益も見込まれ「市にとって好個の新財源となり」「市街鉄道の利益で道路を拡大し、交通機関を整備する等、都市の発展上至大の利益を与える」（『新修大阪市史』第6巻 p.403）と考えたからである。そして1903（明治36）年、九条花園橋―築港桟橋間（築港線）約5kmの市電第1号を開設した。公営の路面電車としては日本初であり、市電軌道の敷設に伴う道路整備は電車会計の負担で行われた。

　それ以降、市域内の道路拡幅事業は路面電車の路線計画と密接に結びつき、電車運行に必要な道路に限って道路拡築が行われた。明治の終わり頃には、築港線の延伸ルート（九条―中之島間）や南北方向に梅田―難波間（四ツ橋筋）、大江橋―日本橋三丁目間（堺筋線）、東西方向に九条―末吉橋―玉造（長堀通）などが開通し、都市拠点となる梅田や難波、築港などがそれぞれ連絡された。明治の終わりから大正にかけてはちょうど私鉄郊外電車（現阪神、阪急、京阪、近鉄など）の開業とも重なる。市内交通の受け皿となった市電はその後、大正期を通じて路線網の拡張が本格化して市内各地に広がった。市域内における主要街

路の新設・拡幅整備は、こうしてもっぱら市電の開設をテコにしたいわゆる「市電道路」として進められた。

　当地に関係する路線でみると、1912（明治45）年に東西線（九条―末吉橋）の延伸ルートとして玉造線（末吉橋―玉造）が開通し、「玉造」は市電と城東線（現JR環状線）が連絡する市域東部の交通拠点となった。また、現在の千日前通に当たる上本町六丁目―下味原町間が1925（大正14）年に、下味原町―今里終点間（鶴橋線）が1927（昭和2）年に開通し、先の玉造線（長堀ルート）とともに東西方向の主要幹線となった。特に「今里」は運輸開始とともに市電今里車庫（敷地約5,000坪）も設置され、市域拡張された大阪東部の市電発着点となった。その後1944年には長堀ルートの延伸となる玉造―今里終点間も結ばれ、当地の市電網がほぼ完成した。

5　本格的に動き始めた大阪の都市づくり

近代都市計画のスタート

　さて、この章の冒頭でも触れたが1919（大正8）年、わが国の近代都市計画のスタートとされる都市計画法と市街地建築物法が制定された。実はそれまでの都市計画制度といえば1889（明治22）年に施行された東京市区改正条例が唯一であり（「市区改正」という言葉は現在の「都市計画」という言葉にほぼ当たる）、帝都建設を目的に国家の事業として首都東京にだけ特別に適用された制度であった。もちろん大阪も同様の市区改正を何度か国に要請していた。例えば、1886（明治19）年の大阪府区部会提出の「市区改正ヲ請フノ建議」と大阪市区改正計画の作成などがそれである。しかし国の財源不足を理由に実現されず、大阪市街の改造はもっぱら市財源の範囲内で細々と行われてきた。先の1903（明治36）年（築港線）に始まる市電敷設に伴う街路の新設・拡築がいわば大阪の実質的な市区改正といえる。

　ところで、明治の終わり頃から大正にかけて、都市の問題は東京に限らず全国的なレベルでもはや放置できなくなってきた。第一次世界大戦（1914-1918）を契機とする経済発展により、特に大都市では人口急増（過密化）と郊外膨張（スプロール化）はすさまじいばかりに進んだ。1914（大正3）年から1919（大正8）年までの大阪市と周辺44町村（東成郡と西成郡）の人口の変化でみると、この間5年の人口増加は市内16万人、周辺14万人と両方で同じぐらい増えたが、人口

増加率ではそれぞれ11％、47％と周辺町村の方が市内の
それを大きく上回った。要するに、この時期の街づくり
の課題として市域内の市電路線網の拡充による街路整備
のみでは追いつかず、郊外膨張に対して計画的に対処し、
望ましい水準の市街地を事前に誘導・形成することが緊
急とされた。そしてこうした時代的要請にいち早く応え
ようとする取り組みがこの大阪で始まった。

関 一（1873-1935）
出典：『東成区史』

大阪の都市づくりを主導した関一

　キーパーソンは、社会政策・交通政策の学者から市の
助役に転身した関一である。1914（大正3）年に市に赴任、1917年に都市改良計
画調査会を設け具体的な都市改良事業（街路・鉄道等）を検討するとともに、翌
1918年には大阪独自の計画制度案「大阪市街改良法草案」をまとめ、その法制
化を国に要望した。これは、大阪市および周辺町村に適用する独自の都市計画
制度で、新しい計画技術として土地利用制限・土地区画整理・地帯収用の手法を、
財源的には土地増価税・受益者負担金等の特別税を設けるなど、それまでの東
京市区改正条例の枠を超えた画期的なものであった。簡単にいえば、「都市改造」
の制度である市区改正条例と「都市拡張への備え」の両方を盛り込んだ内容の
立法要請であり、当時の先進的な欧米都市計画の動きを学んだ関一の知識に基
づいているとされる。

　大阪独自の法律（特別立法）は結局見送られたが、それが先駆けともなり翌
1919（大正8）年、その内容の多くを組み入れた全国版の新法が制定された。先
の都市計画法と市街地建築物法がそれである。新しく制定された都市計画では、
道路・公園・下水道といった施設（立法当初に挙げられた対象施設は17種類）の計
画に加えて、街づくりの場となる都市計画区域制、土地利用や建築制限の基と
なる用途地域制、宅地基盤を整えるための土地区画整理、道路敷地の境界を決
める建築線制度（市街地建築物法に基づく）など都市拡張に備える新しい計画制
度も導入された。ちなみに、関一は新法制定に向けた国の審議にも加わってい
る。そしてそれ以降、関一構想なる大阪の都市づくりが大きく動き始めた。

大阪市区改正設計図（1919年）
出典：『大阪のまちづくり』

第一次大阪都市計画事業誌
出典：『新修大阪市史』第6巻

完成した御堂筋（1937年）
出典：大阪歴史博物館

6　シンボルストリート「御堂筋」の建設

大阪市区改正設計と高速鉄道計画

　関一の都市づくりでまず見落とせないのは、都市改造の懸案事項であった大阪の中心軸の形成である。大阪独自の法律制定を要望した1918（大正7）年、当面の幹線街路の推進に向けた根拠法として、東京市区改正条例が大阪市（大阪を含む五大都市）にも準用され、翌1919年には緊急を要する主要街路計画を内容とする大阪市区改正設計（全47路線）が決定された。そしてその市区改正設計を基にした第一次大阪都市計画事業が1921（大正10）年3月に内閣認可を受けた。事業の内容は、街路の新設・拡築42路線、橋梁改築82橋、路幅整理事業（通称「軒切り」）約22ha、ほか既設街路の路面舗装などとなっているが、最大の事業は、梅田―難波を結ぶ御堂筋（幅員24間＝43.6m）の建設である。

　また一方、市では1920年に地下鉄網の検討を開始し、1926（大正15）年に市内放射状に広げる形の高速度交通機関計画として地下鉄1号御堂筋線（江坂―梅田―難波―大国町―天王寺―我孫子19.9km）など4つの路線約54kmで内閣認可を受

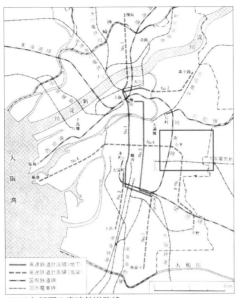

1926年認可の高速鉄道路線
出典：『新修大阪市史』第7巻 p.18の挿図に加筆

上）梅田―心斎橋間開通（1933年）
　出典：『新修大阪市史』第7巻 口絵（大阪市交
　　　　通局）

下）心斎橋駅のアーチ型の高い天井
　出典：大阪歴史博物館

　けた。この時期の市内交通の中心はもっぱら市電であったが、将来的には、市電軌道の規模をはるかに上回る都市拡張が予測され、都心と郊外を結ぶ高速鉄道（地下および高架式）が都市交通の主力をなすものと位置づけていた。既に当時の欧米の主要都市では、例えばロンドン（1863年開通）、ニューヨーク（1868年開通）、パリ（1900年開通）などでは地下鉄が名実ともに市民の足となっていたからだ。

　ところで、ここで取り上げた1919年決定の大阪市区改正設計と1926年認可の高速鉄道計画をやや詳しくみると、どちらの計画も当地と大いに関係している。前者の大阪市区改正設計全47路線のうちの3路線、即ち東西方向の伯楽橋―玉造―大今里間の長堀線（現長堀通）と上六―鶴橋―大今里間の鶴橋線（現千日前通）の2路線、および南北に走る蒲生―大今里―杭全間の現今里筋の一部が計画路線に含まれる。また、後者の高速鉄道4つの計画路線のうちの4号線のルートは、大阪港（現みなと通）から市中央部を東西に横断し（長堀通）、今里を経由して南に下り（今里筋）、平野に至る高架式の東西幹線、延長17.1kmとして計画された。これら主要街路3路線と高速鉄道4号線計画の配置、および

市内市電網（今里は市電発着点）からみると、当地の「今里」は市域東部の主要交通拠点として位置づけられた計画となっている。

御堂筋と地下鉄1号線（御堂筋線）

さて、当時の都市改造の代表的プロジェクト、大阪のメインストリートとなる御堂筋と地下鉄1号線（御堂筋線）の事業について概観しておこう。

大阪の官庁街となる中之島に新市庁舎が開設されたのが1921（大正10）年5月である。これと梅田・難波の二大交通拠点を結ぶ南北軸の幹線道路として計画された御堂筋は1926年に建設が開始された。淀屋橋交差点以北は1927年に完成し、同以南は近世以来の狭い道路幅（約3間）からの拡幅であったため用地買収に時間がかかり1937（昭和12）年になってようやく完成した。車道を二条の植樹帯によって分け、真ん中を高速車道として両側に緩速車道を設けた。全長約4kmである。1920年の市街地建築物法の施行により沿道の建物は高さ百尺（約31m）までに制限され、電柱は完全地中化、4列のイチョウ並木（関東大震災の経験から防火力の強いイチョウが選定された）が植えられるなど、その後の整然とした街並みは、当時のパリをはじめヨーロッパの街を模範にしたとされる。この時期、大阪でも都市美運動（建築家片岡安が率いる日本建築協会による運動）が盛り上がりをみせ、1934年には中之島一帯や大阪城付近などとともに御堂筋沿道は美観地区に指定されている。

また、1930（昭和5）年に第一期工事として開始された地下鉄1号線（御堂筋線）は、日本初の公営の地下鉄として1933年に梅田―心斎橋間が開通（1両編成で運転）、1935年に難波まで延び、1938（昭和13）年には梅田―天王寺間が開通（3両編成で運転）した。主要駅の梅田・難波・天王寺が地下鉄で結ばれたことによって、それは御堂筋とともに文字通り大阪の中心都市軸となった。最初に開業した梅田―心斎橋の各駅はアーチ型の高い天井や12両編成の車両が停車できる広いプラットホームを、主要駅（梅田・淀屋橋・心斎橋・難波・天王寺）にはエスカレーターが備えられ、シャンデリア風照明や壁面の意匠も工夫され、さらに地下道による連絡通路の設置など、当時としてはかなり贅沢な、良くいえば将来を見越した設計と評される。

御堂筋と地下鉄の建設は、当初のスケジュールどおりには事は進まなかったようだ。商家が密集する場所での道路拡幅の用地買収に時間がかかったことのほか、路線予定地の土質は細砂で崩れやすく、少し掘ると水がわき、特に4つの川（堂島川・土佐堀川・長堀川・道頓堀川）の河底を掘削する作業は難工事の連

続であった。また、昭和初期といえば不況の真っただ中であり(昭和恐慌)、財政面の困難も大きかった。財源の一部は受益者負担制度が採用され、御堂筋の建設では沿道から35間(約63m)にわたる関係地主約2,700人に負担金が課せられ(総事業費の約4分の1)、それへの反対も根強くあったという。

7 1928年の大大阪計画の樹立

都市計画区域と用途地域指定

　大阪の中心軸となる御堂筋や地下鉄1号線の建設といった都市改造の取り組みにほぼ並行して、都市拡張に備える大大阪建設の構想も着々と進められた。1921年の第一次大阪都市計画事業(旧市街の街路を中心とした事業)が内閣認可された翌年の1922年、周辺農村部を含む広い範囲を対象とした大阪都市計画区域(東成・西成両郡全域と吹田・豊中の一部を含む227.3km²)が決定された。「都市計画区域」という言葉は一般にはあまり馴染みがないが、この区域が指定されて初めて、都市計画の決定やその事業が行われることになるので区域の線引きは大きな意味を持つ。当地および周辺部はもちろんこの区域内に入っているから、この「都市計画区域」が決定された1922(大正11)年が当地(この時はまだ「神路村」)における制度上の「街づくり元年」といってもいい。

　1925(大正14)年、この年は第2次市域拡張で「大大阪」が誕生した時であるが、拡張された新市域を含む都市計画区域全域に用途地域が指定された。「用途地域」という言葉もなかなか馴染みにくいが、用途の区分は、住居・商業・工業の3つの地域と、これに「未指定地」を加えた4種類である。未指定地(混合地域ともいわれた)とは、当時の資料(地域選定の標準要項)によると、「直ちに定め難い地域」「小工場の発展地域」「工業地域との緩衝地域」などと説明され、現在の用途地域でいえばほぼ準工業地域の性格に近いものとされる。なお、用途制限の強弱でみると、工業地域→未指定地→商業地域→住居地域の順で後になるほど制限が強くなる。

　指定状況を大まかにみると(75頁「1925年用途地域指定図」参照)、旧市街は商業地域、上町台地を含む南側一帯(天王寺・住吉等)は住居地域、臨海部や神崎川両岸・新淀川沿いの北部低湿地(淀川デルタ)は工業地域、上町台地東側(内陸低湿地)の城東線以東は未指定地となっている。

　このように最初の用途地域指定では当地を含む東部一帯は未指定地(混合地

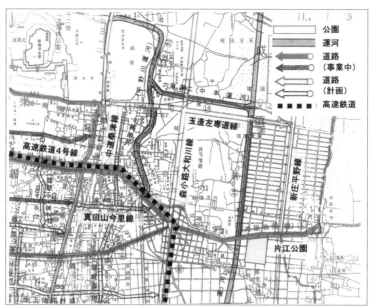

1928（昭和3）年の総合大阪都市計画
出典：大阪都市計画図（1928年）を基に加工

域）に指定された。北部低湿地における工業集積化はかなりはっきりした計画性を持っていたものといえるが、東部の内陸低湿地は将来の方向性について「直ちに定め難い地域」としてかなり曖昧な形で色塗られた、というものであった。

総合大阪都市計画の決定

　都市計画区域や用途地域の指定が行われた後、市域の拡張を踏まえて、旧市域と新市域との一体的な都市計画の必要性が高まり、1928（昭和3）年に「総合大阪都市計画」が策定され、内閣認可を受けた。市域全体にわたる道路・運河・下水道・公園・墓地等の総合的な計画のはじめてのものである。

　街路計画（新設・拡築）は合計101路線、旧市域を中心とした既定計画のものに加え、新市域の骨格街路が新たに配置され、路線数でみて従来の2倍以上に及ぶ。街路は11～40m幅員で構成され、第1次市域拡張に際して策定された1899（明治32）年の大阪計画（大阪市新設市街設計書）のそれが6～27m幅員であったことから比べてもかなり広幅員だ。公園計画（新設・拡築）では46か所（大公園33か所、小公園13か所）、464haの計画をはじめ、都市計画区域内の市民1人当たり公園・緑地面積を約1坪（3.3㎡）とし、従来の約8.5倍の増加を目指した。

総合大阪都市計画の概要（当地および周辺部を対象）

項　　目		計画時期	計画の概要
都市計画区域		1922.4 区域決定	・当時の大阪市とその周辺部の東成郡（当地「神路村」含む）・西成郡の全域および吹田・豊中の一部を含む大阪都市計画区域（227.3km²）の決定
用途地域指定		1925.4 指定告示	・都市計画区域全域に最初の用途地域の指定、用途は住居・商業・工業・未指定の4種類、当地域を含む周辺一帯は「未指定地」に指定 ・その後、1937年までに5回変更され、特に1936年6月の大幅変更により、当地域は未指定地の多くが工業地域に指定変更
施設計画	街路計画	1919.12 内閣認可	・大阪市区改正設計で決定された計画街路は全47路線、当地域に関係する路線は3路線（①②は1921年認可の第一次都市計画事業の対象） ①伯楽橋―玉造―大今里間の長堀線（幅員27～35m） ②上六―鶴橋―大今里間の鶴橋線（幅員22m） ③蒲生―大今里―杭全間（現今里筋の一部、幅員25m）
		1926.6 内閣認可	・大阪府執行の十大放射路線の1つとして決定 ④大今里―深江間の大阪枚岡線（通称：産業道路、幅員24～27m） ・緊急的事業（避難路・防災機能）として更正第一次都市計画事業の中に組み込まれた（執行予定：1929～1931年度）
		1928.5 内閣認可	・総合大阪都市計画で決定された計画路線は全101路線、当地域に関係する新規路線は4路線（⑤～⑦は第二次・第三次都市計画事業の対象、⑧は戦後廃止） ⑤森之宮東―深江中の玉造左専道線（幅員25m） ⑥上新庄―新深江―平野間の新庄平野線（現内環状線、幅員25～27m） ⑦森町南―林寺間の中道桑津線（幅員11m） ⑧木野―大今里間の真田山今里線（幅員13m） ・同計画で上記③のルートは延伸化され、森小路―大今里―矢田間の森小路大和川線（現今里筋、幅員25～30m）として計画
	高速鉄道計画	1926.3 内閣認可	・都心と郊外住宅地を結んで人口を分散させることを目的に高速度交通機関計画として4路線計画決定、うち当地域を通過するのは4号線計画→大阪港から市中央部を東西に横断し、今里を経由して南に下り、平野に至る高架式の東西幹線、延長17.1kmのルート
	運河計画	1928.5 内閣認可	・総合大阪都市計画の一環で当地域では次の運河が決定 ①平野川の改修計画（丸一橋～第二寝屋川）幅員18～25m、延長2,650m ②城東運河の新設（平野馬場付近～寝屋川）幅員18～25m、延長6,850m ③中本運河の新設（城東運河と平野川との連絡用運河）幅員18m、延長1,300m
	下水道計画	同上	・一般汚水（雨水・家庭廃水）やし尿処理、工場排水の浄化などを目的に全市総合下水道計画が決定―全市域を5つの処理区（中部・北部・東部・南部・淀川北部）に分け、当時の最新技術であった活性汚泥法を採用 ・当地域の東部処理区における中浜下水処理場の建設は、第五期下水道事業（1928～1944年度）で予定されたが、戦時体制下に入り途中中止
	公園計画	同上	・総合大阪都市計画で決定された公園は46箇所、464ha（大公園33か所、小公園13か所）、市民1人当たり約1坪（3.3m²）を目標 ・うち当地域の公園計画は大公園1か所（片江公園22,000坪） ・土地区画整理に伴う小公園の整備
土地区画整理		同上	・総合大阪都市計画の実現に向けて土地区画整理事業の推進支援を位置づけ ・当地域の取り組みは3地区→①1928年組合設立認可の深江地区、②同1928年認可の今里片江地区、③1932年認可の神路地区

資料：「総合大大阪都市計画地図説明書（大阪都市協会）」ほかより作成

治水対策や水運の利便促進に向けた河川・運河系統の抜本的な見直し計画や、河川汚濁の防止やし尿処理（水洗化）を目的にした全市を5つの処理区に分けた下水道計画なども新たに策定された。これら計画に加えて、先に触れた1926年認可の4つの路線からなる高速度交通機関計画（地下鉄網）や、さらに新市域の計画的な市街地基盤の形成に向けた土地区画整理の推進（助成措置）を位置づけるなど、総合大阪都市計画は、関一構想なる大阪の都市づくりのいわば集大成版といえる。

　大大阪建設の設計図とされる総合大阪都市計画の詳細は別に譲るとして、当地および周辺部の街づくりの基本はほぼこの計画の中で示された。地域の骨格道路は、大阪市区改正設計で計画された3路線（長堀線・鶴橋線・現今里筋の一部）に、今回新たに計画された4路線（玉造左専道線・新庄平野線・中道桑津線・真田山今里線）を加え、またこの間、1926年に計画された大阪府執行の放射線1路線（大阪枚岡線）を含め、現東成区に関係する8つの路線がすべて出そろった。ほかにも、平野川の改修とそれに平行して北流する城東運河（平野川分水路）の新設計画、当区域処理区での完成は戦後のこととなる下水処理計画（下水は中浜下水処理場に集め、浄化処理して第二寝屋川に放流）、放射線（大阪枚岡線）沿いに大公園1か所（片江公園）、土地区画整理の事業化（深江・今里片江・神路の3地区）などである。

8　計画道路とモダンなロータリー

1919〜1928年で計画された8路線

　城東線（現JR環状線）以東における当地域（現東成区域）の骨格道路がどのように計画されてきたか、やや詳しく順に追ってみよう。1919（大正8）年に緊急を要する主要街路計画を内容とする大阪市区改正設計（大阪で実効性がある最初の街路計画）が決定されたことは既に触れたが、当地の道路計画はこの時から始まっている。

　大阪市区改正設計による計画道路（全47路線）のうち、当地域に関係する路線を改めてみると次の3路線である。東西方向の①伯楽橋―玉造―大今里間27〜35m幅員の長堀線（現長堀通）と②上六―鶴橋―大今里間22m幅員の鶴橋線（現千日前通）の2路線、および南北に走る③蒲生―大今里―杭全間の幅員25m路線（現今里筋の一部）がそれである。

放射路線の1つ大阪枚岡線（1937年）
出典：『神路土地区画整理組合事業誌』

開設当初の今里ロータリー
出典：『第一次大阪都市計画事業誌』
（大阪市立図書館蔵）

今里ロータリー付近（昭和初期）
出典：『東成区史』

　次いで1926（大正15）年、上記の東西方向2路線の延伸路線となる④大今里―深江間幅員24～27mの大阪枚岡線（通称「産業道路」）が都市計画道路として決定された。1919年の市区改正設計にはなかった道路であるが、1923年の関東大震災の経験を踏まえた見直しの中で、大阪府執行の十大放射路線の1つとして市域外と結ぶ広域防災（避難路としての機能等）の必要性から急遽、追加的に計画された。

　そしてその後、1928（昭和3）年の総合大阪都市計画による街路計画の中で次の4路線が新設路線として盛り込まれた。当区北部を東西に走る⑤森之宮東―深江中間25m幅員の玉造左専道線（現中央大通に重なる）、東部を南北に走る⑥上新庄―新深江―平野間25～27m幅員の新庄平野線（現内環状線）、現JR環状線の東300mほどを南北に走る⑦森町東―林寺間11m幅員の中道桑津線、現長堀通と千日前通の間を東西に走る⑧木野―大今里間13m幅員の真田山今里線である。また同計画で、先の③今里筋は南北両方向に延伸路線が追加され、森小路―矢田間25～30m幅員の森小路大和川線（現今里筋）として拡充された。

　このように計画ベースでみると、1919年の大阪市区改正設計で3路線、1926年の大阪府の放射路線計画で1路線、1928年の総合大阪都市計画で新設4路線および延伸路線が計画され、当地域の都市計画道路8路線が構成された。計画幅員でみると、中道桑津線11mと真田山今里線13mが小幅員であるほかは、いずれも22～35m（12～19間）幅員の幹線道路である。

　ところで、東西方向の長堀線、鶴橋線、大阪枚岡線と南北方向の今里筋が交わる部分が五叉路の交差点となっている。当初の計画では長堀線と鶴橋線はそのまま東へまっすぐ伸びる予定であったが、ルート上の集落地は既に密集化していて大反対に遭った。市区改正設計が検討された1918・19年当時といえば、

戦前期の都市計画道路の概要

路線名	計画認可	起終点/経過地	幅員	区内延長	事業等
長堀線	1919.12	伯楽橋―玉造―大今里	27～35m	2,440m	第一次都市計画事業／1935.7 竣工
鶴橋線	1919.12	上六―鶴橋―大今里	22m	1,180m	第一次都市計画事業／1927.2 竣工
大阪枚岡線 （十大放射路線）	1926.6	大今里―深江	24～27m	1,800m	第一次都市計画事業（大阪府執行事業）執行予定：1929～1931 年度
森小路大和川線	1919.12 1928.5	蒲生―大今里―杭全 森小路―大今里―矢田	25～30m	1,860m	大今里以南→第二次都市計画事業 大今里以北→第三次都市計画事業
玉造左専道線	1928.5	森之宮東―深江中	25m	2,200m	第二次都市計画事業／1940.11 竣工
新庄平野線	1928.5	上新庄―新深江―平野	25～27m	1,670m	第二次都市計画事業／1942.1 竣工
中道桑津線	1928.5	森町南―林寺	11m	1,270m	第三次都市計画事業 1944.2 建物疎開、同1944.5 竣工
真田山今里線	1928.5	木野―大今里	13m	―	事業化なし、戦後の復興計画で廃止

注）第一次都市計画事業は1921年認可（当初7か年計画）されたが、関東大震災を踏まえ更正第一次都市計画事業（13か年計画）として拡充された。第二次都市計画事業は1932年認可、第三次都市計画事業は1937年認可

玉造に隣接する中道周辺や鶴橋周辺の市街化の勢いはすさまじく、いわば計画が後手に回った形である。やむなく長堀線はやや南向きに、鶴橋線はやや北向きに方向を変えて延長し、今里で2つの路線が合流する形で計画されたという。

五叉路の今里ロータリー

　実際の事業の進展をみよう。市区改正設計による3路線のうち東西方向の2路線、即ち長堀線と鶴橋線は1921（大正10）年の第一次都市計画事業の対象とされた。両路線とも市電軌道の併設路線として重視され、鶴橋線は1927（昭和2）年、長堀線は1935（昭和10）年にそれぞれ竣工した。大阪府執行の大阪枚岡線（十大放射路線の1つ）も緊急を要する事業として第一次都市計画事業の一環とされ（執行予定は1929～1931年度）、長堀線とほぼ同時期の1935年頃までには完成していたものと考えられる。

　他の5路線のうち、今里交差点以南の森小路大和川線（現今里筋）、玉造左専道線、新庄平野線（現内環状線）などは1932（昭和7）年からスタートする第二次都市計画事業として、今里交差点以北の森小路大和川線と中道桑津線は1937（昭和12）年からの第三次都市計画事業としてそれぞれ着手された。これらのうち森小路大和川線の大今里―生野間の16間道路は先行的に失業救済道路として1932年に完成した。市電併設路線（森ノ宮東―緑橋間）になっている玉造左専道線は1940（昭和15）年に竣工した。

　残りの路線のうち、新庄平野線（現内環状線）と今里交差点以北の森小路大和川線は、戦時体制下で工事を中断したが、当地域内に限ってみれば一部（産業

道路以南の新庄平野線）を除き、戦前期の昭和10年代にほぼ完成している。また中道桑津線は、1944（昭和19）年2月の第一次建物疎開の対象となり、沿道建物の強制的な取り壊しとともに整備され、戦後は改めて復興事業（復興都市計画街路「豊里矢田線」25m幅員として計画された）の一環で進められ、通称「疎開道路」ともいわれている。なお、もう1つの真田山今里線は、戦前の事業計画には組み込まれず、戦後の復興都市計画街路からも外され消滅した。

　このように事業ベースでみると当地域の主要6路線（11m幅員の中道桑津線や消滅した真田山今里線を除く）は、1927（昭和2）年の上六―鶴橋―大今里間（鶴橋線）の開設を最初に、昭和戦前期の十数年間に整備が行われた。もっともこれらの道路整備は、市電道路として単独に事業化された鶴橋線（1927年竣工）のほかは、当区における3つの土地区画整理事業に合わせて整備が行われた。深江地区では3路線（新庄平野線・玉造左専道線・大阪枚岡線）が、今里片江地区では4路線のうち3路線（長堀線・大阪枚岡線・森小路大和川線、鶴橋線は区域外）が、神路地区では2路線（玉造左専道線・森小路大和川線）がそれぞれ区域内の都市計画街路として事業が進められた。当地域（現東成区域）の主要6路線の総延長は約11.1km、うち3つの区画整理区域内の都市計画街路延長は約6.3kmとなっているから、道路延長でみて半分以上で区画整理が貢献していることになる。

　なお、今里片江の区画整理地区内に位置する五叉路の交差点の開設は1934（昭和9）年のこと、当時は交差点として大阪一の規模をもって市民に親しまれたという。「今里ロータリー」と称し、円形状の中央部は植栽と柵が設けられ、子どもの遊び場にもなっていた。植栽は、鬼芝が300㎡ほど張られ、スズカケノキ・ニレ・トベラなど70本余りが植えられた（『第一次大阪都市計画事業誌』参照）。俯瞰した写真で見るとなかなかモダンである。しかしこの名物ロータリーも戦後、交通量が多くなった1953年に廃止、信号式に改定されてその姿を消している。

9　新市域の計画的整備あれこれ

耕地整理と戦前土地区画整理

　大阪は土地区画整理の街といわれる。大阪市域のうち約半分は土地区画整理によって基盤整備が行われているからである。土地区画整理は、文字通り土地を区画・整理して、市街地として必要な道路・公園などの公共施設の整備とともに、換地手法（土地の交換分合）を用いた宅地整備を行う事業であり、1919（大

正8) 年の都市計画法で新しく導入された事業制度である。なお、この制度の創設には大阪の街づくりとの関わりも深い。1918年のこと、市の助役であった関一が大阪独自の計画制度案「大阪市街改良法草案」をまとめ、その法制化を国に要望したが、その中で郊外地形成の新しい事業制度として土地区画整理の手法を提案している。大阪独自の特別立法は見送られたものの、この事業制度の提案は、翌1919年に成立した都市計画法の中に盛り込まれた。農地が大部分であった新市域の計画的な市街地整備に向けた土地区画整理の推進は、関一構想なる「大大阪建設」のいわば要の事業と位置づけられていたに違いない。

　少し話は戻るが、大阪では市域周辺での急激な人口増加を背景に宅地化を目的とした耕地整理が先行して行われていた。1910 (明治43) 年の今宮村 (現西成区) の耕地整理が最初の事例であり、戦前までに市域周辺で行われた宅地化目的の耕地整理は23地区、約2,280haに及んでいる。この中には当地および周辺地に関係する3地区も含まれる。1918 (大正7) 年設立の深江組合 (神路村深江約69.5ha)、1919 (大正8) 年の鶴橋組合 (鶴橋町猪飼野約166ha)、1925 (大正14) 年の小路組合 (片江町ほか3町約159ha) である。

　ところで、耕地整理はもともと農地基盤の整備を目的としており、土地の整形化といっても宅地化するには不都合な点が多かった。「大阪市周辺の耕地整理地区では耕地整理の名を借りた宅地造成、貸長屋業が盛んになり (略)、とくに今宮・鶴橋など大阪市の隣接町村では、耕地整理工事の進行を待ちかねて建築が進む状況であり、耕地整理による大きなブロック割のまま無秩序に宅地化されるため、狭い農道しかない上に細分化された裏宅地が生みだされ、過密市街地が形成された」(『大阪のまちづくり―きのう・今日・あす』大阪市計画局1991) とある。

　こうしたことから、一定水準の市街地整備 (道路・公園、街区形成等) を行う制度として、関一の提案を含め、都市計画法による土地区画整理が生み出された。大阪市域で施行された土地区画整理は、1924 (大正13) 年設立の阪南土地区画整理組合 (現阿倍野区) を皮切りに、戦前期において実施された組合方式の土地区画整理は75地区、約4,085haとなっている。このうち当地域で実施された区画整理は、1928 (昭和3) 年設立の深江地区 (約75.1ha)、同1928年の今里片江地区 (約31.4ha)、1932 (昭和7) 年の神路地区 (約87.4ha) の3地区である。

　ちなみに、戦前期において実施された宅地化目的の耕地整理 (23地区、約2,280ha) と土地区画整理 (75地区、約4,085ha) の合計面積は、1925年の市域拡張

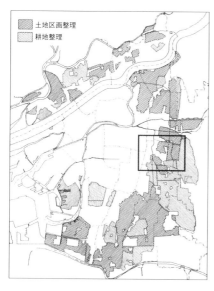

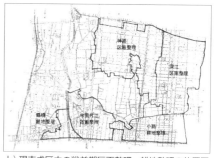

上）現東成区内の戦前期区画整理・耕地整理の位置図
　　（左図枠内の拡大）
左）戦前期の土地区画整理地区・耕地整理地区
　出典：『大阪建設史夜話』の挿図に加筆

による新市域の面積126km²のおよそ半分にあたる。先に触れた都市計画道路の多くがこれら事業とともに実現していることも含め、大阪の街の基礎がこの時に形づくられたといっても過言ではない。

土地会社の登場（大東土地と城東土地）

　開発問題に関連して、大阪独特の現象であったとされる「土地会社」についても触れておこう。明治末から大正にかけて、市内や郊外の土地を住宅地や工場、遊園地にするなど多様な目的をもった土地会社が、土地ブームを背景に次々に誕生した。大阪府下の土地会社は、1920（大正9）年現在80社ほどを数え（『新修大阪市史』第6巻 p.503）、この時期が土地会社の全盛期にあったという。また翌1921年の大阪市内土地会社調査（前掲『大阪建設史夜話』）によると、27社が挙げられており、数の上では市内より郊外の土地会社の方が多数となっている。

　ところで、土地会社の性格は、郊外と市内のものとでは大きく異なっていた。郊外の土地会社は、初期の電鉄会社による沿線住宅地開発（例えば、1910年の現阪急による池田室町住宅地の開発が代表的）と同じ経営方式で、宅地分譲や土地付き住宅分譲（建売り）などもっぱら分譲方式が主であった。これに対して市内の土地会社の場合は、臨海部で工場や貯木場として貸地したり、劇場や歓楽街を経営するなど用途が多様であり、住宅用でも土地会社が直接貸家を経営するのではなく、建売業者が貸地を借り受けて貸長屋を建築し、それを小金持ちに

土地区画整理・耕地整理の概要（現東成区外含む）

地　区	組合名	組合員 （人）	面積 （ha）	組合設立 （年月）	換地処分 工事完了	解散
深江地区	深江耕地整理	69	69.5	1918（大正7）.5	1927.2	1931.2
	深江土地区画整理	70	75.1	1928（昭和3）.5	1936.5	1942.3
鶴橋地区	鶴橋耕地整理	264	164.6	1919（大正8）.3	1930.3	1935.7
小路地区	小路耕地整理	398	159.2	1925（大正14）.3	1938.9	1940.11
今里片江地区	今里片江土地区画整理	84	31.4	1928（昭和3）.11	1943.4	1953.7
神路地区	神路土地区画整理	127	87.4	1932（昭和7）.8	1939.8	1942.5

注）組合員の人数は初期の時点（組合発足時や組合設立認可時）
　　深江の耕地整理と区画整理はほぼ同一区域
　　鶴橋耕地整理と小路耕地整理は近鉄線以北が現東成区に位置する
　　土地会社の所有地→当初の今里片江区画整理のほぼ全域、深江区画整理および神路区画整理の一部

1棟ずつ売るというもの（土地と建物の所有者はそれぞれ別）がほとんどであったという。歓楽街専門の土地会社（分譲型）を除くと、大部分の土地会社は貸地経営（地代収入）が中心だった。

　土地会社の概要はそれくらいにして、当地および周辺部で活躍した土地会社に注目すると、次の2社が代表的である。1918（大正7）年に設立された大東土地株式会社（資本金600万円、本社所在地：東成郡鶴橋町猪飼野）と翌1919年に設立された城東土地株式会社（同1,000万円、中河内郡高井田村）である。前者の大東土地は、当時低湿地であった今里ロータリー周辺や大軌（現近鉄線）の今里駅南側一帯の片江・中川地区、および鶴橋耕地整理の進捗に合わせた土地取得など、1921年現在でみた経営地積は18.4万坪（60.8ha）となっている。後者の城東土地は、旧千間川沿いの南北両側（現東成区と城東区）の農地など13.2万坪（43.6ha）や本社所在地の高井田村での取得地と合わせて経営地積は28.9万坪（95.4ha）に及ぶ。どちらも土地取得が1918年～1920年ごろで第2次市域拡張（1925年）の前である。1914（大正3）年に大軌（現近鉄線、上本町－奈良間）が開通し、1919年に大阪市区改正設計で当地域の主要道路3路線（長堀線、鶴橋線、今里筋の一部）が決定された頃に当たる。とくに大東土地の場合は、大軌沿線の土地取得と五叉路の今里ロータリー周辺の土地取得といったかなり戦略的な先買いの性格が強い。

土地会社と区画整理

　また、これら土地会社2社のその後10年間ほどの動きを追ってみると、およそこういうことだ。城東土地の経営面積（95.4ha）は、この間一部（中本・西今里の14.8ha）が豊国土地株式会社に売却されたものの、それほど大きな変化はみ

られない。一方の大東土地は、1925（大正14）年に大阪土地建物株式会社（新世界の開設や飛田遊廓を造った歓楽街専門の土地会社）に合併され、所有地の大部分は他の土地会社等に売却処分されている。売却先は、ロータリー周辺地域（今里・片江）は新大阪土地株式会社（1925年設立）に、今里駅南側地域（片江・中川）は大軌系列の今里土地株式会社（1925年設立）などが主で、大東土地の所有地はこの間順次減少、1931（昭和6）年には姿を消している。

　ところで、当地域で実施された区画整理3地区は、いずれも土地会社が事業に参加している。深江は城東土地、今里片江は大東土地と新大阪土地、神路では城東土地と豊国土地がそれぞれ組合員として事業に関わった。深江・神路の区画整理では土地会社の所有率はせいぜい1割台でそれほど多くを占めないが、今里片江（ロータリー周辺）の区画整理は、大部分が旧大東土地の取得地であったから、文字通り「土地会社主導の区画整理」といっても差し支えない。

　以下、改めて当地域（現東成区域）の4つの地区（深江・小路・今里片江・神路）の事業についてその経過や内容等もう少し詳しく触れたい。それぞれの事業特性でみると、①深江は耕地整理と区画整理を重複して実施した事業、②小路は耕地整理と建築線指定を併用した事業、③今里片江は土地会社が主導した地域拠点型の区画整理、④神路は公園施設の換地評価に先進性を有した区画整理、といった分け方もできる。

10　耕地整理と区画整理を両方実施した深江地区

　最初は、当地域で最も早く着手された深江地区である。1918（大正7）年5月に耕地整理組合が設立され（事業面積約21万坪）、工事完了は1927（昭和2）年、組合解散は1931年とある。市域編入（1925年）以前に既に一部耕地整理が進んでいたが、編入後改めて区画整理を実施するため、大阪市土地区画整理助成を受けて準備していたという。

　耕地整理の工事完了後の1928（昭和3）年5月に土地区画整理組合を新たに設立、組合員76名、初代組合長は石川兼三郎、その後河田為作、川田正道に交代している。工事着手は1929年、換地処分は1936年、解散は1942年となっている。事業区域は耕地整理区域とほぼ同じ範囲で22.7万坪（75.1ha）、深江の旧集落部分を除く現在の深江北、深江南に該当する。なお、区域の北端部（現中央大通沿い）は城東土地の所有地（区域全体の1割余りを占める）であり、区画整

理組合の一員として参加している。

耕地整理の関係資料は?

　『東成区史』によると、深江耕地整理については「関係資料が紛失して詳細は不明」とあり、そのいきさつ等についての確かな資料は残っていないが、およそ次のような状況であったと考えられる。

　1914(大正3)年に上本町―奈良間の大阪電気軌道(現近鉄線)が開通し、深江駅(現布施駅)が新設された。深江地区は当時の市域界(現環状線以西)から少し離れていたが、将来を見越しての宅地化準備の耕地整理事業が構想された。組合設立が市域に隣接する鶴橋耕地整理より1年早い1918年のことだから、まちづくりの必要性を早くから話し合っていたものと推察できる。

　耕地整理の工事完了は深江・鶴橋ともに1927(昭和2)年とほぼ同時期であるが、鶴橋地区ではこの時既に開発の最前線にあり、「仮換地の発表を待ちかねて大正末までに猛烈に建築が続き、昭和2年には殆ど全域建ち塞がった」(前掲『大阪建設史夜話』)という。一方の深江地区は、開発の波がまだ大きく及んでいなかったことから、再考の余地があった。工事完了の翌年に総合大阪都市計画が策定され、深江地区を通る2つの新設計画路線も決定された。玉造左専道線(現中央大通)と新庄平野線(現内環状線)である。地域の骨格となる都市計画街路の決定を受け、その計画を組み込む形で、耕地整理とほぼ重なる範囲で改めて土地区画整理事業として再スタートさせることができたのだろう。

耕地整理をベースにした区画再編

　区画整理の設計に際して、耕地整理の街区構成をどのように見直されたかの詳細はわからない。しかし、1932(昭和7)年の地形図と区画整理事業設計図を比べてみると、およそ次のように推測できる。当初の耕地整理は、地形図東側の2つのブロック、すなわち耕地整理基準とされる60間(108m)四方の区画がその痕跡を留めている。それより西側ブロックは、南北に縦貫する都市計画道路(新庄平野線=現内環状線)を軸に両側50m間隔で南北長手の沿道街区を配置し、次いで東西方向に60間を2分して30間間隔で区画道路を加える等の見直しを行ったものと考えられる。区画道路は、南北方向の街路はすべて幅員8m、東西方向は幅員6mと8mを交互に、さらに8m街路3本ごとに幅員11mの補助幹線を配置し、典型的な区画整理版の道路構成に修正されている。結果、区画街区は長辺100～140m前後とやや幅があり、短辺は45m前後、道路率は20.6%となっている。

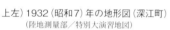

上左）1932（昭和7）年の地形図（深江町）
　　（陸地測量部／特別大演習地図）
上右）深江土地区画整理事業設計図　出典：『東成区史』
　下）梯子状の道路（梯子換地）　出典：『大阪市の区画整理』

深江地区の耕地整理と区画整理
（耕地整理推定図：筆者推定）

梯子換地のこと

　なお、都市計画道路の整備について大阪市は独自の方式を採用していた。区画整理事業で都市計画道路部分を全部負担すると減歩が大きくなり権利者の合意が得られないので、部分負担方式ともいうべき軽減策を講じた。例えば、当地区の都市計画街路「新庄平野線（現内環状線）」でみると、計画幅員25m、そのうち組合では両側幅員6mの区画街路を築造し、交差する区画道路を含めて梯子状の形になるから「梯子換地」と称した。残りの幅員13m分は都市計画道路予定地として市が買収、この両方を合わせて25m幅員の都市計画街路事業（市の事業）として整備された。つまり都市計画道路用地の半分程度（計画幅員25mのうちの12m分）を組合側の負担とした。

　また、区画整理によって生み出された小公園は6か所2.16ha、事業面積の2.9％を占めている。現在の阪陽公園、深江公園、東深江公園、西深江公園、南深江公園など（他1か所は東陽中学校の敷地の一部になっている）がそれである。このうち深江公園（1,173坪）は昭和御大典を記念して1930（昭和5）年に先行整備され、市内の初期区画整理公園の1つであり、当地域（現東成区）の第1号公園となっている。

このようにして、耕地整理と区画整理の事業は連続・重複する形で実施され、両方の事業を合わせるとなんと24年間（1918年の耕地整理組合設立から1942年の区画整理組合解散まで）、四半世紀もの長期にわたる取り組みであった。そしてこの取り組みが当地域における計画的な市街地整備の先導役となったことはほぼ間違いない。

11 耕地整理と建築線指定を併用した小路地区

次は、小路地区の耕地整理事業である。事業区域は、現近鉄線の今里駅を含む南北両側にまたがる広い範囲（当時の片江町ほか3町を含む約159ha）であるが、当地域はその一部、近鉄線以北、大阪枚岡線（産業道路）に挟まれた現在の大今里南（3～6丁目、一部2丁目）に位置するエリアである。

なぜ耕地整理なのか？

1925（大正14）年3月に耕地整理組合が設立され、工事完了および換地処分は1938年、組合解散は1940年となっている。組合が設立された1925年といえば、市域編入の年であり、市内では区画整理事例も出始めた頃である（市内の区画整理第1号は1924年6月認可の阪南土地区画整理組合）。

小路地区において、「なぜ区画整理ではなく、耕地整理が選択されたのか」についての詳細はわからないが、およそ次のような事情が考えられる。当時の一般的事情として、耕地整理の方が、低利融資や国庫補助、府の補助（工事費の約2割の補助）等の援助があり資金面で有利であったこと、農道や水路の整備を基本としたので減歩率も低く地権者の同意も得られやすかったことなどが指摘される。大正の終わりから昭和の初めは、ちょうど耕地整理から区画整理へ移行する過渡期にあった。小路地区では、事業の有利性を含め、既に検討を重ねてきた耕地整理の地権者同意を取り付け、広い範囲（小路村全域）での事業着手にようやくこぎつけた、といった事情があったのだろう。

市の指導による建築線制度の活用

耕地整理による街区形成のみでは宅地化した時に道路基盤等に不備が生じることはこの時期、市当局においても強く意識されていた。これを是正するため、大阪市は1920年に施行された市街地建築物法の中の建築線制度の活用を検討した。小路地区を含む大正10年代以降に設立された耕地整理組合を対象に、道路予定となる建築線の指定により、区画形状を土地区画整理と同程度の内容

近鉄線以北

小路耕地整理全体図

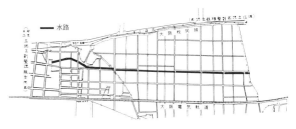

━ 水路

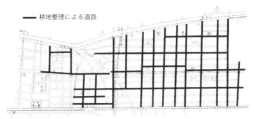

━ 耕地整理による道路

右上）小路耕地整理事業設計図
　　　（現近鉄線以北）
　　　出典：『東成区史』の挿図に加筆
右下）同地区道路現況図
　　　（昭和32年版『旧東成区史』の挿図
　　　「東成区現勢図」を基に作成）

とするように街区規模の修正・変更を誘導した。小路地区の場合は原則、耕地整理区画を建築線により3分割して街区修正を行う方法が採用された。標準的な耕地区画でみると、60間（108m）を3つに区分し、それに一定幅員の道路をとるので区画奥行は浅くなり、建物配置ではやや窮屈にならざるを得ない。こうして多くの街区は長辺80〜100m前後、短辺30m前後とやや小さめとなった。

　建築線を併用した形で街区整備を行ったことは、耕地整理の設計図と道路現況図（昭和32年「東成区現勢図」）を比較してみるとよくわかる。耕地整理で計画された道路以外にかなり細かく区画道路が実現している。そのほとんどが建築線の指定によったものだ。なお建築線指定の詳細を知るには「小路耕地整理組合建築線指定申請図」を調べる必要があるが、ここでは紹介だけにとどめよう。

　ところで、耕地整理であったことで基盤整備が遅れてしまった事情も指摘できる。地区内を南北に縦断する都市計画道路（新庄平野線＝現内環状線）や城東運河（平野川分水路）の整備である。これらは別事業として事業化は戦後に先送りされた。特に、産業道路以南の新庄平野線は、開通したのが1966年とかなり遅れ、計画（1928年決定）から実現までおよそ40年を要した。

12　土地会社が主導したロータリー周辺の区画整理

　先の深江区画整理がスタートした頃、ほぼ同じ時期に今里片江の区画整理事

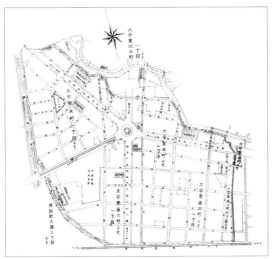

今里片江土地区画整理組合地区全図
出典：『換地説明書』附図（大阪市都市整備局資料）より

上）今里交差点（1950年代後半）
下）1930年建設の旧区役所
出典：『旧東成区史』

業（ロータリー周辺約31.4ha）も開始された。1928（昭和3）年11月に区画整理組合が設立され、翌年に工事着手、工事完了は1939年である。工事に着手して間もない1929年5月に早くも計画道路の告示を行い（その後1930年、32年、35年に順次追加）、工事の進捗と合わせた形で仮換地指定を行って建築化が始まっている。1932年の調査では地区面積の14％が既に建築されているということで、手続き関係の推移からみてかなり早い進展ぶりであった。ただし、換地処分認可は1943（昭和18）年、清算は戦後に持ち越され、戦中・戦後の混乱もあり数度にわたる換地処分の変更を繰り返し、解散は1953年のこと、事業の終結には時間がかなりかかっている。

五叉路の交差点を含む地域拠点整備

　事業区域は、1919年の大阪市区改正設計で計画された長堀線、鶴橋線、今里筋の3路線と1926年の大阪府十大放射路線の1つである大阪枚岡線（産業道路）を加えた五叉路の今里交差点を中心にした地域で、現在の大今里西、大今里南、大今里の各一部に当たる区域である。当時の大阪市の都市計画によると、今里ロータリー周辺部は市域東部の主要交通拠点に位置づけられていたから、まさしく地域的な拠点整備に向けた区画整理といった性格を有している。

　区画整理開始の前年、1927（昭和2）年には市電軌道の併設路線である鶴橋線

（現千日前通）が竣工し、下味原町—今里終点間の市電も開通（今里車庫約1.65ha の設置を含む）、当区域は大阪東部の市電発着点となった。そして事業開始後は区画整理と合わせて、今里交差点以南の大今里—生野間（現今里筋）の開通（1932年）、今里ロータリーの開設（1934年）、玉造—大今里間（現長堀通）の竣工（1935年）と続き、この間わずか5～6年ほどで区域内の主要道路がほぼ完成している。

　事業区域がそれほど大きくないのに幹線道路が集中していることから、都市計画道路の整備負担にも配慮があったようだ。鶴橋線（幅員22m）は事業前に既に完成しているので区域外とされ、他の3路線、すなわち長堀線（計画幅員27×延長433m）、今里筋（同25×353m）、大阪枚岡線（同27×431m）については変則的な梯子道路として築造された。つまり、各路線の両側2間（3.6m）ずつの区画道路のみ建設するが、残りの路線内は事業区域外という処置で、幹線道路の負担を軽減している。先の深江地区では都市計画道路用地の半分程度を組合側が負担したのに対して、当区域では3路線を対象に3割程度の負担に抑えている。なお、事業区域内の道路率は20.3％（区域外とされる都市計画道路部分を含めるともっと高くなる）、街区の形状は基本60～70m幅街区で正方形に近い。

　公園は5か所0.96ha（2,900坪）、事業面積の3.1％である。ただし、この数値は換地処分時（1943年4月）のもので、その後の換地処分変更により、一部は分割処分されて市の保健所用地（1944年4月開設）に、1か所の公園は廃止されて民間に売却処分された。ちなみに、組合規約によると、「公園敷地ハ組合ノ所有トシ又ハ大阪市に無償交付ス（第三十條）」「組合費ノ全部又ハ一部ニ充当スル為……整理後ノ土地ヲ処分スルコトヲ得（第二十六條）」とあり、公園用地の一部処分は規約第26条の規定によるいわゆる保留地処分扱いであったことになる。結果として公園は4か所0.71ha、事業面積の2.2％、4か所の公園は、平戸公園（北側部分）、今里西之口公園、北今里公園（1949年9月開設、その後廃止・縮小され、一部は現在の「さつき児童公園」となっている）、今里南公園などである。

事業を主導した新大阪土地

　当区域が地域的な拠点という立地上の特徴のほか、事業開始の7～8年前、既に1921（大正10）年時点でほぼ全域が大東土地株式会社の経営地であったという特異な背景もある。事業前後の動きを追ってみると、こういうことだ。

　大東土地が前もって用地を取得したのは、いうまでもなく交通要所での先を見越した投資である。しかし、大東土地はその後解散し（1925年に大阪土地建物に合併）、経営地を処分、その多くを新大阪土地株式会社（1925年5月に愛国貯蓄

銀行の関係者が集まって設立) に売却した。市域編入前後の大正末から昭和の初めといえば、第一次世界大戦による戦時バブルの崩壊や金融恐慌、震災恐慌が続く景気後退期にあり、土地会社も多くが倒産・合併に追い込まれていた時期である。実は、大東土地は所有地を処分するなかで、「大東土地区画整理組合」として事業化を準備し、組合設立認可申請書を提出していたようだ。しかし結局解散し、新大阪土地が改めて「今里片江土地区画整理組合」として事業の推進を引き継いだ。

　換地説明書等資料によると、1928 (昭和3) 年のスタート時の組合員は84名、新大阪土地の所有地は13.5町歩、もちろん他を圧倒し最大規模の所有者であり、ほか大東土地の1.7町歩 (たぶん未処分の残地部分) を加えると、組合員が所有する土地全体 (約28町歩) の半数を超える。一方、大今里町・片江町・猪飼野町等のいわゆる地元の組合員は20数名を数えるが、所有土地は全体の1割台と少ない。つまり、土地会社 (新大阪土地) 主導のもと、組合員もほとんどが地区外所有者という形で事業が展開した。初代の組合長は新大阪土地社長の井上千吉 (東大阪土地、城南土地各社長等も歴任)、その後も新大阪土地の関係者 (伊藤傳次・中本豊造など) が中心となった。

　組合設立 (1928年11月) から換地処分 (1943年4月) までの間、所有権は売買・相続等で頻繁に異動した。組合員も1941年ピーク時には283名、換地処分後の1944年には236名と当初の3倍前後に増えた。新大阪土地が所有した13.5町歩は、換地処分時には300坪にも満たず、この間に分割・売買、競落等を繰り返しほぼすべて売却された。

　解散は戦後の1953 (昭和28) 年7月に持ち越され、清算に際してごたごたした面もうかがえるが、区域内では、都市計画道路や宅地基盤の整備とともに、地域の中核施設となる区役所の開設は1930 (昭和5) 年、郵便局は32年、消防署35年、水道部出張所39年、保健所44年など官公庁施設も整備された。金融機関では三和銀行 (現三菱UFJ銀行) や安田銀行 (現みずほ銀行) なども参入した。土地会社主導の当事業の評価はなかなか難しいところだが、こうして一応の終結をみた。

13　公園の公共性を強調した神路の区画整理

　4つ目の取り組みは、神路地区の土地区画整理事業である。区域の東側では先行して深江地区の区画整理事業が進められており、それに続く形の事業で、

現在の神路、東今里（旧集落部除く）、東中本、大今里の一部に当たる約87.4ha
のエリアである。

　1932（昭和7）年8月に区画整理組合が設立され、工事着手は1934年、工事完
了および換地処分は1939年、解散は1942年5月となっている。事業の着手は
最も遅かったが、事業期間（組合設立から解散まで）は約10年と比較的順調に推
移し、解散時期は先行した深江地区とほぼ同時期である。なお、当事業の詳し
い経過や内容等については幸いにも『神路土地区画整理組合事業誌』（1942年8
月刊行）としてその記録が残されている。地区の沿革篇、事業計画や工事施行
等の工事篇、資金調達や収支決算等の経理篇、組合規約や年譜・抄録等の雑録
篇の4篇構成で213頁に及ぶ貴重な史料である。以下、いくつか興味深い点を
紹介してみよう。

神路土地区画整理組合事業誌

　1つは、組合設立に至る経緯である。組合年譜のその最初に、1931（昭和6）年
11月16日付けで「幸田為三郎他十五名を設立申請人として、組合設立認可申
請を大阪府知事に申請」とあり、その翌年の1932年8月に公式のスタートとな
る組合設立認可を受けている。事業の取り組みはもともと地主が自発的に組合
をつくって行うことが建前だが、認可申請に至るまで、「市当局の2年余に亘る」
積極的な働きかけがあったという。認可申請の2年余前といえば1929年、ちょ
うどその頃は深江地区や今里片江地区の区画整理が軌道に乗り始めた頃である。
それに合わせるように「市当局は公益的見地にあるのみならず、将来各地主の
所有地が経済的に数段と価値を昂める所以を説得し」とあり、市の区画整理に
対する並々ならぬ熱意が読み取れる。認可当時の組合員の数は138名（解散時は
333名）、組合長は幸田為三郎、ほか組合副長2、評議員11、組合会議員21を選
出、評議員と組合会議員のなかには城東土地、豊国土地の土地会社2社も名を
連ねている。

　2つ目は、設計計画（市に委託）や工事内容についてである。事業区域内の主
な施設として都市計画街路（森小路大和川線＝今里筋、玉造左専道線＝現中央大通）
や都市計画運河（城東運河、中本運河の一部）および公園3か所（後で詳しく触れる）
などが挙げられるが、その他の施設についてみると、一般の区画街路の幅員は
6m（3間3分）、8m（4間4分）、10m（5間5分）、11m（6間5厘）の4段階を基本に構
成、街区の設計は、先行した深江地区の街区設計にほぼ準じ、長辺方向106～
120m、短辺方向44～50mの格子型、したがって1つの街区面積はおよそ4,500～

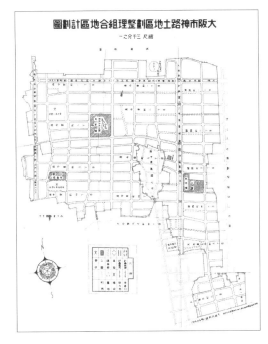

上）第1号道路（幅員11m）の工事状況
下）神路公園（第2号公園／昭和戦前）
左）神路土地区画整理組合地区計画図
出典：『神路土地区画整理組合事業誌』

6,000㎡程度の計画となっている。また下水道については、城東運河と中本運河（千間川の一部）を地区内の2大下水幹線として排水系統を2分し、これらに放流する形で道路敷暗渠による下水道管理設が行われた。事業地区はもともと田地が中心で溜池や池沼・水路も多く、概ね平坦な土地である。工事施工のポイントは、排水上の技術面とともに道路築造上盛土の土砂の調達に工夫を要し、城東運河の掘削による廃土の利用や当時市施行中の平野川浚渫土も購入・利用したという。

　3つ目は、公共施設の整備負担をめぐる問題である。組合規約に記載されている公共施設用地の扱いをみると、公園敷地と都市計画運河（城東運河）敷地は大阪市に無償交付し、都市計画街路2路線（いずれも計画幅員25m）は片側6mずつ築造するいわゆる梯子道路である（都市計画道路用地の半分程度の幅員12m分を組合側負担）。また雑録篇にはこんな記録もある。都市計画街路2路線（新庄平野線と玉造左専道線）の実施に関し、「市当局に陳情し、組合も用地買収につき時価に比し、廉価に処分する意志を表示する等により漸く実行」とある。つまり、梯子道路以外の都市計画道路予定地（幅員13m分）は市に売却されたが、時価よ

り低い価格でもって事業推進を市に要請していたことがわかる。さらに公園の造成（地盛工事）は組合が負担したこと（植樹や施設は市費負担）、運河（幅員9.9間）の全幅員掘削は組合負担であること、工業用水を含む水道幹線の充実を市に願い出て、総費用の約五割五分は組合が負担したこと（水道幹線の整備は原則市の負担であるが、建築化が遅れるところもあり、すべて市に委ねるのではなく組合としても「これに対し代償を払うの要を認め」）なども記されている。公共施設の整備において組合負担が細部にわたっていたことがわかる。

先駆とされる区画整理公園

　もう1つ、見落とせない話題がある。先に紹介した『神路土地区画整理組合事業誌』が当区域の事業の詳細を知る記録であるばかりでなく、わが国の「区画整理公園」の展開史においても貴重な史料となっていることだ。少し説明しておこう。大正末期から昭和初期に至る戦前期の区画整理においては、小公園の整備はその負担問題を含めてあまりはっきりしていなかった。耕地整理から区画整理への移行期であり、両事業が混在していたため、特に初期の組合区画整理においては公園整備を積極的に位置づける状況にはなっておらず、その内容も流動的なものであった。また、1927（昭和2）年の内務省提示「土地区画整理審査標準」や1933（昭和8）年の内務省通達「土地区画整理設計標準」では、公園面積を地区面積の3％以上留保すべきとしたが、それは単に行政運用上の弾力的な指針に過ぎず、したがって実際の事業は各地方行政の裁量に委ねられていた。

　そうしたなか、大阪市域における土地区画整理では、およそ次のような3つの段階を経て「公園」を重要施設として積極的に位置づけてきた。すなわち①公園設置が必ずしも義務でなかった初期の段階から、②一定割合の減歩による公園用地を地方公共団体への無償提供の形で行われた段階へ、さらに③公園留保地において受益者負担の考えが導入されて公的性格が一段と強められた段階へと発展した。そしてその3つ目の成熟段階での注目すべき先駆的事例として、神路土地区画整理事業による公園設置が紹介されている（柳五郎「土地区画整理における公園問題」『造園雑誌』1989）。当事業で整備された第1号公園（1,255坪、現東中本公園の一部）、第2号公園（4,153坪、現神路公園）、第3号公園（2,484坪）の3か所の公園留保地が受益者負担の考えによって換地評価が行われているからである。事業誌によると「公園附近地は公園敷地地積の20倍と、同地積の円の半径に等しき距離迄を其の受益区域とし、区域内の土地にして公園に直面す

る土地及直面せざる土地に別ち」相異なる受益率をもって用地の減歩を行った とある。文章だけではなかなかイメージしにくいが、例えば、第2号公園(4,153 坪＝1.37ha、神路公園)で計算してみると、公園面積の20倍とは27.4ha、これと 同じ面積の円の半径は約295m($\pi r^2 = 274{,}000m^2$)になる。つまり、神路公園の 約300mの範囲を公園の受益区域として換地評価が行われた。

　大阪市域で実施された戦前区画整理を改めてみると、初期の10事業組合に ついては公園の留保はなかったとされ(宮内義則「大阪市の土地区画整理と公園」 『公園緑地』第3巻 第12号 1939)、また、公園地が確保されても地区面積の3%に 満たないものや公園整備の動機づけにおいて1928年の御大典記念を契機にし た公園設置も多かったとされる(丸山宏「土地区画整理事業における公園問題」『造 園雑誌』1992)。こうしたなかで、公園の受益率を組み込んだ換地処分が行われ、 公園の公共性を前面に打ち出した事業として、当区内の神路土地区画整理事業 は、わが国における区画整理公園の画期であったことは記憶にとどめたい。

14　先行した2つの道づくり

　耕地整理や区画整理による市街地準備の取り組みは、現東成区の面積全体で みると5割台と過半を占めるが(戦後の復興区画整理区域を含めると約3分の2)、こ れらの方法以外で市街化が進んだ地域がある。例えば、旧大今里村、現在の大 今里1〜4丁目の大部分がそれであり、いわゆるスプロール地域と称される。大 正に入っての人口急増期、旧街道に沿うように大今里村周辺部はいち早く市街 化が進んだため、事前に計画的な基盤整備を準備する時機を逸したのであろう。

　当地域における面的整備の最初の取り組みは、1918(大正7)年に始まる深江 耕地整理であるが、それ以前にも「地主さんの協力による道づくり」はいくつ かあった。むかしの村境や村と村をつなぐ道もその1つで、旧村の本庄村—西 今里村—東今里村を結ぶ道が今に残っている(川筋にあったのでかつては「川道」 とも呼ばれていた)。また、1910年に造られた小路村と鶴橋村を結ぶ陣堂道もそ の1つである。片江から現大成通り、亀の橋(旧平野川に架けられていた橋)を経 て天王寺区舟橋町に至る延長2.8km、幅2間(3.6m)の道路で、小路村の井上和 三郎が村の発展のため、私財をもって造ったとされる。

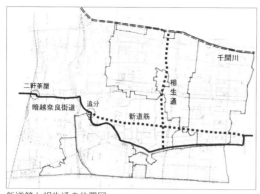

新道筋と相生通の位置図

上）新道筋（神路一番街商店街の入口）
下）相生通（右側は神路小学校）
写真提供：細田紀子

新道筋形成の謎解き

　さて、ここで注目したい「道づくり」は次の2つである。1つは、東今里の中央を南北に縦断する相生通である。旧街道より分岐北上し（神路小学校沿い）、旧千間川に至る幅2間の道路で、「大正3年4月起工、同5年5月竣工（東成郡誌）」とある。府費補助里道（相生街道と称した）とあるから、公道の一種に扱われている（1919年道路法以前の道路種別は、国道・県道・里道・私道の4区分、暗越奈良街道は県道に該当する）。

　もう1つは、大今里のほぼ中央を東西にまっすぐ伸びる通称「新道筋（現在の新道筋商店街）」である。この道路が「いつ頃、どのようにして造られたのか」の確かな資料は見つかっていない。新道という名称やその位置からして、旧街道（暗越奈良街道）のバイパス路としてそれなりの計画性をもった道路であることは間違いない。少しの間、この謎解きにお付き合い願いたい。

　新道筋の痕跡を地形図でみると、1908（明治41）年の地形図にはそれはないが、1921（大正10）年の地形図にははっきりと見て取れる（27頁参照）。現在の大今里西1丁目5番先、常善寺への道標が建つ旧街道の追分辺り（この地点は、むかし大今里村、西今里村、本庄村へと行く分かれ道で「追分」といわれていた）から東西方向にまっすぐ2km近く、深江の放出街道に通ずる道である。したがってこの道は、およそ明治の終わりから大正の中頃あたりの間に造られた新しい道（た

ぶん農道を兼ねた私道)であると推定できる。

　行政資料によると、相生通と新道筋の2本の道路は、ともに1925年4月(市域編入時)に市の認定道路となっており、1935(昭和10)年前後に道路整備(舗装・側溝等整備)が行われている。その際に作成された受益者負担図(整備事業により利益を受ける沿道の土地の費用負担を明示するために作成された図面、縮尺250分の1)が部分的に残っている。それによると、どちらの道路も整備幅員は3.6〜5.0m程度、ただし新道筋では集落近辺等において幅員1間(1.8m)程度の狭あい部分を含み、整備に際してセットバック指導が行われている。つまり新道筋は、この昭和戦前期の道路整備によってすべての区間で2間幅以上の道路として整備されたようだ。

　こんな資料もある。商店街のあゆみを綴った記念誌によると(『はばたく街—結成50周年記念誌』東成区商店街連盟連合会1997)、現在の今里一番街商店会辺りは「大正初期には既に三三五五商店があった」という。神路銀座商店会のあゆみには「大正5年頃、旧奈良街道に並行し新道が造成され、地域の生活道路として発達するとともに逐次商店街を形成していった」とある。ほかにも「昭和7〜8年頃、道路もコンクリート舗装され(今里一番街商店会)」「地道であったものが昭和10年頃舗装工事がなされ(神路一番街商店街振興組合)」といった記述もある。これらの記録からすると、大正初期からぽつぽつ建物が建ちはじめ、1916年頃(先の相生通と同じ頃)にはほぼ道路も概成化し、1935年頃には舗装もされ、新道筋の商店街として形を整えてきたものといえる。

　もう1つこんな話もある。旧街道には、明治中頃から大正後半にかけて玉津橋附近から河内の箱殿(瓢箪山・枚岡)まで乗合馬車が運行していた。橋の東詰やや下流に本庄村の船着き場があり、そこに1902(明治35)年に馬車の発着所が設置された。「新道筋ができると、これまで街道を通っていた馬車が、よくいききするようになり」(『私たちのふるさとと学校』神路小学校創立百周年記念誌)、「馬車を走らせるのに便利なように、道路もだんだん拡張し真っ直ぐにしていった」(再掲『はばたく街』結成50周年記念誌)とある。多少蛇行していた旧街道(暗越奈良街道)より近道ルートとなる新道筋が一時「馬車通り」となり、道路もそれなりに順次整えられてきたというわけだ。

きっかけは大正御大典記念?

　改めて当時の状況を整理すると、次のように考えられないだろうか。1914(大正3)年4月の大軌の開通と翌1915(大正4)年11月の大正御大典記念は、当地の

まちづくりに大きなきっかけを与えた。御大典を機に、1916年1月1日から従来の村名である「南新開荘村」を「神路村」と改名された。改名の由来は本村を貫通する暗越奈良街道が「神武天皇東征の御通路であるとの里伝にもとづく」と説明される。また、深江では古くからの習わしで御大礼に際し大嘗会御料の菅笠が奉納された。大礼の儀（即位の礼および大嘗祭）に合わせて、全国各地で自治体や民間それぞれが主催となってこの儀を祝う記念行事も行われた。大阪府の記念事業の一覧をみると、道路改築や下水道の改良、記念の造林、学校・役場・図書館・公会堂の建設などが挙げられている。御大典の記念事業として「道づくり」を構想しても、当時としてはなんら不思議ではない。

　神路村（大今里・東今里・深江）と改名される少し前の1913～1915年頃、村では「村名の改称」とともに、将来の「まちづくり」についてあれこれ話し合っていたに違いない。①深江は、市街地最前線からやや離れているから市街地準備の耕地整理（1918年組合設立の深江耕地整理）を、②東今里は、開設した大軌の現今里駅（当時は片江停留所）の方向に通ずる南北軸の道路整備を、そして③大今里は、旧街道のバイパス路となる東西軸の新道整備をそれぞれ構想した。この南北の相生通と東西の新道筋の2本の道路を、旧街道（幅員2間～2間半）とともに地域のメイン道路と位置づけ、御大典記念事業として取り組んだのではないだろうか。

　相生通は「里道（幅員2間）」として府の補助を受けて整備されたのに対して、新道筋は個々の開発に合わせながら徐々に形を整えてきたのだろう。当時の道路行政では、1919（大正8）年以前は最低幅員1間半（2.7m）、1919年以降の市街地建築物法では最低2間（3.6m）でそれぞれ指導された。そして1935（昭和10）年前後の市の道路整備で、相生通はもちろん新道筋もすべての区間で幅員2間以上のコンクリート舗装道路として整えられた。道路沿いに建つ建物は、当時の建築規則（1909年の大阪府建築取締規則や1919年の市街地建築物法に基づく大阪府施行細則）で、「道路より1尺5寸（0.45m）後退して建てる」ことになっていたから、幅員2間のところも見かけは2間半（4.5m）程度になっていたのだろう。相生通りと新道筋商店街の街並みは、こうして道路のセットバックと壁面後退によって形成されてきたものといえる。

　大正期後半以降に始まる当地域の本格的なまちづくり以前に、大今里と東今里では開発の手が伸びるなか、先行して東西軸・南北軸の十字型の地域道路が構想・整備された。今から考えれば「幅員4～5mほどのささやかな道路」だが、

大正初期の道路といえば9尺（2.7m）道路がまかり通っていた時代だから、決してあなどれない。スプロール化の波に飲み込まれながらも、村の地主たちの思いが込められたこの2本の道路は、地域のメインストリートとして今もしっかり生き続けている。

15　平野川改修と城東運河の開設

　大阪はその地勢・地形上から古来、水運には恵まれてきたものの、河川の氾濫が多く治水面では苦戦を強いられてきた。1885（明治18）年の淀川大洪水では現在の大阪市域でみると、旧淀川沿い地域はもちろんのこと、大阪城から天王寺間の高台地域（上町台地）を除くほとんどの低地部で浸水被害を受けた。最高の浸水深は13.3尺（約4m）、2階軒下近くまでにも達したという。平野川沿いの一面田んぼであった当地においても、集落部を含めてすべて水没した。西今里村の神木「楠の大樹」に村人40数名がはい上がり、三日三晩飲まず食わずでしがみつき助かった、という話も伝えられている。

新平野川改修事業

　大阪における本格的な治水対策はこの大洪水の経験がきっかけであった。1896（明治29）年に河川法が制定され、ほぼ同時にわが国の近代治水の先駆けとされる淀川改修事業（琵琶湖〜大阪湾）も決定された。上流・中流・下流の3工区に分けられ、下流大阪付近では、佐太（現守口市）から河口までの約16kmが、新淀川開削事業として1910（明治43）年に完成した。毛馬の旧淀川に洗堰と閘門を設け、大阪市内に流入する水量が調整されたことから、当地域の平野川付近を含めて浸水・氾濫の危険性は大幅に低下した。

　淀川本流の改修に続きその後、市内中小の河川改修も本格化した。平野川の改修は大正期に入ってからのこと、流域周辺での急速な市街化を背景にして着手された。柏原船が運航していた明治期の旧平野川は、駒川・今川（生野区大池橋南付近）と合流する辺りは大きく屈曲を繰り返し、蛇行して現平野川の西側を流れていた。長雨が続くと曲流部分での浸水被害は常態化していた。

　新平野川開削工事の最初は、大池橋から北へ丸一橋まで2km余り、鶴橋耕地整理事業の一環で1919年に着工、1923年に完成した。続いて、現在の今川合流地点〜大池橋までは、生野組合の区画整理事業において1926年着工、1935年頃に完成した。また、丸一橋〜第二寝屋川に至る区間は、1928（昭和3）年の

平野川改修に貢献した鶴橋耕地整理
出典：『大阪市の区画整理』

新平野川　出典：『旧東成区史』

左）戦前の城東運河（彌宣橋より北を望む）
　出典：『神路土地区画整理組合事業誌』
右）改修工事後の城東運河
　出典：『旧東成区史』

総合大阪都市計画において旧流路改修の形で計画され、大阪市の失業救済事業および水害防止事業として1934年着工、1939年に一部を残して完成した。

　なお、最初の鶴橋耕地整理組合による新平野川開削工事に関連して、大阪市と当組合との間でこんな話もあった。当時の下水道整備事業の一環で猫間川の改修・暗渠化が計画されたが、流量オーバーのため、分水路を設けて一部を平野川に放流することが提案された。新たな氾濫要因になると地元ではこれに猛反対した。その後の話し合いで、平野川の機能増強工事や旧平野川埋立工事は大阪市が施行するなど、「新旧平野川の工事費は両者で折半する」ということで決着したという。

城東運河（平野川分水路）の開削

　平野川の改修事業に続き、1928年の総合大阪都市計画において、当地域の中央部東寄りをほぼ平野川に平行して北流する城東運河（1952年に「平野川分水路」と改称）の新設が決定された。平野馬場付近（現平野区）で平野川から分岐し、北へ寝屋川（現城東区放出橋）に至る約6.7kmの区間である。平野川のバイパス状運河として市の東部地域の浸水防除とともに、水運による沿岸発展（工場立地誘導と物資輸送）を目的とした。城東運河が完全に貫通したのは、計画されてから30数年も経過した戦後のことであるが（1963年度末に貫通）、運河開削工事

は計画の翌年（1929年）に始まり、大部分の区間は戦前において完成した。計画区間全体の8割を超える部分が当時の耕地整理や区画整理と合わせて着工されたからである。

　当地域内に限ってみると次の2つの区間に分けられる。千間川（現東成・城東区界）から南へ甲橋（現神路3丁目付近）までは神路土地区画整理事業において1934（昭和9）年着工、1939年に竣工した。開削断面の幅員は約18m、運河沿いは一般道路が配置され（水運や水際利用）、換地処分に際しても、運河沿いの土地は利便性が高い受益区域として用地の減歩が行われた。先の事業誌（神路土地区画整理組合事業誌）によると、運河敷地は公共性が強いものとして市へ無償提供されている。

　もう1つの区間、甲橋から近鉄線（現東成・生野区界）までの1kmほどは大阪市が施工した。物件移転や用地買収の方法で1938（昭和13）年に着工、翌1939年になって幅員7〜8mの応急開削をしたところで戦時中断した。なお戦後は、1953（昭和28）年になって本格的な拡幅工事が再開され、1956年に完了した。この再開削では「代替用地約二千三百坪（7,590㎡）を用意し、仮設住宅も二千八戸建設、用地補償の進捗をはかった（東成区史）」とあり、住宅密集がかなり進んでしまったなかでの事業が容易でなかったことをうかがわせる。またその後、護岸の嵩上げ等の工事も実施されるが、当該区間は「護岸から民家まで約1.5mの管理通路があるのみ」で、運河沿いは民地がすぐに迫る窮屈な土地利用となっている。

　ともあれこのようにして、明治の大洪水で水没した当地域において、大正中頃から昭和戦前期（一部戦後）にかけて実施された平野川改修と城東運河（平野川分水路）の開削によって、市街地としての治水対策の基礎が形づくられた。

　そういえば、戦時中断した城東運河の再開削に向けて地元の要請も強かったという。1948（昭和23）年に城東運河完成期成同盟会が、1952年には東大阪水害防止期成同盟会が結成され、工事再開を後押しした。低地部の下町にあって、浸水が常態化していたことに皆が強く危機意識を抱いていた。

16　誇りとした「煙の都」

わが国工業のけん引役

　大阪といえば商人の街・商都のイメージが強い。しかしもう1つの顔として、

市内東北部の工場煙突群
出典：『大阪市大観』

4町村の工場数等調べ（1923（大正12）年11月現在）

| | 工場数 | 職工数の規模別工場数 | | | 職工数（人） | 生産額（万円） |
		15〜49人	50〜99人	100人以上		
4町村（計）	51	38	9	4	2,212	866.8
中本町	24	17	4	3	1,222	531.6
鶴橋町	19	17	1	1	660	238.3
神路村	6	2	4	0	293	87.5
小路村	2	2	0	0	37	9.5

注）職工数15人以上の工場を対象
資料：『旧東成区史』p.57〜60より作成

　大正期を中心に明治後半から昭和戦前期にかけてわが国随一の工業都市でもあった。

　明治初期の殖産興業政策の一環として設けられた官営工場においては、大阪に位置するのは造幣局と砲兵工廠の2つであり、東京に比べて数も少なく、近代工業化のテンポも遅かった。大阪が工業都市の性格を強めるのは明治中期以降、1881（明治14）年の大阪鉄工所（後の日立造船）の開設をはじめ、大阪紡績会社（82年）・日本硝子会社（83年）・大阪セメント会社（86年）・大阪電燈会社（87年）などの民間の大規模工場が市街西部を中心に創業されてからである。とくに紡績業等の繊維工業の発展は大阪工業の担い手となり、1894年の日清戦争の頃には東洋のマンチェスターと呼ばれるまでになった。

　その後、1904年の日露戦争を挟み、重化学工業化（機械・金属・化学等）の進展を加え、明治の終り頃には、市内人口は商業人口より工業人口の方が多くなり、文字どおり商業都市から工業都市へその姿を変えた。「水の都」をもじって「煙の都」とも称され（大久保高城『最近之大阪市』1912）、煙突の数が経済繁栄の象徴として歓迎され、誇りとされた時代である。もっとも一方では、工場の煤煙が市民生活や環境衛生面で大きな社会問題となり、公害問題の先進地でもあった。

　全国ベースの「工場統計調査」が始まった1909（明治42）年の府県別工業生産額をみると、大阪府が対全国比17.5％でトップ、それ以降、1939（昭和14）年に東京府（対全国比16.9％）が大阪府（同14.4％）を追い抜くまで、大阪は工業都市として全国トップに位置し、わが国工業のけん引役であった。

　大阪工業の中心はもちろん市内であり、現在の大阪市域とそれ以外の府下地域とに分けてみると、前者の市域内は工業生産額でみておよそ4分の3前後を

占めていた。市域内の工場は、当初は市街西部（臨海部）、次いで北部淀川沿い、そして、第一次世界大戦を契機にした大阪工業の発展期に、東部の環状線以東にも拡がった。中本・鶴橋の工場は「欧州大戦乱ノ影響ヲウケ、大正五年以来大正七年ニ渉リ其大部分ノ設立ヲ見タルモノ」（東成郡役所『産業一般』大正10年刊）との記述もある。

1923（大正12）年11月の各町村工場数等調べによると（職工数15人以上の工場、『旧東成区史』参照）、当地および周辺の4町村の工場は、中本町24社（職工数1,222人）、鶴橋町19社（同660人）、神路村6社（同293人）、小路村2社（同37人）と、中本・鶴橋で多い。また、これらの合計51社を職工数で「15〜49人」「50〜99人」「100人以上」に3区分すると、それぞれ順に38社、9社、4社と、職工100人以上の大きな工場は少ない。比較的規模の大きな工場を挙げてみると、砲兵工廠に近接する中本町では紡績機械の製造に代表される機械工業（山階鉄工所等）が中心、鶴橋町では1908年創業の山発メリヤス工場が従業員250人と大規模工場の代表である（メリヤス製品はもともと軍との関係が強く、陸軍被服支廠の下請けで靴下や手袋、シャツ・ズボン下などの軍隊需要として成長し、工場立地も当初は大阪城周辺の兵営地に近いところに集まった）。当地の神路村では、ゴム・セルロイド等の化学工業に特徴があり、1918年創業の東亜商事株式会社ゴム工場、1920年創業の大阪セルロイド加工株式会社など、とくにセルロイド工場（文房具・玩具・装身具・歯ブラシ・フイルムなど日用品に幅広く利用）は昭和10年代にかけて小工場を含めて多く集まったという。

多数を占める小零細の家内工業

ところで、当時の大阪市内の工場の規模は、従業者5人未満の工場が全工場数の8割を超えるとの報告もあり、小零細工場が大多数を占めていた。当地および周辺の4町村でも小零細の家内工業を含めると相当数の工場を数えたに違いない。

『東成郡誌』によると、古くからの名産品であった深江の「菅笠や菅細工」は大正期に入ってもなお盛んであり、神路村だけで、菅細工業者は114戸、従業者283人に及んだ。また、神路村大今里で始まった「鼻緒の芯づくり」は従業戸数360戸、小路村片江を中心に農家の副業で広まった「碁石づくり」は業者数33戸を数えたという（いずれも大正6年現在）。さらに、明治から大正にかけて「鈕（ボタン）づくり」も比較的盛んで、今里周辺で貝鈕を製造する事業者は30軒ほど、西今里でも外国技術を習得して起業した骨鈕の製造は、付近町村を含めた従業

者は300人近くに達したという。これらはいずれも大正期の代表的な家内工業の例であるが、菅笠（菅細工）や鈕などは国外にも輸出されていた。

松下幸之助起業の地顕彰碑
出典：『暗越奈良街道ガイドブック 2012』

ほぼ同時期にはこんな話もある。経営の神様と異名をもつ松下幸之助の起業の地が、平野川西側、現玉津2丁目にあった。1917（大正6）年のこと、幸之助若干22歳である。独立を決心して大阪電燈（現関西電力）を退社し、自宅の4畳半と2畳の借家の一部を作業場に改造し、妻と義弟（後の三洋電機創業者）の3人で、松下式改良ソケットの製造販売を始めた。翌年に松下電気器具製作所を創業（現福島区大開が創業の地）、二股ソケットや電池式自転車ランプのヒットなどで経営は軌道に乗り、1933年には門真市に本社・工場を移転して事業拡大を図った。世界的大企業に成長する前の松下幸之助起業の地は、平野川にほど近い、2室（2畳と4畳半）の路地長屋がそのスタートであったという（『松下幸之助起業の地 顕彰碑建立記念誌』2005年）。

17　用途混合を容認するゾーニング

過半を占めた工業系用途の指定

1925（大正14）年の市域拡張によって「大大阪」が誕生し、同年に大阪都市計画区域において最初の用途地域（住居・商業・工業・未指定の4種類）が指定され、当地域（現東成区域）を含む環状線以東は「未指定地」となったことは既にみた。改めて、当時指定された用途地域がどういうものであるのか、少し振り返ってみたい。

そもそもの話になるが、都市計画の制度として導入された用途地域制（ゾーニングといわれる）は、本来「望ましい土地利用を実現するための制度」であるはずのものである。この制度が生まれたドイツでは工業能率面から考えて「工業地域内は住宅を禁止する」ものが多く、一方、良好な居住環境の保全の観点からアメリカでは「住居地域内は工場を禁止する」という用途の分離・純化の考え方が基本であった。また、新市街地は旧市街地より厳しい建築規制を行い計画的な市街地形成を図ろうとすることも基本であった。しかし、こうした欧米の制度を学んで日本的に適応された地域制は、極めて緩やかなもので大幅な

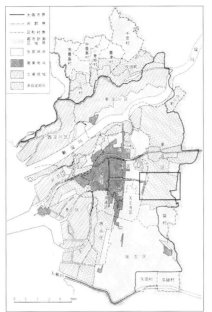

1925年用途地域指定図
出典：『新修大阪市史』第7巻 p.14の挿図に加筆

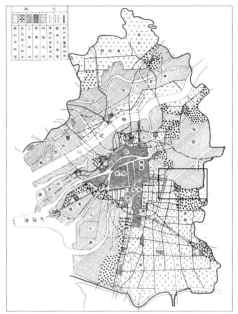

1936年用途地域指定図
出典：『大阪のまちづくり』の挿図に加筆

混合を容認するものであった。

　工業地域は、事実上「用途制限なし」でおよそ何でも建てられる地域となり、また住居地域も「職工15人未満の工場、原動機2馬力以下の小規模工場」は許容された。さらに未指定地は「大規模な工場（職工100人以上または原動機合計30馬力超）や衛生上有害、危険な用途の工場倉庫以外は制限なし」といった、むしろ用途混合を推進するような最も曖昧なものであった。工業の立地規制からみると、住居地域（常時の職工数規模15人未満は許容）→商業地域（同50人未満は許容）→未指定地（同100人未満は許容）→工業地域（無制限）の順に後の方ほど制限を緩くした日本型の混合地域制である。

　ほぼ同時期に指定された6大都市（東京・横浜・名古屋・京都・大阪・神戸）の指定状況を比較すると、大阪のそれは住居地域の割合が34.1％と最も少なく（他は東京44.6〜神戸61.5％）、逆に未指定地が23.7％と著しく多い（他は横浜0〜京都9.3％）。また、用途制限が弱い工業・未指定の両地域の合計でみると、大阪54.9％と過半を占めるのに対して、他都市は横浜15.8％〜東京40.6％と、工業系用途（工業・未指定）の指定が大阪において最も多くなっている。ゾーニング

の趣旨からすると、大阪は「あまり指定効果があがるような使い方ではなかった」とも指摘されるところだ。

　誤解がないように付け加えると、もともと大阪は、公害問題の先進地として、その対策も全国に先駆けた取り組みを進めていた。1877 (明治10) 年に公布された大阪府の「製造場取締りに関する規則」(許可制による当時最も先進的な発生源対策で「住家との相応の距離」を要件とするなど工場と住宅の分離を規定していた)をはじめ、1888 (明治21) 年には、中之島に創設された大阪電燈会社の煤煙問題をきっかけに「旧市内に於て煙突を立つる工場の建設相成らず」の府令を出し、用途地域制に先駆ける工場の立地規制が行われた。その後も明治から大正・昭和に続く煤煙防止運動の展開を背景に、1932 (昭和7) 年にはわが国最初の包括的な「煤煙防止規則」(大阪・堺・岸和田の各都市計画区域に適用された)が制度化されるなど、大阪は長年にわたって全国の公害防止対策をリードしてきた。先のゾーニングの話に戻すと、大阪の地域指定について、都市計画研究者の川名吉ヱ門は「工場の都市内部への立地規制に成功しながらも (筆者注:1888年府令のこと)、郊外地における計画的な市街地形成に対する措置をとりえなかった」(「用途地域制論の展開と展望」『都市問題研究』1971) と、特に新市域において指定効果がない工業系用途 (工業・未指定) を多く配分したことを批判している。

1936年の用途地域大幅緩和

　その後、地域制はさらに後退する。金融恐慌 (1927年) とその直後の昭和恐慌、そして満州事変へと続くなか、かの高橋是清蔵相 (1931年就任―1936年の二・二六事件まで) によるいわゆる軍事インフレ政策の時期とも重なる。生産拡張第一の経済政策を背景に、1931 (昭和6) 年には大幅な工場規制の緩和が行われた。各用途地域で職工数による制限の撤廃や馬力数の緩和など、特に未指定地は工業地域にかなり近い性格のものとなった。また、1936 (昭和11) 年の大阪における用途地域の大幅見直しでは、環状線以東の東部地域の多くが未指定地から工業地域に指定替えとなった。当地域でも長堀線および大阪枚岡線 (産業道路) 以北の全域が工業地域に、それ以南でも平野川を境にその西側は融通性のある工業適地として原動機馬力数の緩和を行うなどの特別未指定地 (未指定地を「普通」と「特別」の2種に区分された) に指定された。ロータリー周辺の一角が商業地域に指定され、色塗りも少し賑やかになったものの、全体として工場の進出が優先され、各種用途の混合がますます容認される方向へ進んでしまった。

	1926 (昭和元) 年工場数			1941 (昭和16) 年工場数			増減数 (1926年～1941年)		
	総数	5人未満	5人以上	総数	5人未満	5人以上	総数	5人未満	5人以上
大阪市	25,619	21,019	4,600	40,628	28,542	12,086	15,009	7,523	7,486
旧市域	18,733	15,902	2,831	20,205	15,218	4,987	1,472	△684	2,156
新市域	6,886	5,117	1,769	20,423	13,324	7,099	13,537	8,207	5,330
東成区	1,324	802	522	10,654	7,307	3,347	9,330	6,505	2,825

資料：大阪市統計書
注）旧市域は北・東・西・南・天王寺・浪速・港・此花の8区、新市域は西淀川・東淀川・東成・住吉・西成の5区／
　　東成区はほぼ現在の旭・城東・東成・生野の4区に当たる

18　東部地域に集中した中小零細工場

昭和戦前期の工場の動向

　用途地域指定後の大阪市内の工場数の変化をみよう（大阪市統計書）。地域指定直後の1926年の工場総数は約25,600工場（うち職工5人未満工場は21,000工場）であったが、満州事変から日中戦争に至る軍事インフレ期に急増し、1938年ピーク時の工場総数は約52,700工場（同37,000工場）とおよそ2倍に増加、なおその後、太平洋戦争に至る1941年時点でみると、この間の軍需工業化による中小工場の整理統合や縮小・移転等の影響を受け、工場総数は約40,600工場（同28,500工場）となっている。

　工場の変化を地域別にやや詳しくみよう。1926年から1941年までの工場の動きを旧市域（13区当初の8区）と新市域（西淀川・東淀川・東成・住吉・西成の5区）に分けてみると、この15年間に旧市域で増加した工場数は1,500工場にとどまったのに対して、新市域での増加は13,500工場と、増加数全体の9割を占めている。また新市域（5区）の中でみると、北部の西淀川・東淀川と住吉・西成を加えた4区の増加数が4,200工場であるのに対して、東成区（ほぼ現在の旭・城東・東成・生野の4区に当たる）の増加数は9,300工場に及び、新市域の中でも東成区が飛び抜けて多い。また、東成区の増加数9,300工場の従業員規模をみると、5人以上の工場が約2,800工場、5人未満の工場が約6,500工場となっており、後者の5人未満の小零細工場の増加が圧倒的に多い。この15年間に市内全体でみた5人未満の工場の増加数は約7,500工場であったから、そのうちの8割以上（約6,500工場）が東成区に集中したことになる。

　数字がいくつも並んで少し読みづらいが、要するにこういうことだ。昭和に入っての大阪市内工場の動きは、新規増加分のほとんどは周辺区の新市域に進

出し、とくに環状線以東の東部地域に中小零細工場が集中立地した。典型的な住工混合地域である戦後の城東・東成・生野の東部3区の原型が、こうして昭和戦前期の10数年間に形成された。

工場進出を誘発した3つの要因

『東成区史』によると、東部地域への工場進出には次のような要因があったと指摘している。直接的な契機は、1934(昭和9)年の室戸台風で臨海部の工場が壊滅的な被害を受け、これを機に比較的地価が低かった東部地域への中小工場の移転が加速した。また、当時の周辺区は、耕地整理や区画整理が広範囲に実施され、道路等の基盤が整えられて工場の立地に適応した。当地域の深江・小路・今里片江・神路の4つの事業地区でみると、工事完了は1935(昭和10)～1939(昭和14)年の間、仮換地はそれよりも少し前の1935年前後のことであるから、その時期に多くの工場が用地取得や工場建設を進めることができた。さらに、1936年には先に触れた用途地域の大幅見直しで、当地域の大部分が未指定地から工業地域に指定替えとなり、工場建設を呼び込んだ。すなわち①1934年の室戸台風を契機とする工場移転の進行、②1935前後に完了した基盤整備、③1936年の用途地域の大幅緩和、の3つの条件がちょうど時期的にも重なり、工場(とくに小零細工場)の進出を誘発した。

もともと兵器工場(大阪砲兵工廠→大阪陸軍造兵廠)のお膝元であり、1937年の日中戦争勃発以降は、多くの工場が軍需関連企業に組み込まれ、中には、陸海軍や軍需省の管理工場・指定工場として重要軍需品生産の一環で活動した工場も含まれる。

また、戦後の平和産業の回復とともに、大きく成長した工場もみられる。代表的な本社工場を挙げると、目薬・胃腸薬で知られるロート製薬(1923年開設、大成通、敷地1,400坪)、クレオン・クレパス・水彩絵具で風靡したクレパス本舗桜商会(1929年開設、中道本町、敷地2,800坪、現株式会社サクラクレパス)、便箋・帳簿各種印刷物の黒田国光堂(1936年開設、大今里本町、敷地16,000坪、現コクヨ株式会社)などである。このうち3つ目の黒田国光堂(1961年に「コクヨ」と改称)は、現在も本社所在地として当地(大今里南6丁目)にとどまり、文房具類の紙製品やオフィス家具、事務機器等の製造販売を国内外で広く展開し、数々のヒット製品を生み出してきたことはよく知られている。

余話—近代建築遺産

大正から昭和にかけて盛んになった産業活動の一端を示すいくつかの建物が

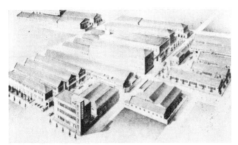

黒田国光堂本社工場（現コクヨ）
出典：『（旧）東成区史』

クレパス本舗桜商会（昭和30年代）
出典：『（旧）東成区史』

大阪セルロイド会館
左）北館全景
右）南館正面
写真提供：細田紀子

　残っている。大今里西2丁目に建つ「大阪セルロイド会館」、大今里南3丁目に
残るセルロイドを保管した「赤レンガ倉庫」、大今里4丁目に残る「旧海軍ボタ
ン工場（旧三井鈕被服）」（第一次世界大戦中、将校などの軍服のボタンを取り扱う海
軍の指定工場で、建物は昭和初期に青年学校校舎として建てられ、戦後現在地に移
築された）の建物である。これらのうち、大阪セルロイド会館は、2001年に文
化庁により登録有形文化財（建造物）に指定され、当区を代表する近代建築遺産
となっている。
　大阪セルロイド会館の建設の経緯や特徴については、酒井一光「大阪セルロ
イド会館の建築」（『大阪春秋』No.130）に詳しい。南北幅約33mを占める鉄筋コ
ンクリート造3階建、北半分が1931年、南半分が1937年に竣工、設計は大阪
府営繕課技手西田勇とされる。西田が得意とする「幾何学的な直線や曲線を操
り、鮮やかなタイルで仕上げた表現主義建築」は、昭和初期の建築潮流であっ
たモダニズム建築を色濃く反映し、デザイン的にも貴重な存在と評価される。
建築時期はセルロイド産業の全盛期、建物の向かい側がちょうど平戸公園（東
成区役所に近接）であり、地域のランドマーク的な存在として設計者の強いこだ
わりを感じさせる。

19 職住混在型の長屋のまち

　日清・日露、第一次世界大戦への参戦を通して大阪はわが国随一の工業都市に成長した。そしてその後も第二次世界大戦に至る昭和戦前期、都市集中が一段と加速し、大阪市の人口は驚異的に増加した。大大阪の誕生といわれた1925（大正14）年に211万人であった人口が、1940（昭和15）年には戦前・戦後を通してピーク人口となる325万人に達し、昭和の15年間で人口が100万人以上も増えた。またこの間の人口増加は、旧市域の21万人に対して新市域が92万人であり、新市域の増加が圧倒的であった。

9割を超える長屋の借家住まい

　市街地拡大の状況は住宅の動きでみるとわかりやすい。1925年に44万戸であった大阪市の住宅が、1941年には61万戸となり、この間の増加数は旧市域ではわずか4千戸と既に飽和状態にあったが、新市域の増加数は16万4千戸を数えた。住宅はもっぱら新市域で年間1万戸以上に及ぶ大量の住宅建設が行われた計算になる。

　ところで、戦前の大阪といえば、典型的な長屋の街であった。1941（昭和16）年に実施された住宅調査によると、住宅総数61万戸の所有関係は持家5.6万戸（9.2%）、借家が54万戸（89.2%）、給与住宅0.9万戸（1.6%）となっていて、約9割が借家である。また、前年の1940年の大阪市社会部の借家調査によると、1戸建の借家は少なく、ほぼすべてといえる95%が長屋建である。つまり、大阪市内とくに新市域に大量に建設された住宅のほとんどが長屋建の借家であったということになる。

　新市域の中でも典型的な職住混在の街といえる市域東部の東成区（1925年の第1次東成区＝ほぼ現在の旭・城東・東成・生野区に当たる）に焦点をしぼると、人口は1925年の23.6万人から1940年には62.1万人へ大きく伸び、この15年間で約2.6倍（新市域平均2.2倍）、住宅数（1925～1941年）では6万戸から13万戸へ約2.2倍（同1.9倍）となった。つまり昭和戦前期、当地域を含む市域東部は人口・住宅ともに市内で最も急増した地域ということになる。

多数を占める2～4室の小住宅

　1941年調査による東成区（第2次東成区＝現在の東成区・生野区と城東区の一部に当たる）の住宅についてもう少し詳しくみよう。住宅総数7.6万戸を用途別にみると、専用住宅が多いものの、併用住宅（店舗や工場・事務所など業務スペー

東成区の住宅事情（1941年調査）

		総数	専用住宅	併用住宅	店舗併用住宅	工場併用住宅	その他の併用住宅	空家
住宅総数 （割合）		76,263 (100.0)	53,817 (70.6)	21,697 (28.5)	13,749 (18.0)	6,029 (7.9)	1,919 (2.5)	749 (1.0)
所有関係	持家	6,184	4,102	2,082	1,067	730	285	
	借家	68,936	49,465	19,471	12,660	5,244	1,567	
	給与住宅	394	250	144	22	55	67	
	借家率	91.3	91.9	89.7	92.1	87.0	81.7	
専用住宅		総数	1室	2室	3室	4室	5室	6室以上
居住室数	持家 （割合）	4,102 (100.0)	34 (0.8)	298 (7.3)	555 (13.5)	807 (19.7)	1,031 (25.1)	1,377 (33.6)
	借家 （割合）	49,465 (100.0)	1,175 (2.4)	13,868 (28.0)	13,458 (27.2)	11,314 (22.9)	8,234 (16.6)	1,416 (2.9)

東成区：現在の東成区・生野区・城東区の一部に該当　　資料：昭和16年大阪市住宅調査書

スと一緒になった住宅）が約3割を占め、職住一体の割合が新市域の中では最も高い。また、住宅の所有関係は、持家6,184戸（8.2％）、借家が68,936戸（91.3％）、給与住宅が394戸（0.5％）となっていて、借家率が9割を超えている。

　さらに、専用住宅（借家）の居住室数をみると、2室（28.0％）がもっとも多く、次いで3室（27.2％）、4室（22.9％）、5室（16.6％）の順であるが、市全体の借家では、4室（26.6％）がもっとも多く、これに3室、5室、2室が次いでいるから、当区では全体として小ぶりの住宅が多かったことになる。ちなみに、旧市域と新市域を比べると前者の旧市域の借家の規模のほうが大きく、また、新市域の中でも南側一帯の住居地域（サラリーマン向け）と当地域を含む東部や北部の工業系地域（職工向け）を比べると、前者の住居地域の借家のほうが大きいことがわかっている。

　ところで、こうした長屋の建設には建売大工が活躍したという。「建売大工は地主と交渉して土地を借り受け、その場所に長屋を建て、大工自らが買主（家主）を探して売るというのが一般的であった」ようだ。また「別にブローカー（これも建売大工といわれていた）がいて、買主を見つけて地主と大工のなかに立って建売長屋を斡旋する」「材木屋などがブローカーになることもあるし、材木問屋が直接長屋を建てて売っていた」ともいう。そして「土地はおおむね借地のままで、売られることはなかった」ようだ（『まちに住まう─大阪都市住宅史』）。

松下幸之助、笑福亭松鶴が住んだ長屋

　さて、長屋の借家とひと口にいっても、当時の大阪長屋は、延30坪もある

お屋敷風から間口1間半の路地裏の長屋までその建て方を含めて実に多種多様であった。寺内信『大阪の長屋─近代における都市と住居』によると、明治期、大正期、昭和初期の時代変化やスプロール地区、耕地整理地区、土地区画整理地区等の街区構成の違いなどからさまざまな表情の長屋が造り出されたという。

　また、大阪では国の法制化に先立ち、1886年に「長屋建築規制」、1909年には北の大火の経験から「大阪府建築取締規則」が制定され、長屋の形態に大きな影響を与えた。例えば、通路の幅員は9尺以上、建物は道路（通路）より1尺5寸後退して建てる、木造長屋の棟と棟とは3尺の間隔をとる、住戸には建坪4分の1以上の余地（庭）をとる、天井高は7尺以上、各戸に便所を設けることなどである。とくに長屋間に3尺の間隔をとることで、建物の裏にも出入りができ、この通路を使って便所の汲み取りが可能となった。結果「他に憚ることなく裏に便所をもってくることが出来るので」、明治期に多かった通り庭型の長屋が、大正期には台所型（道路に面して間口を玄関と台所のみで構成する間取り）が登場したという。また、1尺5寸の壁面後退や住戸敷地内に庭をとることなど、道路や敷地内にちょっとした余裕が生み出す工夫がされたことも、当時の長屋をイメージする上で見逃せない。

　2つの事例を紹介しよう。1つはスプロール地区の例で、1917（大正6）年に松下幸之助が、現玉津2丁目で起業した時の貸家の間取りである。もちろん現存するものではなく、近代住宅史研究者の和田康由により復元された6つの推測図（台所型4案と通り庭型2案）のうちの2つ（台所型と通り庭型）である。平屋建の6軒長屋、間口2間、奥行4間足らず、4畳半と2畳の2室住戸である。4畳半をソケット製造の作業場にし、2畳ひと間で3人が寝起きしたという。幸之助夫妻と妻の弟（当時14歳、のちの三洋電機創業者）である。住居兼工場の併用住宅に当たるが、住居部分があまりにも狭い。それであれこれ「途中から住居だけを船橋町で2階借りしていたのではないか」といった謎解き話も出るほどである（足代健二郎「郷土史研究としての松下幸之助伝」『大阪春秋』第115号）。さて、間取り図作成の前提は、1909年「大阪府建築取締規則」に基づくことを条件としたもので、道路（側溝は敷地内）から1尺5寸の壁面後退、玄関脇の土間または通り庭と台所、裏側に便所と3尺の路地、敷地内に裏前栽といった配置は、当時の長屋の状況をよく表している。

　もう1つの事例は、小路耕地整理地区の一角、1932（昭和7）年に後の五代目笑福亭松鶴が西区京町堀から引っ越してきた片江（現大今里南3丁目）の貸家で

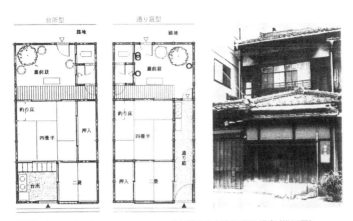

台所型　　　　通り庭型

▤ は土間および通り庭を表す。
▲は玄関、△は木戸を表す。
══ は側溝を表す。
復元、作図は和田康由氏による

左）松下幸之助起業の貸家（推測図）
　　出典：『大阪春秋』第115号
右）取り壊し前の楽語荘
　　出典：『東成の歴史・芸能文化を語り、伝える』

ある。1935年にここを「楽語荘」と名付け、戦後の上方落語の四天王（米朝、文枝、春団治、六代目松鶴）を育てた場所とされる。間取り図はないが、2階建3軒長屋の1軒、1階に2〜3部屋、2階に2部屋あり、4〜5室住戸で当時としてはやや広めである。戦後間もない頃、ここに五代目松鶴夫妻、息子の六代目松鶴の家族、六代目の甥に当たる笑福亭小つるの家族ともう一家族が、それに独身の文枝や内弟子の松之助など総勢15人ほどが住んでいたという（『東成の歴史・芸能文化を語り、伝える』）。芸能一家でやや特殊だが、典型的な多人数居住の例である。

　もっとも過密居住の状況は、当時そう珍しいことではなかった。1941年の住宅調査によると、過密住宅居住の目安とされる1人当たり平均畳数3畳未満の住宅は市全体で約4割に及んでいた。1人当たり2畳未満（1927年当時の不良住宅地区の平均は2畳ほど）としても約15%を占めた。空き家率は市全体で0.9%、区別でみても0.4〜1.6%（東成区1.0%）というから、ほぼ満室に近い状態であったことがうかがえる。

20　自然簇生的に形成された商店街

　わが国の用途地域制はきわめて寛容であったから、工場の進出とともに大量の住宅が建設され、市域東部の人口は短期間のうちに急増した。これら人びとの生活を支えるための商業活動も当然のことに活発化した。さてここでは、生

戦前期の店舗分布状況（1935年10月現在）

	世帯数	卸・小売区分			上位の業種				
		卸	小売	店舗計	食品	日用品	繊維品	機械金属	建築材家具
大今里町	5,591	38	868	906	396	122	98	98	69
東今里町	542	0	54	54	31	10	4	2	1
深江（東・中・西）	1,704	4	159	163	89	12	10	18	11
片江町	3,457	3	331	334	164	37	28	25	29
現東成区域（計）	28,657	148	3,422	3,570	1,680	405	368	350	263

注）現東成区域の合計数は一部区域外を含む。町名は当時。
資料：『東成区史』p.417より作成、原資料は大阪市店舗分布調査（昭和10年10月現在）

活インフラとも呼ばれる地域の商店街がどのように形成されてきたか、当地（平野川以東）および西側隣接部（城東線と平野川の間）の2つのエリアに分けて振り返ってみよう。

玉造・鶴橋近辺の3つの商店街

　まず、明治の終わり頃から大正期、都市膨張の最前線にあった市域東部、平野川以西の地域で形成された3つの商店街である。1つは、当時のいわゆるターミナル拠点であった城東線の玉造停留所の西側で形成された①日之出通商店街（現天王寺区玉造元町）、次いで玉造の東側、旧街道（暗越奈良街道）の二軒茶屋から玉津橋まで東西に伸びる②中道本通商店街、続いて1914年の大軌（現近鉄線）の開業と鶴橋停留所の開設を契機に、鶴橋から玉造へ北方向に形成された③東小橋本通商店街（南方向には鶴橋本通りが続き、このルートは玉造と環濠集落平野郷を結ぶ旧平野街道に当たる）がそれである。

　いずれも大阪城の東側にあった砲兵工廠やその周辺工場への通勤に関係した。城東線や市電の玉造駅利用者はもちろん、大軌沿線に居住する砲兵工廠の職人なども、鶴橋駅から徒歩で、東小橋本通り―日之出通り―玉造―森之宮―砲兵工廠が通勤ルートであったという。当時の城東線の停車場は天王寺・桃谷・玉造・京橋で、鶴橋・森之宮の駅開設は高架化された1932（昭和7）年とかなり後のことである。その間に、大軌鶴橋停留所（現在地から東300m辺りに停留所があった）から森之宮の砲兵工廠に至る南北方向に人の流れができ、それに沿って商店が高密度に集積した。それが、「日之出通り」と「東小橋本通り」の商店街である。また、中本町およびその周辺部では旧街道―玉造―森之宮―砲兵工廠が通勤路となり、旧街道（二軒茶屋―玉津橋）の復活ともいうべき「中道本通り」の商店街が形成された。なお、1910（明治43）年には玉造日之出通りに玉造座が開

かれ、その後も朝日座、三光館（エンタツ・アチャコのコンビ第一声がこの劇場とされる）、ヤマト館など、大正末からは映画館（当時は無声映画）も開場して、戦前期の玉造は市域東部第一の商店街・繁華街に成長した。

今里新橋通商店街（昭和12年）
出典：『東成区史』

今里新橋通商店街と新道筋商店街

　大正末から昭和戦前期にかけて、市街地膨張は当地、市域東部の平野川や今里筋以東に伸びていた。現千日前通りを走る市電が1927（昭和2）年に「今里終点」まで開通し、2年後の1929年には今里新地花街（現生野区新今里）が開業した。今里終点と今里新地を結ぶ位置に④今里新橋通商店街が、さらに今里・神路・深江等での建築化とともに、旧街道にほぼ平行してバイパス状に造られた東西方向の新道に複数連なる商店街として⑤新道筋商店街が形成された。

　前者の今里新橋通りはわずか350m足らずの商店街だが、そこに新橋座、二葉館（演芸場）、今里劇場、大黒館といった4つの劇場が開かれ、鈴蘭灯の設置や商店街の舗装化、今里新橋の架け替え等の環境整備を行うなど、市域東南部の中心として玉造に並ぶ賑わいをみせた。1932（昭和7）年当時の雑誌特集記事（「大大阪新開地風景」『大大阪』第8巻第8号）によると、新地の「帰り客を当てたおでん屋やバー、玉突、麻雀屋が市電今里車庫の附近に簇生し、寄席、萬歳の常設小屋に、映画館が一つ、このあたりの素張らしい発展振りは全くのレコード破りだ」と驚きをもって伝えている。同年6月現在の今里新地は、芸妓屋65、料理屋181、芸妓数806人、同1月の遊客数約11,400人に及び、新地開業わずか2年半ほどであったが、旧市の花街を圧倒せんばかりであったという。

　また、後者の新道筋商店街は、東西約1,700mに及ぶ長い商店街で、現在の今里・神路・深江の3つの小学校区にまたがっている。新道筋の形成については、本章「先行した2つの道づくり」で詳しく触れたが、一時は馬車通りになり、地域のメイン道路であった。今里・神路・深江の順に、1928（昭和3）年に新興市場（1941年調査の店舗数50）、1934年に大今里市場（同店舗数44）、1935年に新深江市場（同店舗数33）がいずれも私設市場として開設され、それに前後して個人店舗も次第に集積し、昭和10年代にはほぼ現在の新道筋商店街の形を整えたようだ。

店舗数は8世帯に1店舗

　1935（昭和10）年に実施された「大阪市店舗分布調査」によると、現東成区域内（一部区域外含む）の店舗数は3,570店（卸148、小売3,422）で、全世帯約2.86万世帯との割合でみると、約8世帯に1店舗となっている。また、旧神路村の範囲にほぼ該当する大今里・東今里・深江の3町合計でみると、店舗数1,123店、世帯数7,837世帯で、約7世帯に1店舗の計算になる。なお、各町で比較すると、大今里は6世帯に1店舗、東今里・深江は約10世帯に1店舗となっていて、場所によって差はみられるものの、いずれも現在では考えられないほどの過密店舗にあることを示している。1935年といえば、その前後に当地の3つの区画整理地区（深江・今里片江・神路）で仮換地指定や計画道路の告示が行われ、建築化が始まった時期である。5年後の1940年には当区における戦前・戦後を通してのピーク人口（約15.4万人、世帯数約3.5万世帯）を記録した。新道筋界隈ではこの間、新たな店舗の進出がかなり活発化したに違いない。

　このようにして、平野川以東の2つの商店街（今里新橋通りと新道筋の商店街）は、昭和初期から10年代中頃までのわずか10数年という短い間に、猛烈な市街地化の波の中で、零細・過密な商店群を、それもかなり特徴的な形で造りあげた。今里新橋通商店街は、市電の終着駅というターミナル型の側面とともに、花街を背景にした遊興地としての性格（娯楽性）が加わった特異な商店街である。一方の新道筋商店街は、食料品や日用品を主としたいわゆる下町型の地元商店街であるが、旧街道に平行して3つの学区にまたがって一直線上に伸びるその長さは全国的にみてもかなり珍しいものだ。

　しかしその後、1940年以降といえば、国家総動員法に基づく戦時総力戦体制に入った時期であり、自由な商業活動は否定された。価格統制とともに、主食品や衣料・日用品の切符配給制による物資統制、企業整備の一環で小売業の強制転廃業など、商業従事者・商品・価格（人・物・金）のすべての領域が規制され、残った商店もついには配給品取扱所へと変質した。当地の商店街も「戦争が激しくなるにつれ鉄製の鈴蘭灯は軍に供出され、空襲がひどくなるとともに各商店も疎開、出征、徴用等により鳥の羽を剥がした様な寂しい商店街となった」（再掲『はばたく街』）とある。

第2章　大戦と防空都市づくり

　大正期に始まる当地の主要道路や区画整理等の市街地整備は、1940年過ぎには概ね完了し、一部事業が戦時中断で先延ばしとなったものの、およそ四半世紀に及ぶ街づくりに大きな区切りをつけた。

　ところで、1930年代後半以降は時代が急変し、戦時統制を次第に強め、やがて大戦へと戦火に巻き込まれていった時期である。評論家の鶴見俊輔（『知識人の戦争責任』1956）によると、満州事変（1931年9月）から日中戦争（1937年7月）、そして太平洋戦争（1941年12月～1945年8月）の終結に至る紛争と戦争を総称して「15年戦争」と呼んだが、戦時体制が本格的に強化されるのは1937（昭和12）年の日中戦争の開始前後のことである。同年には防空法が制定され、翌年には総力戦遂行のための国家総動員法が施行された。1940年には都市計画法の改訂により「防空」が都市計画の目的に加えられ、それ以降は軍事色が強い「戦時の街づくり（防空都市計画）」へ急傾斜していった。

1　戦時体制下で計画された大公園緑地

実現しなかった片江の大公園

　大阪の大公園といえば、明治期に造られた府営住吉公園（1873年開設、面積4万坪）や中之島公園（1891年2万坪）、天王寺公園（1909年5万坪）などが代表であるが、本格的な公園計画の策定は1928（昭和3）年の総合大阪都市計画が最初とされる。大小の公園46か所（大公園33か所、小公園13か所）464haや公園道路12線（面積約2万坪）の計画とともに、今後20年間で1人当たり公園面積を約1坪（3.3㎡）とする目標も示された。公園緑地が市民の健康増進やレクリエーション、都市の美観、加えて震災時の防火・避難（1923年関東大震災の経験）等から必要不可欠な施設とされたからだ。

　しかし、当時はまだ公園事業は国庫補助の対象ではなく、したがって自前の資金確保は財政上の制約も大きく、それも「最も金にならない施設」として優先度が低くならざるを得なかったようだ。事実、1928年計画のその後10年間（1929～1938年度）の公園の実現率は、面積にして18％、2割にも満たなかった（奥

上）完成した天守閣と公園
　出典：『大阪のまちづくり』
下）現在の鶴見緑地
　出典：Wikipediaより 画像著作権者：切り干し
　大根 https://commons.wikimedia.org/wiki/ 花
　博記念公園鶴見緑地

大阪緑地計画図（1941年）　出典：（一社）日本公園緑地協会
『公園緑地』第5巻 第9号 口絵（一部加筆）

村信太郎「大阪の公園計畫所感」『公園緑地』第3巻 第12号 1939)。この間の公園事業では、天守閣の再建とともに完成した大阪城公園（1931年）や河川敷利用の城北公園、優先度が高かった長居公園の一部などに限られた。実現した公園の例では用地が無償のものが多いこともこの時期の特徴である。

　公園事業の予算化が容易でなかった事情は、市内の重要公園として位置づけられていた大阪城公園の整備をみてもわかる。当時の大阪城は陸軍第四師団司令部などが所在する軍用地であったが、市と師団司令部との交渉の結果、城内に新たな司令部庁舎（後の大阪市立博物館）を市が建築・寄付するという交換条件で、大阪城本丸および大手門から本丸への経路を公園として市民に開放する許可を得た。また、これらの公園や庁舎・天守閣の再建等の整備費は、昭和御大礼記念を冠した事業として市民からの寄付によった。寄付募集に際して、事業提案者である当時の関一市長名の「趣意書」付きで各戸に配布され、不況の折で募金は難航を極めたようだが、予定額の150万円（現在の600億から700億円程度に当たるとされる）を集めたという。

　もう1つ、当地域（現東成区域）に関係する事例をみよう。1928年の公園計画

で大公園の1つに挙げられた片江公園(広域避難機能を有する「大阪枚岡線(産業道路)」沿いに配置された大公園、面積2.2万坪)の顛末である。もともと公園の配置計画では、北部および南部に重点があり、東部の大公園は、大阪城公園(面積3.47万坪)を含め、片江公園(2.2万坪)、御勝山公園(2.7万坪)など計画箇所も限られていた。また、1929年にスタートした市の公園事業(10か年計画)では、大小公園46か所のうち19か所の公園が先行事業として選定され、片江公園や御勝山公園はその対象から外れている。公園用地の新規取得が必要で優先度が低かったのだろう。前者の片江公園の計画地(45頁「1928(昭和3)年の総合大阪都市計画」参照)は小路耕地整理(1925年認可、38年換地処分)の区域内に、後者の御勝山公園は生野土地区画整理(1926年認可、39年換地処分)の区域内にそれぞれ位置し、これら公園の実現には少なくとも進行中のこれら事業と合わせて公園の事業化が必要であった。結局のところ、民間事業組合による基盤整備事業が先行する中、市の公園事業が追いつかず、そしてその後も事業対象に浮上することなく、東部のこれら大公園の整備は無実化した。

大阪緑地計画と4大緑地の事業化

　公園緑地事業の取り組みに新たな展開をみせ始めたのは1937(昭和12)年の防空法の制定以降のことである。1937年といえば、日中戦争開始の年である。翌年には内務省による防空3か年計画が策定され、空襲時の防火・避難のためだけでなく、軍の防空対策からも公園緑地を活用した施設整備が必要とされた。そして1939年度からは、東京・大阪を含め大都市の公園事業が国庫補助の対象となった。また、1940年には都市計画法の改訂で「防空」(敵の飛行機による空襲から都市を守る)を目的とした「緑地」が都市計画の施設に加えられ、重要地域(京浜・中京・京阪神・北九州)では新たに100ha前後の緑地事業の用地費にも国庫補助が認められた。広大な緑地は軍の要望として防空陣地としての活用や防空戦闘機の基地なども考えられていたという。

　こうした動きを背景に、市では1939年に紀元二千六百年記念事業(神武天皇即位から数えて2600年目が西暦1940年に当たるというキャンペーン)として新淀川公園(淀川河川敷の緑地広場)や真田山公園(騎兵第四連隊の跡地)などの公園整備を行うとともに、これまでの計画を拡充する形で、新たに大阪市公園事業計画(長居公園の拡張66.9haほか合計面積約141.3haの計画)を策定した。

　またこの間、大阪府と大阪市が共同して大阪府下全域にわたる広域的な公園緑地計画を構想し、これを受けて、1941(昭和16)年には4つの事業大緑地の決

定を含む「大阪緑地計画」を策定した。4つの事業大緑地とは、戦後になって整備・開園された大阪の4大緑地のこと、服部緑地（計画決定面積142ha）、鶴見緑地（同124.7ha）、久宝寺緑地（同132.2ha、戦後の計画変更で48.1haに縮小）、大泉緑地（同123ha）である。当初の計画では、いずれも1か所当たり100haを超える大規模緑地で、「防空」を名目に事業化が決定され、用地買収が開始された。同計画では、4つの事業大緑地のほか、これらを繋ぐ緑地帯（環状緑地帯と放射緑地帯で構成）とその外側に山地施設帯（生駒・金剛連山、箕面・千里山などの大阪周辺の山地部分に該当）を設定している。前者のうち環状緑地帯は、大阪市街の周辺をぐるりと取り囲む形で、都心から半径約10km圏ほどに配置され、ほぼ現在の中央環状線辺りに位置した。大阪のグリーンベルトである。

　ちなみに、グリーンベルトの計画は、当時の大都市地域計画の基本的な考え方であり、「市街地を緑地帯（グリーンベルト）でとり囲むことによって都市の膨張を抑制する」ねらいがあり、大阪緑地計画の計画理念の1つにも「大阪市を中心とする市街地の限界を現状程度に止め、各部分を緑地で囲繞せしめる」（小牧孝雄「大阪の緑地計画と大緑地事業」『公園緑地』第5巻 第9号 1941）とある。また一方で、このベルト上には、当時の京阪神圏の制空権を担った伊丹飛行場（現大阪国際空港）や大正飛行場（現八尾空港）も組み込まれ、各防空緑地と結ぶ軍事上の意図も含まれた。4つの事業大緑地（服部・鶴見・久宝寺・大泉）は、通常なら、緑地事業の予算化はなかなか難しいところだが、防空都市づくりの大義名分のもと、戦時体制下という特異な状況の中で実現した、まさに戦時遺産といえる。

　余談だが、大阪緑地計画が策定（1941年9月）される2年前、大阪府都市計画地方委員会が「防空の百年計画」を発表した（『都市公論』第22巻 第8号 1939）。大阪緑地計画の前身となる計画といえるが、防空緑地の位置が鶴見・久宝寺ではなく、北東部茨木近郊、東南部布施近郊に構想されていた。防空緑地の選定経過は承知しないが、当地域東側の布施の防空大緑地計画は先の片江公園と同様、幻に終わった。

2　防空空地計画と建物強制疎開

防空空地計画と城東空地帯

　1941年12月、マレー半島と真珠湾の攻撃で口火を切った太平洋戦争が開始された。開戦とほぼ同時に防空法も改訂・強化され、空襲時の消防・防火・避

大阪防空空地及空地帯図
出典：(公財) 都市計画協会『都市公論』第26巻第9号口絵

城東空地帯（内環状空地帯）
出典：大阪防空空地及空地帯指定参考図の一部（大阪市立中央図書館蔵）

難等に備えるための強力な建築禁止的制限や一定区域を空地に指定する制度などが組み込まれた。1943年3月には東京・大阪にこの防空法に基づく防空空地や防空空地帯の指定が行われ、指定された空地の建築制限や買収に際しては国庫補助を認めた。

　1943 (昭和18) 年3月に内務省告示によって指定された大阪の防空空地計画をみると、「防空空地」は都心からおよそ半径5km余りの市街地内に合計22か所、面積約200haが指定されている。残存する空地留保（密集地でも500坪程度以上）を目的としたので、湾岸や淀川沿い、現JR環状線外側南に多く指定され、中心部ではその数は少なく面積も小さい。もう1つの「防空空地帯」は先の大阪緑地計画の緑地帯に類似するが、次の3つの空地帯、すなわち内環状空地帯、外環状空地帯、放射空地帯で構成されている。

　内環状空地帯は、市街地密集部を環状に囲むものとして都心より5〜8km程度に位置し、幅150〜500m、面積770haを占める。外環状空地帯は、先の大阪緑地計画の環状緑地帯とほぼ重なり、4つの事業大緑地である服部・鶴見・久宝寺・大泉の各緑地とも連続、一体化している。空地帯の幅1,000〜2,000m、延長55km、面積6,450haと3つの防空空地帯のなかでもメインのものである。

　放射空地帯は、両環状空地帯および都心部を各々連結させるもので、幅

300〜500m、面積570haを占める。なお、3つの防空空地帯の総面積は7,800ha、これに防空空地と合わせた面積は約8,000haに及んでいる。これは、現大阪市の面積のおよそ36％に相当する広さである。

　ところで、都心から6km余り圏内に位置する当地域は、もちろんこの防空空地計画の一環に組み込まれている。上記の内環状空地帯の一部「城東空地帯（約225ha）」は、当地域のほぼ中央を南北に流れる城東運河（平野川分水路）沿いに、幅およそ200〜300mほどで指定されており（現近鉄今里駅や神路小学校を含む）、市街地の延焼拡大をくい止める防火帯の役割が期待され、強い建築制限（空地留保・建築禁止等）が加えられた。

1944年2月に始まる建物強制疎開

　1942年6月のミッドウェー沖海戦の敗北によって戦局は一気に悪化した。同年4月には、東京・名古屋・神戸でアメリカのB25爆撃機の奇襲を受け、本土空襲も現実となった。こうした情勢から、1943年12月には都市疎開実施要綱が閣議決定され、建物疎開（建物の取り壊し）を含む都市防空策が一段と強化された。

　建物疎開は、都市の防火区画（延焼防止）となる道路予定地など一定幅の「疎開空地帯」と工場等重要施設や駅前等の交通要所、家屋密集地などの被害軽減を目的とした「疎開空地」に大きく分けられる。先の防空空地・防空空地帯では「空地の現状維持（建築の禁止的制限）」が要請されたのに対して、この疎開空地・疎開空地帯では「除却命令」による建物強制疎開である。もちろん土地家屋の買収（敷地は借地形態もあった）や移転補償・移転あっ旋などが行われたが、戦局の悪化とともに事実上の強権発動となった。

　大阪における建物疎開の実施は、1944年2月の第1次指定に始まり、この時は大阪市だけが対象であったが、第2次指定（同年8月）から堺市、第3次指定（翌45年3月）から布施市にも適用された。そして1945年3月の大空襲後の第4次指定以降は、緊急疎開事業として周辺都市にも拡げられ、岸和田・守口・吹田・高槻・豊中などを加え、10市7町1村で実施された。地区指定は終戦に至るまで計6回指定、疎開戸数は約9万戸（計画ベース）に及ぶ。うち大阪市は合計約7.3万戸の建物が除却され、全体の8割を超えて圧倒的に多い。

　大阪市内の実績を疎開種別でみると（石原佳子「大阪の建物疎開─展開と地区指定」『大阪国際平和研究所紀要』2005）、①疎開空地帯15か所1.5万戸（河川沿岸や既存道路拡幅など）、②鉄軌道沿線11か所1.1万戸（城東線沿線ほか）、③工場施設周辺の疎開空地約130か所1.7万戸（工場・倉庫等周辺）、④工場周辺以外の疎

東成署管内の建物疎開一覧

疎開種別		時期	疎開地区	戸数	面積(坪)	所轄署
疎開空地帯		第1次	中道桑津空地帯(注1)	2,076	61,420	城東・東成・生野
		第2次		501	14,590	
鉄軌道沿線		第4次	城東線沿線	6,835		沿線9署管内
		第5次	近畿日本鉄道大軌線沿線	809		東成・生野
工場周辺疎開空地		第4次	3か所の工場周辺(注2)	322		東成
		第5次	11か所の工場周辺(注3)	378		同
疎開空地	交通疎開空地	第2次	玉造駅前付近	137	2,530	東成
		同	鶴橋駅前付近	185	3,930	東成・天王寺
	消防道路	第2次	玉掘中道	76	1,950	東成・東
		第3次	東今里、東小橋	160	3,370	東成
	重要施設周辺	第4次	市電今里車庫、今里開閉所	336		同
	変電所周辺	第5次	片江変電所	41		同
	官公署周辺	同	東成警察署、東成消防署	68		同
	堅牢建物周辺	同	北中道、東中本、神路の小学校	147		同
疎開小空地(参考)		第1次	大阪市内24か所	227	7,920	東成区該当なし
		第2次	大阪市内206か所(うち東成区内)	3,166 (167)	69,740 (3,460)	東成区一部該当
		第3次	大阪市内626か所	6,067	129,830	区別未確認

注1) 中道桑津空地帯の第1次指定(昭和19年2月)は城東区北中浜町2～生野区勝山通7の区間(幅員8～100m、延長4,130m)、
　　　第2次指定(同19年8月)は生野区勝山通7～生野区南生野町3の区間(延長1,110m)で第1次区間を延伸したもの、
　　　両方で延長5,240m、7.6万坪、除却戸数2,577戸(うち現東成区内1,213戸)
注2) 3か所の工場周辺→極東精密工作所、前田金属大阪工場、瓜生製作本社工場等の周辺
注3) 11か所の工場周辺→中谷機械製作所、阪南金属、尾山ゴム工場、極東製作所、油谷鉄工所造機工場、日亜製鋼
　　　深江工場、瓜生製作所神路工場、城東機械工作所、波松歯切工場、大阪ゴム製造所、宗田ゴム工場等の周辺
資料:石原佳子「大阪の建物疎開─展開と地区指定」より作成

鶴橋駅周辺で実施された建物疎開の例
Ⓐ豊里矢田線(通称:疎開道路)Ⓑ近鉄鶴橋駅北側 ⒸJR線(国鉄城東線)沿線地
帯 Ⓓ近鉄線沿線地帯(詳細な部分については推定を含む)
出典:『大阪「鶴橋」物語』p.16(藤田綾子著、現代書館、2005年)

開空地約180か所2.1万戸(駅前付近の交通疎開や消防道路、病院、学校、変電所・警察署・区役所等の官公署、堅牢建物などの周辺)、⑤疎開小空地約850か所0.9万戸(密集地の間引き疎開、空家疎開など)となっている。1か所当たりの平均除却戸数は、①疎開空地帯と②鉄軌道沿線で1,000戸程度、③④の疎開空地は100数十戸、⑤小空地は10戸程度で、これら全体の指定面積を推計すると(第1次〜第3次指定の実績戸数3.35万戸、面積90.8万坪から推定)、およそ650haに及ぶ。

4 千戸を超える建物疎開

当区の東成署管内(他の所轄署にまたがる場合を含む)の建物疎開についてみよう。

まず第1次疎開では、平野川とJR環状線の間を南北に通る都市計画道路「中道桑津線(現豊里矢田線)」の沿道地区が「疎開空地帯」の対象となった。1944年2月に地区指定、同4月に移転完了、5月には建物の除却も完了、指定から除却までおよそ3か月余りと猛スピードで進められたという。この空地帯はその後、第1次の指定区間を南に延伸して第2次で追加指定され、北は城東区北中浜町2丁目から南は生野区南生野町2丁目まで、延長5,240m、指定面積7.6万坪、除却戸数2,577戸(うち現東成区内1,213戸)となっている。指定理由は、空地帯北端の大阪陸軍造兵廠等の「重要工場ヲ防護」「密集区域ヲ東西ニ分断」「防空活動ヲ容易ナラシメ大災害ヘノ進展ヲ遮断」などとある。地元ではこの道路のことを今も疎開道路と呼んでいる。

続く第2次・第3次疎開では、「交通疎開空地」として玉造駅前付近(137戸、2,530坪)、鶴橋駅前付近(185戸、3,930坪)の2か所、「消防道路」として玉掘中道・東今里・東小橋の3か所(236戸、5,320坪)が指定された。

第3次疎開(1945年3月14日告示)が始まったその日、3月13日深夜から14日未明にかけて大空襲に見舞われた。一夜にして大阪市内の家屋被害は全半焼約13.6万戸に上り、疎開事業も大幅な見直しに迫られた。3月15日付け閣議決定「大都市ニ於ケル疎開強化要綱」に基づき、大阪府都市疎開実行本部は3月26日付け「緊急疎開ニ関スル件」を市長に通達した。添付の「緊急疎開実施要領」によると、疎開申し渡し→立ち退き→除却の日程は10日ほどで終えることになっており、第4次疎開(1945年3月18日)以降は文字通りの緊急疎開になった。

そして当区の第4次・第5次疎開では、新たに設定された「鉄軌道沿線」の疎開として城東線沿線(沿線9署管内、6,835戸)と近鉄大軌線沿線(東成・生野、809戸)の2か所、「工場周辺疎開空地」14か所(700戸)、「各種施設周辺疎開空地」8か所(592戸)が指定された。各種施設は、市電今里車庫や今里開閉所、片江変電所、

東成警察署、東成消防署、北中道・東中本・神路の国民学校となっている。

　1945 (昭和20) 年3月の大空襲の前とその後の戦争終局期での建物疎開の性格はかなり変化したものと考えられるが、1年半に及ぶ現東成区域の建物の取り壊しは、少なくとも4,000戸を超えるものであった (筆者推計)。そしてこの数は、当区の戦災によって全焼全壊した建物戸数約6,500戸 (100頁「東成区の戦災被害状況」参照) と比べてもかなり大量であったことがわかる。

3　総力戦体制下での町会隣組

「自治」から「統制」へ

　1937 (昭和12) 年7月の日中戦争開始前後の大阪は、「自治」と「統制」という2つの相反する面が交錯していた。市民向け冊子『昭和12年の大阪市政』によると、自治権強化に向けた特別市制の主張 (府県からの独立) とともに、市民のための自治都市の実現を掲げるなど、市政の基調は大正デモクラシーの名残りをなお留めていた。ちょうどこの時期、1937年5月には大阪を象徴する御堂筋 (梅田―難波間4km) が完成し、竣工式典が盛大に挙行された。翌年4月には、梅田―天王寺間の地下鉄も開通し、これぞモダン大阪の粋とばかりに誇った。街づくりは絶頂期にあった。

　しかし、「市民本位の立場」を掲げていた大阪市政も、日中戦争を境にして大きな転換を迫られた。日中戦争開始後の1937年9月、政府 (第一次近衛内閣) は挙国一致・尽忠報国・堅忍持久の3つのスローガンを掲げた国民精神総動員実施要綱を決定した。愛国精神・滅私奉公の推進をはかるとする、国民全員を戦争遂行に協力させるための精神運動である。また翌1938年には、国の経済や国民生活のすべてを政府が統制できるとした国家総動員法を制定し、総力戦体制を敷いた。物資・労力・資金等を軍需生産に集中させるため、国民生活は最低限に切り詰めさせることが必要であった。食料品や生活必需品の配給制、価格の統制、物資の供出、言論出版の規制も含まれる。国家政策の末端への浸透と徹底を図るため、地方行政や地域組織の再編も行われた。政府―都道府県―市区町村―町会隣組という指揮命令系統の確立が必要とされたからだ。自治体はその権限が縮小され、国の下部行政機関としての性格を強めた。地域住民に最も身近な町内会も行政の補助機関としての性格を強め、国民精神総動員運動の実行単位に位置づけられた。

校区町会連合会─町会─隣組

　大阪市における町内会の再編状況をみてみよう。もともと町内会は町内の懇親や互助・繁栄などのための自発的な任意団体としての性格が強いものであったが、1937年2月、市は市政運用上の補助機関として役立つ町内会を育成する方針（町内会助長ニ関スル件）を打ち出した。さらに翌38年1月には、新たな町会結成方針を発表し、市の補助機関としての性格にとどまらず、戦争協力に市民を動員するための機関として町会整備を行った。単位町会は（種々の改編はあったが）、1町内または1丁目などおよそ200から400世帯程度を基準に、区域内に居住する世帯全員のほか法

都市問題情報誌も戦時下では町会隣組指導雑誌へ
出典：『大大阪』昭和19年終刊

人・学校・病院・工場・倉庫・営業所・事業所等も加入させた。町会の下部組織として、5戸ないし15戸程度の組を設けた。後の隣組である（1940年9月に内務省訓令「部落会町内会等整備要領」が通達され、町会とともに、10世帯前後による隣組が制度化された）。また、町会の上部組織として、小学校の通学区域ごとに「校区町会連合会」を、その上に各行政区ごとに「区町会連合会（会長は区長）」を設けた。運営については毎月1回以上、隣組常会・町会常会・連合常会が開催され、校区町会連合会には事務所を設けて事務員を置くこともあり、豆区役所のごとき観を呈していたといわれる。

　1941年当時における当地の町会でみると、校区ごとに（小学校は1941年4月から国民学校と改称）、神路（町会数24）、今里（同11）、深江（同20）、片江（同17）などの町会連合会が組織され、前の3つの連合会事務所はそれぞれの国民学校内（神路、今里、深江の各学校）に置かれた。町会の活動は、決戦段階・臨戦段階に進むに従って、国策遂行の機関として重要な役割を担った。特に地域の防空・防護や切符制・登録制等による生活物資の割当配給のほか、物資供出・翼賛運動・貯蓄奨励・租税の取立・予防注射や保健事務・休閑地利用（広場や疎開空地等の菜園利用）・妊産婦その他の届出等すべて町会の手を通じて行われた。また、1940年4月より町籍簿を設け、住民につき漏れなく調査し、その移動も町籍簿の整理によって処理したという。

民防空の中核「警防団」と実戦部隊の「隣組」

　町会活動の中で特に重視された地域の防
空(軍防空に対して民防空という)について少
し補足しておこう。1937年制定当初の防空法
によると、防空活動への従事義務や防空訓練
への参加義務、灯火管制義務などが規定され
ていたが、その後の改訂で順次強化され、地
域からの事前退去の禁止、空襲時の応急消火

バケツリレーによる防火演習
出典:『まちに住まう―大阪都市住宅史』
(写真提供:大阪市)

義務も加えられた。事実上「逃げるな・守れ」
の義務を法律によって課していた。1939年には、各小学校の通学区域ごとに防
空防火に関する業務を担う「地域警防団」が組織され、民防空の中核と位置づ
けられた。連絡・警備・消防・防毒・救護等の各部が編成され、定員約200人
程度、直接の指揮は、警察署長や消防署長がとり、団員の訓練も実施した。ま
たその後、「隣組」を単位とした防空防火の近隣活動組織(隣組防空群)も編成
され、単に火を消すことだけでなく、組内の警報伝達、灯火管制、防毒、救護、
退去、避難、待避など、応急対策の訓練が行われた。警防団とともに、隣組が
現場の防空防火活動における実践部隊であった。

　1945年3月の大空襲後は、本土決戦への備えとしてこんな話もあった。時の
政府(小磯国昭内閣・鈴木貫太郎内閣)は国民義勇隊の結成を決定し、全国で組
織化を図った。大阪市内でも焼け残った地域では、5月下旬に町会単位で義勇
隊小隊が作られ、隣組はその分隊とされた。また6月初旬には校区町会連合会
単位で義勇隊中隊、会社・事務所では職域義勇隊が作られた。「国民義勇隊は、
防空・戦災復旧・物資輸送・警防活動の補助・作戦軍の後方支援業務に当たる
ため、十五〜六十五歳の男性と十五〜四十五歳の女性で組織」され、それへの
参加は事実上強制的であったという。

　これら地域(町会隣組)・職域の義勇隊員は、実際に警察の緊急工作隊に協力
して、上下水道復旧工事や戦災地の後片づけの作業などに従事したこと、強制
疎開家屋の除却作業に動員されたことなどもわかっている。そして戦闘が始ま
れば、これらは国民義勇戦闘隊に編入され、軍の指揮下に置かれる。敵と戦う
方法を教えた陸軍部発行『国民抗戦必携』によると、「銃剣はもちろん、刀、槍、
竹槍から鋤、ナタ、玄能、出刃包丁、鳶口にいたるまで、これを白兵戦闘兵器
として用いる」と記されていた。文字通りの総力戦体制であった。

4　学童疎開と都市強制残留

初等科学童の集団疎開

　防空対策の一環で、建物疎開とほぼ同時期、都市疎開実施要綱（1943年12月）による人員疎開も実施された。都市における人的被害の軽減を目的としたものであるが、大空襲を境に、都市防衛面（「逃げるな・守れ」）を最優先にした形の「限定疎開（戦力外人員ともいうべき弱者限定の疎開策）」へと変化していった。

　大阪市の人員疎開は当初、任意疎開として入営応召や徴用者の家族を中心に1944年1月から始まったが、その後、老幼者、特に学童の縁故疎開（郷里や地方農山村の親戚等への疎開）が勧奨された。さらに、縁故疎開ができない国民学校初等科児童3～6年生を対象に集団疎開が実施された。1944年8月から9月にかけて市内の国民学校児童の疎開が開始され、9月末現在の実施状況でみると、初等科児童約33万人のうち、縁故疎開12万人、集団疎開6.6万人で合わせて18万人以上、初等科児童全体の6割近くがこの時に疎開した。なお、集団疎開の疎開先は、大阪府下を含め2府10県と広い範囲に及んだが、当地の学校の例（神路、今里、深江、片江などの国民学校）をみると、近県の奈良が割り当てられている。神路は奈良県高市郡（畝傍町・高市村）、今里・深江・片江は同磯城郡（多武峯村・桜井町・初瀬町・安倍村・香久山村）へ疎開、寺や教会、旅館、集会所などが宿泊寮となった。

大空襲にさらされた都市残留要員

　1945年3月の大空襲後は、計画的な人員疎開どころではなくなったようだ。一夜の空襲（第1次大阪大空襲）だけで50万人もが家を失い、罹災者の避難先への疎開輸送や一般市民の脱出組を加え、連日大混乱を極めた。そこで大阪府・大阪市は、「都市残留要員」として、官公署勤務者、軍需・生活必要物資の生産従事者、交通・通信・建築・報道・金融・飲食・浴場・清掃・配給などの産業部門従事者、警備防空従事者、動員中の学生生徒（12歳以上の国民学校高等科児童も動員の対象）などを指定し、これらは市内からの転出を禁じた。国の方でも疎開緊急措置要綱（1945年4月）を決定し、老幼・妊産婦・病弱者、集団疎開者・罹災者・強制疎開立退者などを優先的に疎開させ、その他の者には転出証明書を交付しないという措置をとった。

　この時の学童疎開では初等科1～2年生の低学年児童も加えられ、4月の新学期からは「市内には国民学校初等科児童は一人も残さず授業も実質上停止（『朝

98

学童集団疎開の出発（片江小学校）
出典：『東成区史』

疎開の生活（やせた体、細い足、笑っている顔に力がない）　出典：『私たちのふるさとと学校』

日新聞』1945.3.22)」になったという。そして、強制的に残留させられた多くの市民は、先の地域・職域の義勇隊に組み込まれ、その後も続く大空襲の反復にさらされた。

5　大空襲のこと

100機以上の爆撃機による大空襲は8回

　東京・大阪等の主要都市はもちろん中小都市にも向けられたアメリカ軍B29部隊を主力とする爆撃によって、わが国の都市は壊滅的な打撃を受けた。

　大阪市域への空襲は、1945年新年早々の1月3日が最初である（米機10機、うち1機が焼夷弾を投下）。これを手始めに、終戦前日の8月14日までの8か月ほどの間に約30回（大阪府域では50数回）に及んだ。そのうち100機以上のB29爆撃機による大空襲は8回を数えた。木造家屋の効果的な破壊をねらった米軍の戦略爆撃「無差別大量焼夷弾攻撃」は、3月10日未明の東京に始まるが、12日の名古屋、13〜14日の大阪、17日の神戸と四大都市を攻撃した。大阪の攻撃では、B29が274機、地上から1,500〜2,800mの低空で投弾された焼夷弾は合計1,733トン、1万個を超えた。深夜3時間半ほどの焼夷弾攻撃によって、市の中心部（概ね松屋町筋以西）および海岸寄り市街地一帯が火の海と化して焼き払われた。この空襲による被災面積は2,100ha、被害戸数13.6万戸、被災者数50万人、死者・行方不明4,700人、工業生産力は半減したと報告されている。これまでの都市防空対策や隣組などで行われていた防空訓練・消火訓練も、大空襲の威力の前では、何の役にも立たなかった。

大阪市戦災焼失区域図
出典:『大阪市住宅年報』1954の挿図（大阪市立図
　　書館蔵）

東成区とその周辺戦災図
出典:『新修大阪市史』歴史地図（図8の一部）

東成区の戦災被害状況

空襲日	大阪大空襲の次数等	人的被害			建物被害		
		死者行方不明	重軽傷	罹災者総数	全焼全壊	半焼半壊	建物被害合計
1月20日	来襲1機・弾数1	5	4		7	21	28
3月13日	第1次大空襲			94	28		28
6月 1日	第2次大空襲		1	15	1		1
6月15日	第4次大空襲	370	138	20,699	6,363	151	6,514
6月26日	第5次大空襲	22	34	574	72	156	228
7月24日	第7次大空襲		16	284	63	54	117
被害合計（概数）		397	193	21,666	6,534	382	6,916

注）6月4日の空襲：爆弾1個、深江公設市場内中央部被害、ただし人的被害なし
　　8月14日の第8次大空襲：南中浜町の材料研究所など全焼
資料：『（旧）東成区史』（昭和32年版）p.263-273より作成

　大阪の大空襲は、3月（第1次）に続きその後、6月の3回（第2～第4次）、8月14日（第8次）の爆撃が特に凄烈であった。6月1日の大空襲（第2次）では淀川沿いや大阪湾沿岸の工場地帯、6月7日（第3次）には都島区を中心に市の北東部、6月15日（第4次）には西淀川・天王寺・生野・東成の各区を中心に市の北部および南東部がそれぞれ攻撃された。6月のこの3回の大空襲では、各回米軍機450～550機ほどの大編隊で、被災者も毎回20万人前後に及んだ。また、終戦前日の8月14日に実施された最後の大空襲（第8次）では、城東線の京橋・森ノ宮間の線路

の西側・東側に位置した大阪陸軍造兵廠(現在の大阪城公園、大阪ビジネスパーク、森ノ宮電車区など)への猛爆撃があり、これで巨大な兵器工場は完全に壊滅された。近接の京橋駅にも爆弾が命中して乗客の死者200数十人を数え、国鉄史上、空前の惨事になった。

猛爆撃を受ける大阪陸軍造兵廠
8月14日米軍撮影／朝日新聞社

最大の被害は6月15日の大空襲

当区の空襲についてみよう。城東線(現JR環状線)以東の現東成区域は、海岸部から離れた地域にあり、また米軍のターゲットリストに記載されるような大規模な工場も少し離れた位置にある陸軍造兵廠が唯一であり、市域内でも空襲被害は比較的少なかった。

米機の来襲は、1945年1月20日を初回とし、3月の大空襲が2回目、以降6月に4回、7月に1回、8月14日の最後の空襲を加えて合計8回である。このうち6月15日(第4次大阪大空襲)の被害が最も大きい。この日の米軍の「戦術作戦任務報告」によると、平均弾着点の1つに「鶴橋駅付近」が攻撃目標として指定されていたようだ。実際の被害は、特に城東線の玉造・鶴橋間の線路東側、当区西側の現東小橋・玉津・中道・中本などに集中した(この焼失地は、戦後になって戦災復興土地区画整理事業が実施された)。ほか当地の今里ロータリー周辺や深江(現内環状線沿い)・片江(現大今里南2〜4丁目、近鉄今里駅周辺)の地域、そして学校(深江国民学校分校、片江国民学校)なども焼失した。この時の被害状況(現東成区内の被害)は全半焼家屋6,500戸、罹災者約2万人、重軽傷138人、死者・行方不明370人と記録されている。

改めて、大阪市域への全空襲の被害状況をみると(大阪市戦災復興誌)、焼失面積約5,000ha(市域の27%)、焼失倒壊戸数31.1万戸(住宅総数の約半数)、被災者数113.5万人、死者約1万人余り、大阪の中心市街地部や臨海部などは一面焦土と化した。8月14日の最後の大空襲を経て、その翌日(8月15日)、ポツダム宣言の受諾による無条件降伏で、長かった戦争もようやく終止符が打たれた。

第3章　まちの復興とまちの改造

　1945（昭和20）年8月15日正午、玉音放送「爾臣民に告ぐ」の終戦の詔書とともに時代が大きく変わった。翌1946年11月に「国民主権」を掲げた新憲法が公布され、明治以降続いた立憲君主制から民主制へ、国民は「臣民」から文字どおり主権者たる「国民」へ歴史的な転換を遂げた。新憲法の施行（1947年5月）と同時に地方自治法も施行され、それまでの中央集権的な国家統制から住民自治の思想に基づく自律的な地方自治運営へ新しい時代の幕が開かれた。

　ところで、戦後の歩みを「都市計画・まちづくり」の側面から時期区分してみると、大阪では1970（昭和45）年3月の万国博開催の前と後の時期に大別できる。前の時期とは、敗戦後の都市復興とその後に続く高度経済成長を背景にした大規模開発が相次いだ時期である。後の時期とは、街づくりの基本法ともいうべき都市計画法・建築基準法の大改正が行われ、地方自治体や市民・住民がまちづくりの主役として積極的に関わることができるようになった今日に至る時期である。

　まずは「敗戦から万国博開催まで」の激変の時期を追ってみよう。

1　激減した人口と都会地転入抑制

被害が小さい東成区でも人口は半分以下に

　戦争を挟んでの人口の激変ぶりをまず確認しよう。太平洋戦争前の1940（昭和15）年10月と敗戦直後の1945（昭和20）年11月の人口を比較すると、大阪市の人口は325万人から110万人となり、この5年間で200万人以上が減り、約3分の1になった。応召や徴用、人員疎開、工場の分散、空襲等の戦禍などによる人口の大量離散の結果である。区別にみると、当時の22区（1943年4月に15区から22区に再編）のうち、人口が5分の1以下に減少したのは、市の中心部および臨海部の10区に及び、特に港・浪速の両区は共に減少率95％を超え、ほとんど住む人がいないという状況で敗戦を迎えた。現東成区でみると、戦時下の空襲や建物疎開などで失った家屋は推計1万戸余り、全家屋の3分の1程度で、市の中心部や臨海部などに比べて被害は小さかったものの、それでも1940年

10月の人口15.4万人（区界変更修正値）が1945年11月には6.9万人となり、比率でみると55%減と半分以下に減った。

　敗戦直後から1950年に至る期間は、戦時経済から平時経済への復帰の時期である。復員や引き揚げ、疎開者の帰還などによって人口も徐々に回復の過程にあった。敗戦から1946年4月までのわずか8か月の間、市の人口は実に18万人も増加した。その後も帰還の勢いは変わらず、1950年時点の人口でみると196万人（東成区11.6万人）、5年間で約85万人（同4.7万人）が増加し、戦前人口の6割（同75%）まで回復した。

　しかし、この間の帰阪や市内での生活はそう生易しいものではなかった。住宅不足はもちろん、食糧難や生活物資不足で、窮乏と混乱の極みにあった。1946年3月には「都会地転入抑制緊急措置令」が公布され、1948年12月末までは東京・大阪などの大都市部では人口転入が禁止された（大阪府下では大阪市・堺市・布施市の3市が対象）。具体的には、転入者の食糧配給登録を認めない等の措置が行われた。ただちに大量の人口復帰を受け入れる状況にはなかったからである。

配給食料は摂取量の半分ほど

　特に食糧事情は、戦時中よりもいっそう悪化し、深刻を極めた。実際に栄養不良で多くの餓死者も出た。大阪駅周辺での記録によると当時、引揚者、復員者、疎開先からの帰阪者、失業者などが数千人もたむろし、その中には生活基盤をすべて失った浮浪者や両親を失って身寄りのない浮浪児も数多く含まれ、敗戦から1年余りの間、1日に2、3人の割合で死亡者を数えたという。大阪駅付近のほか、野田阪神・天六（天神橋6丁目）・鶴橋駅・難波駅・天王寺駅・飛田遊郭付近・寺田町などが浮浪者・浮浪児の溜まり場となり、その数を合わせるとざっと1万人といわれた。当時の状況下では、たとえ施設や病院に送られたとしても、傷病・栄養不良・衰弱などのため死亡したケースも多かった。ある医療保護施設の例によると、1946年の1年間に引き受けた3,000件余りのうち、約4分の3は行旅病人、行旅死亡人であったという（大阪市民生事業史）。

　終戦直後に実施された大阪市民1人1日当たりの栄養摂取量の調査（1945年12月）によると、「配給1,150カロリー、ヤミ買い500カロリー、到来品（もらい物）400カロリー、自家生産150カロリー、合計2,200カロリー」となっている。当時の配給食糧は平均摂取量のおよそ半分であり、配給ルート以外で補充する方法は「ヤミ商人からの買い入れ」「農村への買い出し」「郷里等からの持ち帰り」

などであり、市民の多くはヤミ買いなどに頼らざるを得なかった。市民の8割以上は赤字家計といわれ、なけなしの着物を1枚1枚身を切られるような思いで売り払う、いわゆる「タケノコ生活」を多くの人が体験した。世論調査を基にした新聞報道によると（『朝日新聞』1946.12）、大阪は全国一のタケノコ生活であると報じている。

ヤミ米・ヤミイモ列車
出典：『大阪百年史』

　ちなみに、市の学校給食は、1946（昭和21）年2月から未利用の可食資源の配給を確保し、貧弱ながら任意の受給で再開され（給食費は保護者負担）、翌47年1月からは文部省通牒に従って本格的に実施された。同6月からはGHQの援助による放出物資が給食の主流となり、50年9月にはパンと脱脂粉乳を主体とする給食が全市立小学校に完全実施となった。1950年頃は市民の食糧事情もかなり改善されてきた時期である。

2　ヤミ市からの再スタート

鶴橋・玉造・今里など5か所のヤミ市

　ヤミ市が各地に現れたのは敗戦から1か月ほど経過した1945年9月頃からである。当初は内地からの復員者を目当てに、握り飯やサツマイモ・蒸しパンなどを売る人の群れが、主要駅周辺に出現したのがきっかけとされる。大阪市内のヤミ市の分布をみると（『新修大阪市史』第十巻、歴史地図）、合計66か所（府内では92か所）、なかでも大阪駅前、鶴橋、阿倍野、天六、難波駅前、心斎橋・戎橋筋などが代表的である。またヤミ市の立地特性は、戦前からの商業中心地を除くと、戦災の被害が少なかった市の北東部から東部、東南部・南部にかけて高い密度で立地していた。

　東部に位置する東成区では、疎開空地跡にできた鶴橋駅前（市内でも首位を争うほどのヤミ市群を形成した）や焼け跡を利用した玉造（中道本通り沿い）をはじめ、今里ロータリーに近い新橋筋（戦前からの今里新橋通商店街）や緑橋筋（ロータリー付近の現大今里西1丁目から北へ中本の八王子神社付近に通ずる道路筋）、そして深江（現内環状線沿い西側の道路筋、深江南1丁目）を加え5か所にヤミ市が立った。

　当初の売り物は食べ物が目立ち、それも自家製の素人的な商いが中心であっ

昭和20年10月20日ごろの鶴橋駅周辺　（朝日新聞社撮影）　　今里終点新橋通商店会（昭和26年鈴
蘭燈天幕完成）　出典：『はばたく街』

たが、1945年の暮れ頃からはプロの露店商人や専業の担ぎ屋（ブローカー）も増え出し、売り物の品数も野菜や鮮魚、日常の生活用品を含めて豊富になっていった。年が明けた46年になると、カメラ・着物などのぜいたく品も混じり、まるでフリーマーケットのような賑わいをみせたという。当時はまだ統制経済下にあり、ヤミ市はもちろん統制の裏を潜りぬけたブラックマーケットで、価格も公定の数倍、数十倍の取引もあった。

　たびたびの取り締まりの後、1946年7月25日、米大阪軍政部（占領軍の大阪統治組織）の厳重指示により、8月1日午前零時をもってヤミ市は一斉に閉鎖された。これを「八・一閉鎖令」と呼んだ。少なくとも公式にはヤミ市の命は1年に満たなかったことになる。しかし、当時の新聞報道などによると、各地のヤミ市は数日後によみがえったという。敗戦後の深刻な食糧不足はその後も2〜3年間は続き、さらに配給品の遅配・欠配が何度も繰り返されたからである。ヤミ市場の機能は残され、農村への買い出しも依然続けざるを得なかった。食糧の増産が進み、統制の撤廃も徐々に進んで商品が出回るようになったのは1950年頃のこと、広い意味でのヤミ市時代の終焉はこの時である。

立ち直りが早かった商店街

　ところで、1946年の「八・一閉鎖令」とほぼ同時に、府警察部は「露店業者と関係のない地域内」に限って、一般店舗の再開を許可させることとし、指定商品に限定しつつ、正常な商行為の指導を図った。当地では、戦前から形成されてきた商店会がいくつか存在し（現今里新橋通商店会や今里・神路・深江の新道筋の商店街など）、そのすべてが幸いにも戦災を免れ、立ち直りの動きは早かった。

　一時期ヤミ市となった今里新橋通商店会（もとは1929年の今里新地の開場に

伴って形成された商店街）は、1947年1月に新たに「今里新橋通り連盟」を結成して再スタートした。市電今里終点付近という立地性から戦前において4つの劇場が開かれ東大阪随一の賑わいをみせた。戦後もいち早く映画館3つ、演芸場1つの開設を含めて活気を取り戻した。また、今里・神路・深江の新道筋の商店街（もとは1928～35年頃に開設された3つの私設市場「進興」「大今里」「新深江」の各市場を核にして自然形成された商店街）も、戦後1946～51年にかけて新生の商店会を相次いで立ち上げた。東西方向に2km近く（約1,700m）にも及ぶ細長い路線型の商店街である。3つの小学校区にまたがり、今里校下では今里新道筋商店街連盟・今里新道筋中央商店会が、神路校下には神路商店街連盟（神路小学校前南北方向の相生通りを含む）が、そして深江校下には深江西商店街連盟がそれぞれ結成され活動を再開した。

　復興の立ち上がりの早さを示すもう1つの話がある。地域の商店会を束ねる区レベルの東成区商店街連盟連合会が1946年7月に結成され、翌8月下旬（「八・一閉鎖令」の直後）、同連合会主催による「商品見本市」が区役所講堂で開催された。出品物は千点余り、「禁制品以外の家庭用品、下駄、荒物、玩具、化粧品などで区内の製造業者や卸業者からも出品され優良品は製造業者と直結して販売（『朝日新聞』1946. 8. 24）」「終戦後大阪最初の大見本市（略）で参観者をアッといはせ、九州、四国、中国、近畿府県各地からどっと大量の注文を受けた（『大阪日日新聞』1946. 10. 22）」とある。ちなみに、同連合会は区内の6つの有力商店街連盟で立ち上げられ、うち1つは当地の神路商店街連盟（1946年8月1日設立、会員数350）であったことがわかっている。敗戦からわずか1年後のこと、ヤミ市からの脱皮に向けた下町商店のしたたかなパワーをみせつけた。

3　応急住宅と戦前借家の持家化

敗戦直後の住まいあれこれ

　空襲によって失われた大阪市内の住宅は、焼失倒壊住宅数31万戸余りで全住宅の約半数に及んだ。もちろん「住む場所」が圧倒的に不足した。

　大阪市市民局が1945年10月現在で行った戦災者生活調査によると、市内総人口110万人（同11月調査）のうち現住戦災者は約3割の35万人、11.3万世帯にのぼる。これら罹災者世帯の居住状況は、非戦災住宅の空き家等を活用した1戸住まいが45％、間借・同居が41％、アパート・寮などが5％、他に焼け跡で

のバラックを含む壕舎での生活を強いられたもの
が7％、数にして2.6万人、7,800世帯（うち東成区
は1,069人、277世帯）を占めた。戦時中に作った防
空壕の再利用や焼け残った材木やトタン、古むし
ろなどを寄せ集めて作ったバラックで、その規模
も3坪未満が多かったという。

城北バス住宅
出典：『まちに住まう―大阪都市住宅史』
（写真提供：大阪市）

　また、敗戦から1年以内の外地引揚者の数も3
万人近くに及び、その住まいの大部分は親戚・知
人を頼って寄寓（同居・間借等）している状態で、「引揚者75％は極めて不安定な
住居」と指摘される（大阪市社会部「外地引揚者調査報告」）。他にも、住む家がなく、
焼け残りの建物や学校、橋の下、駅の共同便所などで雨露をしのぐ戦災者や引
揚者も正確な数はわからないが多くいたようだ。

　1945年9月に政府は「罹災都市応急簡易住宅建設要綱」を閣議決定し、戦災
都市の罹災者を対象とする越冬用簡易住宅の建設を、また同年11月には「住宅
緊急措置令」を発して、戦災者や引揚者等への応急住宅の確保（転用住宅や余裕
住宅開放など）を図るとした。これらの緊急措置を受ける形で、大阪府・大阪
市などによって、例えば、市有地に何とか冬を越せる程度のバラック風の仮設
住宅（ほとんどが1棟4戸建の共同住宅）をはじめ、旧兵舎や市場・倉庫・寮・学
校といった施設に間仕切りを施した程度の転用住宅が作られた。いずれも広さ
は6〜7坪ほどの一時しのぎの応急住宅である。中には木炭バスの廃車を利用
した2坪半ほどのバス住宅（毛馬バス住宅、城北バス住宅等）も「レッキとした市
営住宅」として出現した（『まちに住まう―大阪都市住宅史』）。こうした大阪市の
応急住宅は、1947年度までに約6,500戸が整備されたという。失われた膨大な
住宅に比して過少であるとの評価はともかく、敗戦直後の建築資材不足や資金・
輸送力の制約などとともに、緊急措置の1つであった余裕住宅の開放（戦災を免
れた地域の空き家使用）は市内ではあまり進まなかったようだ。

　建築資材難がいくぶん緩和され、戦後の住宅復興がまがりなりにも軌道に乗
り始めたのは1948年頃からとされる。応急住宅は1947年度で打ち切られ、そ
の後は広さ10坪から10.5坪程度（6畳と4畳半の和室、3畳の板間、台所、便所といっ
た間取り）の1棟2戸建を中心にした木造の公営住宅が数多く作られた。GHQ
命令として日本公共事業原則（1946年5月）が出され、「建設費の2分の1を国庫
支出金、残りの自治体費負担分には多額の起債を認める」とされたことで、公

復興期の公営住宅建設4団地（東成区）

	団地名	所在地	建設時期	団地概要
市営住宅	城東団地	西今里町2	1945（昭和20）年	第三種共同住宅100戸（敷地714坪）
	片江団地	片江町2	1949（昭和24）年	第一種木造19戸
府営住宅	今里寮	大今里南2	1947（昭和22）年	応急住宅28戸（既存建物転用）
	中浜団地	南中浜町4	1949（昭和24）年	第一種木造70戸

参考）城東団地→1940（昭和15）年に報国寮として建設、1945年全戸被災・同年全戸復旧
　　　片江団地→1960年代前半に全戸売却／今里寮→1949（昭和24）年に所有者へ返還
　　　中浜団地→1958（昭和33）年に譲渡処分決定

的住宅建設が徐々に進むようになった。ちなみに、1945〜55年度の大阪市における市営住宅の建設は約2万2,400戸、同期間中の府営住宅の大阪市内建設分約5,900戸を加えると合計2.8万戸台の建設、年間平均2,500戸程度が供給された。

4団地217戸の公営住宅建設

　ところで、東成区における公営住宅（市営・府営）の建設は、戦災の被害が比較的少なく、空地に乏しいこともあってほとんど進まず、わずか4団地217戸に限られた。市営住宅として、①戦前期の1940年に青年軍需労務者のための報国寮（労務者住宅の一種）として建設され、1945年に全戸被災・同年全戸復旧した第三種共同住宅100戸の城東団地（敷地面積714坪、西今里町2丁目）、②1949年に建設された第一種木造19戸の片江団地（片江町2丁目）、府営住宅では、③1947年に応急住宅として建設された既存建物転用住宅28戸の今里寮（大今里南2丁目）、④1949年に建設された第一種木造70戸の中浜団地（南中浜町4丁目）の4つの木造住宅団地である。

　なお、これら4つの公営住宅団地のその後をみると、①の城東団地は2度の建て替えが行われ、当区唯一の公営住宅「市営西今里住宅（現東中本2丁目、14階建83戸）」として現在に至っているが、他の3団地は次のように廃止された。②の片江団地は、1957年当時の家賃が1,200円（城東団地の最多家賃額200円の6倍程度）で、規模も比較的大きかったが、1960年代前半に「全戸売却」された。③の今里寮（借上型応急住宅）は、1949年に用途廃止して元の所有者へ返還された。④の中浜団地は、1958年に譲渡処分が府会決定し、1960年代中頃過ぎには「全戸処分」（即金契約41戸、分割契約29戸で処分）された。1940年代後半に建設された公営住宅4団地のうち、1団地（今里寮28戸）は所有者へ返還、2団地（片江団地19戸・中浜団地70戸）は譲渡処分、残ったのは第三種共同住宅の城東住宅100戸

のみという結果である。

　そういえば、大阪市は戦前および戦後も10年間余り分譲住宅の供給を実施していた（実績戸数1,053戸）。当区においても、1948年に中本住宅8戸、1952年に南中本住宅7戸（建坪9坪、各敷地43〜67m²）が建設・分譲された（大阪市住宅年報）。戸数はわずかであるが、復興期の市の取り組みの1つとして記録にとどめよう。

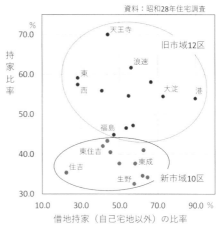

資料：昭和28年住宅調査

持家比率と借地持家の区別比較（1953年）

地代家賃統制令と戦前借家の持家化

　さて、一方の民間貸家を取り巻く状況も厳しかった。建築資材の高騰や資材不足を背景にした建築制限（1946年「臨時建築制限令」、47年「臨時建築等制限規則」による建築物の規模制限・資材統制）や土地・家屋に対する重課税制度の適用など、貸家投資を妨げる条件が多く、民間貸家の建設は一向に進まなかった。

　また、戦時中の国家総動員法に基づく地代家賃統制令（1939・40年勅令）を引き継ぐ形で、1946年に公布された地代家賃統制令（いわゆるポツダム勅令）により、戦災を免れた既存貸家も大きな打撃を受けた。政府の思惑では、統制令により既存の借地借家人の権益を保護し、当面の住宅難を乗り切ろうとしたものであるが、猛烈なインフレの中で地代・家賃の上昇が抑えられ、さらに家賃収入への租税率強化などで、貸家経営は採算割れを起こすようになった。新規供給どころか既存貸家の維持・修繕もままならないほどに危機的なダメージを受けた。

　東成区を含め大阪の貸家経営は、土地を借りて家を建て（一般には建売大工を介して貸家を購入）、その家賃で生計を立てるという零細な借地家主が多かった。零細な地主や家主は、財産税を納めるために、所有の土地・建物を物納するか、借地人・借家人に売り払って現金を工面するしかなかったという。借家人は、家主から買取りを請求されたり、立ち退きを迫られたりのトラブルも頻発し、この時期、大量の戦前借家が店子に買い取られて持家（借地上の持家）に変わっていった。

　大阪市の持家比率の変化をみると、戦前の1941年調査では9％（持家数5.6万

戸）であったが、戦後の1948年調査では22％（同8.3万戸）、53年調査では44％（同20.8万戸）と、持家率が4割台に上昇した。地域別には、旧市域の持家率55％に対して、新市域では38％となっており、大きな被害を受けた旧市域で持家化が一段と進んだ。また、53年時の持家数20.8万戸の土地所有をみると、自己宅地10.1万戸、借地10.6万戸とほぼ半々となっていて、借地持家も大きなウエイトを占めている。なお、借地持家の割合（対持家数）を区別にみると、22％（住吉区）〜90％（港区）の幅でばらついており、地域差が極めて大きいことも示されている。

改めて東成区の持家比率の変化を確認すると、1941年調査（現在の東成区・生野区・城東区の一部の範囲）では8％であったが、53年調査（現東成区、住宅総数2.6万戸）では38％に上昇した。また、持家数9,800戸の土地所有をみると、自己宅地4,100戸、借地5,700戸となっていて、自己宅地持家より借地持家の方が過半を占める。当区においても、1946年の地代家賃統制令（1986年に失効）を背景に、戦後の10年ほどの間に住宅の所有関係が大きく変化したことがわかる。

4　6・3制の学校づくり

1946（昭和21）年3月、マッカーサー（連合国軍最高司令官）の要請を受けて、アメリカから教育使節団が派遣されてきた。教育の民主化と地方分権の実現を基本理念に、6年制小学校と3年制中学校を義務教育とする6・3制（3年制の高等学校を含めて6・3・3制）の教育改革が提案された。翌47年3月、学校教育法の公布によって新学制が正式に定められ、新制の小学校・中学校がそれまでの学校を改編する形で同年4月からスタートした（新制高等学校は1年遅れで48年4月開設）。

10年以上を要した小学校の校舎整備

敗戦前の学校教育は、6年制の国民学校初等科を終えると、5年制中等学校（中学校・高等女学校・実業学校）や2年制の国民学校高等科、青年学校普通科などに進路が分かれ、さらに国民学校高等科からは青年学校本科や師範学校予科などに進むことができるなど、複線的な教育体系で複雑であった。新学制への移行は、国民学校初等科は新制小学校に、国民学校高等科と青年学校は新制中学校に（中等学校は新制高等学校に）それぞれ改編するものとされたが、いずれにしても敗戦時の市内の学校は、半数を超える校舎が全半焼しており、児童・生徒を受け入れる校舎の確保や新教材の準備を含め、混乱の中でのスタートで

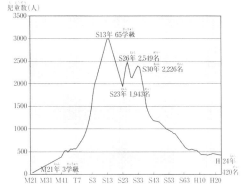

上）神路小学校 児童数の変遷
出典：『わたしたちの神路（改訂版）』より
左上）昭和25年時代のプール（工費65万円はPTAによって拠出された）
出典：『私たちのふるさとと学校』
左下）昭和31年の神路小学校（本格整備前）
出典：『旧東成区史』

あった。例えば、新教材への移行過程（敗戦の年の10月から翌年3月にかけて）ではこんなこともあった。教科書のいわゆる「墨塗り」（「国際ノ和新ヲ妨グル虞アル教材」「戦意昂揚ニ関スル教材」などの削除）や終身・国史・地理等の教科書の廃棄命令、学校内に残る「神道的象徴ヲ除去スルコト」の指令など、特に大阪軍政部は学校教育に対して強く関与し、徹底して細かい指示を与えていたという。

　ところで、敗戦の直前といえば、国民学校高等科児童や中等学校生徒などは、工場等に勤労動員として駆り出されていた。また、国民学校初等科児童も縁故疎開や集団疎開等で市域内での学校教育は全く途絶していた。当地の初等科児童（神路・今里・深江・片江等の各国民学校）が集団疎開から帰阪したのは、敗戦から2か月ほど経った頃の10月である。4つの国民学校のうち、片江は6月の大空襲で当時の新校舎が4発の爆弾を受けて全焼壊したため、戦後の授業再開時、1〜4年生は神路国民学校に、5・6年生は今里国民学校に「収容替え」が行われた。復旧した仮校舎の母校に帰校したのは、1947年4月の新制「片江小学校」と改称された直後の翌5月末のこと、疎開してから数えると3年ぶりの帰校であったという。また、他の3校（神路・今里・深江）でも大きな戦災をまぬがれたものの、神路は建物疎開で校舎の一部取り壊し、深江は分校が焼失、焼けずに残った校舎も延焼防止のため天井や床の板がはがされ、すっかり荒廃していた。いずれの学校も当初は応急修理やバラック教室で間に合わせ、その後は復

興予算の制約を受けながら仮校舎の建て替えや増築が行われ、本格的な校舎整備(校舎の鉄筋化や講堂・プール等の整備)は1950年代後半に入ってからのことである。

　なおこの間、児童数の増加や教室不足で二部授業(午前・午後の二部制で授業を行った)を開始して急場をしのぐ一方、1952年には神路と深江の校区を再編して新しく宝栄小学校(東成区で唯一戦後に開校した小学校)も開設された。また初期の校舎建設では、財源確保のため大阪府は「教育宝くじ」の発売(1947年)や「六・三制貯金」の運動(1948年)などを進めた。例えば、神路小学校においても、1947年に戦前からの保護者会(48年にPTA組織に改編)が校舎復興委員会を設置し、教育宝くじに参加している。教員・保護者に協力を求め、半ば割り当てに近かったのであろうが、子どもの未来への期待も多少なりはあったに違いない。

中学校用地に活用された区画整理公園

　新たに義務化された新制中学校の発足は、小学校のそれ以上に混乱し、実質的な開校はかなり遅れた。東成区内でみると、新学制実施の1947(昭和22)年4月、東成第一中学校(49年5月に東陽中学校と改称)、第二中学校(同本庄中学校)、第三中学校(同玉津中学校)の3校が創設されたが、当初はいずれの中学校も独立の校地・校舎はなかった。第一中学校(東陽)の開校当初の校舎は、戦前の国民学校高等科の施設であった西今里国民学校と阪東国民学校のバラック教室をそれぞれ本校・分校とした。現在地(現深江北2丁目)に移転したのは1950・51年にかけてである。また第二中学校(本庄)では、開校当初は中本小学校に併置され、1951年に現在地(現東中本3丁目、第一中学校移転前の西今里校舎はその一部)に移転するまでは第一中学校と共存の形で3か所に分校を置いた。もう1つの第三中学校(玉津)では、当初は東小橋小学校内に併置され、その後も北中道・今里・中道の各小学校の校舎を借用しながら、1949年以降に現在地(現玉津1丁目、中道小学校隣接地)に順次移転、分校をすべて解消したのは1976(昭和51)年であったという。またこの間、生徒数の急増により、1955(昭和30)年に新しく相生中学校(現神路2丁目)が開設され、区内では4つ目の中学校として現在に至っている。

　ところで、4つの中学校用地の取得方法に注目すると、復興期の学校整備の一端がうかがえる。本庄中学校はもと西今里国民学校用地の活用と隣接部分の校地拡張の形で整備された。玉津中学校は戦後の玉造戦災復興区画整理の中で

昭和26年の第二中学校 (本庄中学校)
出典: 『東成区史』

昭和30年開設当初の相生中学校 (木造2階建スレート葺)　出典: 『旧東成区史』

学校用地が確保された。一方、東陽中学校と相生中学校の2校は、いずれも戦前の区画整理で生みだされた公園が利用された。前者の東陽では深江区画整理の6つの公園の1つ (約3,300m²) が、後者の相生では神路区画整理の3つの公園の1つ (第3号公園約8,200m²) が学校敷地に組み入れられた。市に無償提供された公園用地が用途を変更して学校用地に使われたことの是非はここでは問わないことにしよう。復興期の学校施設が、その用地や校舎の整備を含め地元の多くの人たちの協力によってできたこと、文字どおり地域のコミュニティ資産であったことを改めて思い起こしたい。

余話―小学校のルーツ

　現在の東成区の小学校は11を数えるが、その系譜をたどるといずれも明治期に開設された4つの小学校がそのルーツである。神路・今里・深江・宝栄の4校は阪東小学校 (1882年開設)、中本・中道・北中道・東中本の4校は東生尋常小学校 (1887年開設、89年中本尋常小学校に改称)、大成・東小橋の2校は鶴橋尋常小学校 (1887年開設) がそれである。また片江は、才進尋常小学校 (1887年開設、1901年小路尋常小学校に改称) をルーツとする小路や、鶴橋尋常小学校をルーツとする大成、阪東小学校をルーツとする神路の3つの校区変更により開設したので複合ルーツ型といえる。

　例えば、阪東小学校 (現神路小学校) の変遷をみると (111頁および114頁参照)、発足当初の1888 (明治21) 年ではわずか3学級であったのが、1931 (昭和6) 年の学級数は48 (尋常科43、高等科5)、児童数2,500人前後 (推定) に増加し、同年に今里尋常小学校と阪東高等小学校が新設・分離された。しかしその後も引き続き増加し、1938 (昭和13) 年には学級数が65、児童数は3,000人を超えて開校以来の最高の数となった。1934年の室戸台風の経験から (木造校舎の半壊等で中道

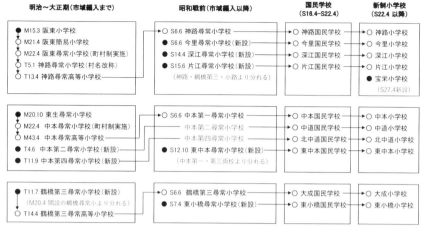

明治～大正期(市域編入まで)	昭和戦前(市域編入以降)	国民学校 (S16.4-S22.4)	新制小学校 (S22.4 以降)
● M15.3 阪東小学校 ↓ M21.4 阪東簡易小学校 ↓ M22.4 阪東尋常小学校(町村制実施) ↓ T5.1 神路尋常小学校(村名改称) ● T13.4 神路尋常高等小学校	○ S6.6 神路尋常小学校 ● S6.6 今里尋常小学校(新設) ○ S14.4 深江尋常小学校 ● S15.6 片江尋常小学校(新設) (神路・鶴橋第三・小路より分れる)	○ 神路国民学校 → 今里国民学校 → 深江国民学校 → 片江国民学校	○ 神路小学校 → 今里小学校 → 深江小学校 → 片江小学校 ● 宝栄小学校 (S27.4新設)
● M20.10 東生尋常小学校 ↓ M22.4 中本尋常小学校(町村制実施) ● M43.4 中本尋常高等小学校 ● T4.6 中本第二尋常小学校(新設) ● T11.9 中本第四尋常小学校(新設)	○ S6.6 中本第一尋常小学校 中本第二尋常小学校 中本第四尋常小学校 ● S12.10 東中本尋常小学校(新設) (中本第一・第三両校より分れる)	→ 中本国民学校 → 中道国民学校 → 北中道国民学校 → 東中本国民学校	○ 中本小学校 → 中道小学校 → 北中道小学校 → 東中本小学校
↓ T11.7 鶴橋第三尋常小学校(新設) (M20.4 開設の鶴橋尋常小より分れる) ↓ T14.4 鶴橋第三尋常高等小学校	○ S6.6 鶴橋第三尋常小学校 ● S7.4 東小橋尋常小学校(新設)	→ 大成国民学校 → 東小橋国民学校	○ 大成小学校 ○ 東小橋小学校

小学校の変遷
注) 市域編入後の1925(大正14)年4月以降は大阪市立小学校
　　1931(昭和6)年6月に神路・中本・鶴橋第三の高等科が分離され、新設の阪東高等小学校に統合
　　小路地域では1887(明治20)年4月開設の才進尋常小学校(明治34年小路尋常小学校に改称)の近鉄線以北は
　　1940(昭和15)年6月開設の片江尋常小学校に編入される
資料:『東成区史』より作成

校と北中道校の両校で15人の児童が死亡した)、1938年に鉄筋校舎ができあがったばかりであったが、それも追いつかず、熊野大神宮の裏手(現大今里公園)に分校も建てられた。そして翌1939年に深江尋常小学校、1940年に片江尋常小学校が新設・分離された。また、戦後1951年に東今里分校が建てられ、翌1952年に宝栄小学校として独立した。その後の児童数の変化は、1955(昭和30)年2,226人(44学級)→1975年1,041人(29学級)→1994年533人→2015年442人(14学級)と、近年は400～500人台で推移している。

5　戦災復興あれこれ

　アメリカ軍の空襲によって何らかの被害を受けた都市の数は全国で215を数えた。このうち比較的被害が大きい115都市が戦災都市と指定され(大阪府では大阪市、堺市、布施市の3都市を含む)、復興事業が実施された。明治以降、大火や震災などの都市災害のたびに、それを都市づくりのきっかけとしてきたことから、戦災復興に向けた立ち上がりも早かったようだ。

理想に近かった当初の復興計画

　敗戦の年（1945年）の11月初め、政府は戦災復興院（総裁：小林一三）を設置し、12月末には復興計画の内容や事業実施の方針などの基本をまとめた「戦災地復興計画基本方針」を閣議決定した。この基本方針の検討は、内務省の内部作業として、大規模な本土空襲が始まった1944年末あたりから進められていたという。そして終戦前にはほぼその骨格がまとめられ、敗戦後すぐの9～10月にかけ、基本方針の原案を全国の都市主任官を招集して事前に内示された。各都市の復興計画づくりもおよそ1年後の1946年11月頃までには、ほとんどの都市で計画策定が完了したとされる。

　閣議決定された戦災地復興計画基本方針は、これまでの計画技術のいわば集大成版ともいうべき当時としては理想に近い内容であった。例えば、主要幹線道路の幅員は大都市50m以上、中小都市36m以上とし、必要に応じて50～100mの広幅員道路を設置すること、公園緑地は市街地面積の10％以上、市民1人当たり1坪（郊外地では3坪）とすること、罹災区域の全域にわたって区画整理を実施することなど、千載一遇のチャンスとばかり復興計画への意気込みが示されていた。

　大阪市においてもこうした動きに即応して、敗戦後すぐの9月に復興局の設置とともに、土地区画整理事業を中心とする街路・公園・交通・港湾計画等の復興都市計画の基本方針を策定した。復興に向けた新しい幹線街路計画は、戦前の既定計画を拡充する形で見直され、東西方向の大幹線となる「中央大通（築港深江線）」の新設を含む63路線（延長367km）が1946年5月に計画決定された。次いで同年9月、焼失地とその周辺を加えた面積6,100ha（1,847万坪、市域面積の約3分の1に当たる）に及ぶ戦災復興区画整理事業が内閣認可を受けた。さらに翌47年1月には大阪城公園の拡張整備を含む112か所（約81万坪）の都市計画公園も新たに計画決定された。

GHQ要請で復興事業は大幅縮小

　しかし、事は順調には運ばなかった。1949（昭和24）年3月のいわゆるドッジラインの財政金融引き締め策がGHQ（連合国総司令部）より指示され、戦災復興事業は大幅に削減された。もともとGHQは、戦災復興計画は「敗戦国に相応しくない」と消極的だったともいわれる。49年6月に「戦災復興都市計画再検討に関する基本方針」が閣議決定され、全国で策定された当初計画は、主要街路の幅員縮小や復興区画整理の面積縮小を中心に見直された。幅員30m以上

の街路は「はなはだ大なる街路」とみなされ、例えば当初計画では、100m道路は大阪を含め、東京・横浜・川崎・名古屋・広島などで計画されていたが、再検討で名古屋（若宮大通・久屋大通）と広島（平和大通）を除いて全廃された。また、全国ベースでみた戦災復興区画整理事業の計画面積は、当初計画6.5万ha（罹災面積6万ha）に対して、再検討計画では2.8万ha（実際の事業化は2.9万ha）であり、当初計画の40％台と半分以上の縮小となった。東京・名古屋・大阪の3大都市で比較してみると、東京の復興区画整理の事業化は当初計画のわずか7％（当初計画6,100万坪→再検討計画495万坪→実際の事業化面積413万坪）であったのに対して、名古屋のそれは79％（同1,333万坪→950万坪→1,052万坪）と両者は大きく明暗を分けた。大阪の事業化率は東京ほどの無惨な後退には至らなかったものの、当初計画の36％（同1,847万坪→1,000万坪→665万坪）にとどまった（『戦災復興誌』による）。

　なお、戦災復興の基本方針では「過大都市の抑制並に地方中小都市の振興」が掲げられ、事業の実施に当たっても地方都市優先が貫かれた。3大都市（東京・大阪・名古屋）を除く戦災都市の当初計画に対する事業化率は平均63％（当初10,567万坪→再検討6,062万坪→事業面積6,700万坪）に及んでいる。また、戦災復興事業に対する国庫補助金の支出状況（1945～54年の10年間の合計）をみても、地方都市（3大都市以外）は戦災による焼失面積で全国の55％を占めているが、国庫補助金支出の比率では全体の72％が配分された。地方の戦災都市は、駅前広場と2本の広幅員道路を軸に碁盤目状の街区の割りつけといった画一的なパターンで地方性（地域の文化や歴史性）が失われたという批判もあるが、中心市街地部の基盤整備の実現で少なくとも戦後の自動車交通への対応等、「一応の成果」を上げたものとされている。ちなみに、大都市では名古屋を含め仙台・神戸・広島などが当初計画に近い形で事業が実施され、戦災復興事業の代表例となっている。

6　復興街路計画の顛末

幅員100m道路は80m道路に

　大阪の戦災復興の経過に焦点を当てよう。まずは復興街路計画についてである。1946年5月に決定された復興都市計画街路（当初計画）は、戦前の幹線街路計画（1928年の総合大阪都市計画）の路線網をほぼ受け継ぎ、主要路線の幅員

を拡大する形で見直され、100m道路2路線を含めて幅員44m（御堂筋の幅員24間≒44m）以上の広幅員道路18路線をもつ極めて高い水準の道路網として計画された。戦前の都市づくりで重点とされた南北軸の「御堂筋」に対して、復興計画では東西の軸線となる中央大通（築港深江線）の新設が重点とされた。当路線は幅員100mの広幅員道路で計画され、植樹帯やプロムナード・オープンスペースを有する文字どおり都市のシンボルロードとなるものだ。しかしその後、1949年の復興都市計画再検討により、幅員100mの中央大通は幅員80mに変更、44m以上の広幅員道路もわずか2路線に削減された（『戦災復興誌』第1巻 p.170-172）。主要幹線道路の幅員は50m以上が基本とされていたが、それが幅員40mに修正され、当初の幅員計画はおよそ2割減で見直された形になる。

　少し余談になるが、もともと「100m道路」の計画は大阪市の積極的な意向ではなく、戦災復興院の指導で当初計画に入れたともいわれている。敗戦直後、内務省の技術官僚たちの構想では多分、戦時占領下の満州や中国本土等で計画した街路の広幅員化（ブールバール化）がイメージされており、わが国大都市の復興に際して100m道路を組み入れ実現したいと考えていたに違いない。対して大阪市の意向は戦前に進めていた計画とのバランスを考え、どちらかというと現実的な復興計画を想定していたようである。

　ともあれ再検討の結果、東西方向の都市軸となる中央大通の「100m道路計画」は幻となったが、基準幅員80m（区間により40〜80m）の計画として残された。また、戦前の幹線街路計画（1928年の総合大阪都市計画）と戦災復興街路計画（1950年3月決定）を比較してみると、前者の街路幅員は11〜40m程度であったのに対して、後者は15〜80m幅員で構成された。戦前計画の水準と比べてかなりレベルアップした形で決着したことは間違いない。

　復興街路計画によって東成区に関係する都市計画道路はどのように見直されたのであろうか。復興路線の最重点（復興第1号路線）とされた①中央大通（築港深江線）は、当区の北端に位置する旧玉造左専道線（森之宮─深江間）に重なる。もともと戦前の計画では幅員25mであり、当地においては深江・神路の区画整理事業とともに整備を完了していた。それが先にみたとおり、復興街路計画において東西方向の都市軸として位置づけられ、当区間は幅員40mとして新たに計画された。このほか、南北方向の2つの路線、今里筋（幅員25m）と内環状線（幅員25m）は戦前の計画幅員のままであるが、②中道桑津線（通称：疎開道路）は従来の幅員11mから25mに見直された。また、東西方向の路線、③千日前通

上）80m幅員の復興第1号路線
　（築港深江線＝中央大通）
　出典：『新修大阪市史』第8巻 p.94
　　　　『市政グラフ』1952より
下）拡幅取り止めの千日前通
　（大今里西2丁目付近）
　出典：『東成区史』
左）大阪復興都市計画街路・公園計画図
　出典：『大阪市戦災復興誌』

の上六―大今里間（旧鶴橋線の幅員22m）と④大今里―深江間（旧大阪枚岡線の幅員24〜27m）は市域内の東西路線強化の一環で拡幅の対象となり、ともに40m道路として計画決定された。なお、戦前の計画では東西方向に真田山今里線（幅員13m）が決定されていたが、復興街路計画では外された。復興区画整理区域内にあることから少し広めの区画街路としての整備が想定されたのだろう。

玉津3―大今里―新深江の40m拡幅は取り止め

　上記①②③④の拡幅計画のその後をみよう。結論からいうと、①②の中央大通（築港深江線）と中道桑津線（現豊里矢田線）の計画は実現したが、③④の計画は実施に至らず拡幅は取り止めとなった。③④の顛末はこういうことだ。話は一気に平成の時代に飛ぶが、戦後70年近く経過した2013（平成25）年4月、市は「長期未着手の都市計画道路の見直し」を実施し、事業未着手の路線約85km（都市計画道路総延長の約2割に当たる）のうち、約34km24路線について、計画の廃止または現道幅員への変更（拡幅の取り止め）を決定した。その中に東成区に関係する③と④の路線が含まれている。③の路線（現泉尾今里線）は玉津3交差点から今里交差点の区間、④の路線（現九条深江線）は今里交差点から新深江交差点

復興都市計画道路の概要

路線名	旧名称	愛称	区内幅員	2013年見直し幅員	区内延長
築港深江線	玉造左専道線	中央大通	40 m	同左	2,180 m
九条深江線	長堀線	長堀通	27〜40 m	24〜27 m	2,260 m
泉尾今里線	鶴橋線	千日前通	40 m	22〜40 m	1,370 m
新庄大和川線	新庄平野線	内環状線	25 m	同左	1,650 m
森小路大和川線	森小路大和川線	今里筋	25 m	同左	1,800 m
豊里矢田線	中道桑津線	(疎開道路)	25 m	同左	1,670 m

注) 2013 (平成25) 年4月の都市計画道路見直しで、泉尾今里線の玉津3交差点―今里交差点、九条深江線の今里交差点―新深江交差点がともに拡幅計画 (幅員40 m) が廃止され、現道幅員 (幅員22〜27 m) に戻された。

の区間がともに拡幅計画 (幅員40m) は取り止めとなり、戦前期に整備された現道幅員 (22〜27m幅員) に戻された。もちろん、説明会やパブリックコメント (2012年7月〜9月) 等の都市計画の手続を踏んで決定されたものだ。

見直しは、長期未着手の路線を4つの視点 (ネットワーク機能・防災性・安全通行・個別特性など) から評価し、その必要性が検証された結果であるという。③④の拡幅の取り止め理由は、4車線道路で22m幅員以上の場合は、現道のままでも「安全・円滑な通行機能は確保できる」という判定基準に該当するからと説明される。要するに、将来の基盤整備上からみて「事業投資の優先度が低い」ということだ。ちなみに、③の路線 (泉尾今里線) の玉津3交差点以西 (下味原―玉津3) の拡幅計画 (幅員40m) は存続路線となっている。ターミナル駅 (鶴橋駅) 周辺の再整備の必要性やその可能性を残すことが考慮されたからであろう。

こうして、1950年3月に決定した復興街路計画はその決着をみたが、拡幅予定であった沿道部分は60年余りこの間、建築制限が加えられてきたため、建物の多くは2〜3階建で老朽化も目立つ。比較的規模の大きい建物ではセットバックした形で建築されたが、沿道の建物は極めて不揃いである。計画道路の長期の未着手が沿道景観に与えた影響は小さくないが、今後の街並み形成に期待されるところだろう。

7 玉造の復興区画整理事業

復興区画整理事業の縮小化

もう1つ、戦災復興区画整理事業の取り組みについてみよう。1946年9月に内閣認可を受けた市の当初計画では、焼失地の全域と一部周辺を含む6,100ha

（1,847万坪）、市域面積の約3分の1に当たる広範囲のエリアが事業区域に決定された。しかし1949年のドッジラインの緊縮財政による再検討の結果、事業区域は当初計画の約半分の3,300ha（1,000万坪）に縮小された。

　事業区域の縮小化はどのような理屈で行われたのであろうか。大阪の街並みを改めてみると、その形成過程から次の3つの地域に大きく分けられる。①近世からの碁盤目状の町割りを基本に整備されてきた中心部、②その周辺のJR環状線内側および臨海部を含む第1次市域拡張地域、③さらにその外側の市域外周部に当たる第2次市域拡張地域（現東成区を含む戦前期において耕地整理や区画整理が積極的に進められた地域）である。市の中心部と市域外周部とに挟まれた②の中間地域は、第1次市域拡張に際して計画された「大阪新設市街地設計書」が未完の計画に終わったことから、拡張された市街地の大部分が無秩序な形で密集地が形成された（第1章「未完に終わった1899年の大阪計画」参照）。復興区画整理の再検討に際しては、この中間地域の整備に最重点が置かれることになり、他の焼失地、つまり①の中心部（中之島・船場・島之内など）や③の外周部の多くの地域および再検討時に取り組みが遅れている未施行区域などは事業対象から除外された。

　またその後、復興事業は財政面の制約等から一般戦災復興区画整理事業2,145ha（650万坪）と大阪港に接する西部低地（港区・大正区）で約2mの盛り土工事を必要とする港湾地帯区画整理事業1,156ha（350万坪）とに分けられ、後者は戦災復興から切り離された。結局、戦災復興事業としては、前者の中心部周辺の概ね現在のJR環状線内側地域（北部は淀川沿い地域を含む）に収束し、最終的な事業区域は2,195ha（665万坪）、当初計画の36%にとどまった。もっとも、港湾部の区画整理（350万坪）を含めた事業化率でみると当初計画の55%とおよそ半分の実施率となっており、全国レベルのそれと比較してもそれほど見劣りしない。

いち早く着手した玉造の復興区画整理事業

　ところで、大阪市内の一般戦災復興区画整理事業（最終2,195ha）は、16の行政区46工区（地区）に分けて実施されたが、そのうちの1つに、JR環状線以東では唯一の事業となる東成区内の「玉造地区復興区画整理事業」が含まれている。玉造駅と鶴橋駅を結ぶ東側一帯、現在の東小橋、玉津、中道、中本、大今里西の各一部に当たる約57haの区域である。当区域は、かの軍事施設「大阪陸軍造兵廠（旧砲兵工廠）」に近接し、城東線（1895年開設）や大阪電気軌道（1914年開

設）の鉄道開設などを背景に、明治の終わり頃から大正期にかけて工場・住宅等のスプロール化が急進展し、密集化した地域である。1945（昭和20）年6月15日の当区最大の大空襲（第4次大阪大空襲）で一帯が被災・焼失した。1946年9月に決定された復興区画整理の対象となり、翌47年12月に市内事業地のトップを切って設計認可を受け、48年7月には仮換地指定を行った。1949年の復興事業見直し再検討の際には既に事業を執行中であり、事業外しを免れた。

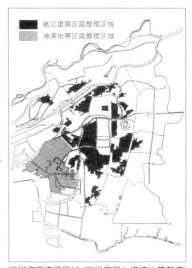

戦災復興事業区域（戦災復興と港湾地帯整備）
出典：『大阪のまちづくり』

　全市のトップ（設計認可や仮換地指定でトップ）を切った素早い事業着手は、市の積極的な協力要請（復興事業の施行主体は大阪市）があったものと思われるが、戦前期において隣接部で組合区画整理（深江・今里片江・神路など）が実施されたことも事業への理解が比較的早かったのかもしれない。また、事業地区内の主要な都市計画道路である長堀通（玉造―大今里間、幅員27m）が既に戦前において完成していたこと、拡幅の対象となった旧陸軍造兵廠に通じる南北の豊里矢田線（戦前の計画幅員11mから復興街路計画で幅員25mに変更）は、戦時中の建物疎開で沿道は疎開空地帯となっており、事業化が比較的容易であったことなども考えられる。ちなみに、疎開空地は戦時下において所有者と市との間で土地賃貸借契約が締結されており、1946年3月に元の所有者に返還されたが、当該地の疎開空地帯は復興事業区域として返還の対象外となっている。

40年を要してようやく収束

　さて、その後の経過をみると、事業の着手は早かったものの、事業の進捗は決して順調ではなかったようだ。1983（昭和58）年8月に換地処分を行って事業を収束したが、計画決定から清算完了までの期間（1946～1986年）でみると40年の長期にわたっている。当地区は焼失地であったとはいえ権利関係が複雑な既成市街地であり、仮換地指定時の土地所有権者642人、借地権者71人に及ぶ。仮換地通知書発送のうち、関係権利者54人は住所不明で通知書が返送されてきたともいう。

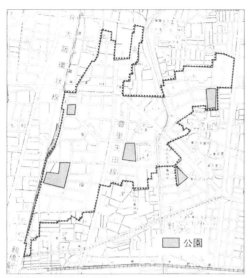

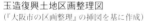

玉造復興土地区画整理図
(『大阪市の区画整理』の挿図を基に作成)

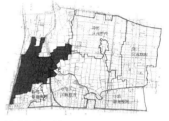

上）豊里矢田線
（昭和30年代初め頃の疎開道路）
出典：『旧東成区史』
下）玉造復興区画整理の位置図

　また制度面では、戦災復興事業を進めるために1946年9月に特別都市計画法
(1954年度末廃止の時限立法)が公布されたが、49年5月の改訂で、1割5分の無償
減歩方式から減価補償方式(施行前後の宅地価格の総額が減少した時に補償する)
へ変更され、減歩率の歯止めが無くなったことから地権者への不安を高めた。
また、国庫補助も当初は8割と高率であったが、改定されて補助率は5割に切
り下げられるなど、事業要件が厳しくなった。さらに、建物移転(移転困難な
非戦災建物の扱い)や不法占拠(焼け跡に立ったヤミ市の整理)をめぐる問題のほ
か、1950年代後半以降の地価の高騰で減歩の不均衡をめぐるトラブルやその調
整などで事業の清算も長引いた。仮換地指定以降の設計変更(地区界・区画道路・
公園などの変更)も7回を数えた。こうした困難を乗り越えて、玉造地区の復興
事業が完了した。

　事業内容をみると、長堀通(玉造―玉津1の屈折点まで34.5m幅員に変更)と豊
里矢田線(計画幅員25m)の都市計画道路2路線を骨格に、これに連結する8m・
11m・15m幅員の区画道路(一部4〜7.5m道路含む)を整備し、公園は5か所約2.66ha
(公園面積比率4.7%)が配置された。東小橋公園、東小橋北公園、玉津公園、南
中本公園、平戸公園の5か所である。他にも既存の小学校(中道小学校)に隣接
して新規に中学校用地(玉津中学校)も確保された。もっとも学校用地の確保は、

当初の仮換地指定時には予定はなく、1955年の設計変更で追加された。当初の公園計画では6か所3.16ha（比率5.6％）としていたが、公園用地の縮小・変更も余儀なくされた。

　参考までに、施行後の公共用地率（地区内の道路・公園・水路等の公共用地の占める割合）について、戦前に実施された深江・今里片江・神路の組合区画整理と玉造復興区画整理を比較してみると、前3地区の値は21〜27％であるのに対して、後者の玉造では36％と前者を10ポイントほど上回っている。また、公共減歩率は前3地区19〜22％に対して、玉造は27％と3割に近い。数字だけで一概に評価は難しいが、少なくとも市街地基盤としては高い水準のものが実現されたものといえる。

8　東西の都市軸「中央大通」の建設

地下鉄と高速道路が複合化した中央大通

　東成区の北端に位置する中央大通（築港深江線）の事業化に注目しよう。この路線は、御堂筋と同様、地下部分は1948（昭和23）年6月に認可された地下鉄4号線（中央線）の計画ルートでもあり、文字どおり東西方向の都市軸として位置づけられたものだ。しかしそれだけではなかった。戦後の復興期から高度経済成長期へ移った1960年代以降、モータリゼーションの進展を背景に都市高速道路の建設が浮上し、当路線もそれに組み込まれた。高架部は阪神高速道路の東大阪線として計画され、平面道路（中央大通）と地下鉄および高速道路の立体的な空間構成で複合化した形で事業が進められた。

　経過を概略たどると次の通りだ。築港から深江に至る約12kmの区間（中央大通）を復興事業の手法で分けてみると、路線西側に当たる築港から四ツ橋筋辺りまでの復興地区は区画整理事業（復興区画整理や港湾地帯区画整理）によって実施され、中央部の船場地区や当区の森之宮―深江間など路線東側は一般都市計画事業（道路用地は買収方式）によって実施された。前者の区画整理地区では1950年までにいずれの工区でも仮換地指定を完了したから、路線西側（四ツ橋筋以西）の道路形成は早かった。しかし後者の買収方式による街路事業は、1955年以降の地価高騰もあって思うように進まなかったという。また、路線中央部の船場地区1.3kmの街路整備は最大の難関とされた。通称「丼池」といわれ、古くから繊維問屋が密集していた場所である。ここに幅80mもの広い道

船場センタービル（ビル・高架道路・地下鉄の一体
整備）　出典：令和2年度認定土木学会選奨土木遺産より

東西の都市軸（高速道路東大阪線／東中本2丁目
付近）　出典：『東成区史』

路が横切れば「地区が分断される」と住民が猛反対した。

　こうしたことから、市は1963年に用地の先行取得を目的にした「大阪市開発
公社」を設立するとともに、その翌年、船場地区では阪神高速道路（東大阪線）
の高架橋を同時に建設し、その高架下に中層ビル10棟の「船場センタービル」
を建て、立ち退き者の再入居にあてることで住民の合意を得た。その後、1967
年12月に万国博覧会関連事業計画（1967〜69年度の3か年）が政府決定され、道
路関係事業の一環で中央大通（築港深江線）の船場地区や当区の森之宮—深江間
の街路事業が一気に進められた。開発公社による用地の先行取得が功を奏した
ともいわれる。また、並行して船場地区に架かる高速道路（西横堀—法円坂間）
や船場センタービルも1970年3月に完成、加えて当路線の下を走る地下鉄4号
線（中央線）も万博関連事業として急ピッチで建設され、大阪港—深江橋間が
1969（昭和44）年12月に全線開通した。かくして中央大通は、地下鉄中央線と
高速道路一部区間（船場地区）とのほぼ同時施工で、万国博覧会開催（1970年3月
15日〜9月13日）に間に合わせる形で実現された。

北側にずれた東西軸による地域への影響

　中央大通（築港深江線）が建設されたことで、戦前と戦後の東西の中心軸が大
きく変化したことも見落とせない。戦前の東西方向の軸線は、当時の道路構成
や1926年計画の高速鉄道4号線のルートからして長堀通（九条深江線）がそれに
当たる。またこれに並行する千日前通（泉尾今里線）も軸線としての補完機能を
有し、両者が複線的な形で東西軸を形成していた（両路線が交差する地点が今里
ロータリー）。それが戦後、中央大通の新規建設によって、東西方向の中心軸
が北側に大きくずれたことになる。つまり長堀通と千日前通の東西広域幹線と
しての機能が薄くなったことを意味する。先にみた長期未着手の都市計画道路

の見直しで（本章「復興街路計画の顛末」参照）、「玉津3交差点—今里—新深江交差点の区間」の40m道路拡幅の計画が取り止めになったこととも関係している。戦後の東西軸の再編により、市域東部の交通拠点であった今里ロータリーの性格を含めて、東成区の立地上のポテンシャルが大きく影響を受けたことも確かであろう。

　なお、東西の大幹線「中央大通」の森之宮—深江間の道路幅員は40mであるが、うち幅員25m分は戦前において既に完成済であった。深江・神路の区画整理が行われた区間（緑橋—深江間）では、戦前の計画幅員25mのうちの12m分は両側6mの区画街路として計画され、残りの幅員13m分は都市計画道路用地として「時価より低い価格」でもって市に売却、この両方を合わせて25m幅員の都市計画街路事業として整備された。つまり、現在にみる40mの広幅員道路のうち少なくとも3〜4割程度は、戦前区画整理による地元の組合負担によったものであること、このことも忘れずに記憶したい。

9　市電の廃止とトロリーバス

1969年に幕を閉じた市電

　戦後の街並み形成に大きな影響を与えたことの1つに市電（路面電車）の廃止とそれに代わる地下鉄網の整備が挙げられる。戦前の市内交通の主役はもっぱら市電であった。戦時の空襲により、車両の焼失をはじめ、車庫や変電所などの多くの施設を失い、敗戦時（1945年8月）の営業路線は前年の115.6kmから57.9kmと半減し、この年の乗車人員も1日平均44万人とピーク時（1943年度が最高で1日平均143万人）の3割程度に激減した。しかし、市内交通の立て直しは喫緊の課題として、1947（昭和22）年度にはほぼ戦前の営業路線の規模にまで復旧した。さらにその後、特に市内東部の急激な交通需要の増加に対応するため3路線の新線建設も実施された。そのうちの1つ、東成区北端の中央大通の一部区間「森之宮東—緑橋間（旧玉造左専道線）」の路線は1957（昭和32）年4月に開通したが、これが市内で建設された最後の市電路線となった。

　1958年3月の都市交通審議会大阪部会（運輸大臣諮問機関）の答申をみると、「路面電車の新線建設の中止」「代替輸送はバスやトロリーバス（無軌条電車）の増強」が提案されている。また、63年12年の同答申では、地下鉄整備計画の路線と重複する「路面電車の逐次廃止」が提案された。これら答申を受け、66年3

昭和44年に姿を消した市電今里車庫
出典:『旧東成区史』

トロリーバス（今里ロータリー付近）
出典:『旧東成区史』

月の大阪市交通事業基本計画の改定において、ついに路面電車は68年度を目
途に全廃するものとされた。1969（昭和44）年3月31日、当区路線の1つである
九条高津線（玉船橋―今里車庫前間）と守口線（阪急東口―守口間）で華々しく最
終電車を走らせ、大阪市電は明治の開業以来65年の歴史に幕を閉じた。また、
当区における市電今里車庫（1927年開設）も40年余の歴史に終止符を打った。

地下鉄移行期に採用されたトロリーバス

　市電が市内交通（乗車人員数）のトップの座を占めていたのは1960（昭和35）年
までのこと、その後は一時市バスに、1960年代後半に入ると地下鉄にその座を
明け渡した。1960年代前半は市電から地下鉄への移行期に当たる。この時期の
市内交通は、市電を補助する市バスが中心となり、これに一部市電の代替とし
てトロリーバスが導入された。激増する自動車の進入で交通渋滞が頻繁に発生
し、機動性に欠ける路面電車がその元凶であるかのように、市電廃止を望む声
も日増しに強くなっていったという。

　市電の代替とされたトロリーバス（無軌条電車）は、「軌道を要しないこと（機
動性に優れる）」「変電所やその他の電気施設を共用できること」「バスよりも輸
送力が大きいこと」などから、1953～61年にかけて市内6路線で開設された。
そのうち次の3つの路線、①今里筋の「森小路―今里―大池橋―杭全間（1957～
62年開通）」、②千日前通・今里筋経由の「新深江―今里―大池橋―阿倍野橋間
（58年開通）」、③長堀通の「今里―玉造―長堀橋―玉船橋間（61年開通）」は、東
成区を経由する路線であり、これらが交差する今里ロータリーはトロリーバス
が最も数多く走行した場所といえる。①および②の一部路線では当初、市電の
新線建設が計画されていたが、その取り止めによる代替機関として、また③の
路線は、既設の市電路線である東西線・玉造線の廃止（61年11月）に伴う代替

として、それぞれトロリーバスが採用された。もっ
ともこれらのトロリーバスは、地下鉄事業の進展と
ともに、市電の廃止に続く形で1969〜70年にかけ
て全廃され、当区で運行されたトロリーバスも10
数年でその姿を消した。

余話—青バスと銀バス

　話は少しさかのぼるが、大阪市内のバス運行は、
1924（大正13）年開業の大阪乗合自動車株式会社が堺
筋線・南北線・築港線などの中心部主要道路を走っ
たのが始まりとされる。この民間バスは青色で塗装
されていたので「青バス」と呼ばれていた。少し遅

上）初期の青バス（写真提供：大阪市）
下）市営の銀バス（昭和4年当時）
出典：『大阪市交通局75年史』

れて1927年、市営バス事業が開始され、市バスは
銀色だったので「銀バス」の愛称で親しまれた。市営バスの営業は、市電の補
助機関として順次路線拡大を進めたことで、やがて青バスと銀バスの競合路線
が増え、乗客の争奪戦は激化した。

　道路の建設や維持管理は市の仕事であり、それと市電・市バスの統一ある経
営は市民サービスにとっても必要なことと、競合を避けて、市営に一元化する
ことが市の宿願であったという。1937年以降、戦時経済への移行に伴い、産業
統制という国家的要請も加わって、大阪乗合自動車株式会社（青バス）の買収交
渉が始まった。既に営業路線89km、1日乗客数25.5万人と全国有数のバス会社
に成長していたが、1940年に全面買収され、青バスは大阪市営バスに一元化さ
れた。市営バスの営業路線は184km、保有車両数1,370両と全国第1の規模を
誇り、市営バス黄金期を迎えた。

　ところで、敗戦直後から再び市バスと民営バスとの対立が起きた。今度は電
鉄系の民営バス会社（阪急・阪神・南海・京阪・近鉄）との対立である。経営母
体である鉄道部門の混雑緩和のため市内中心部への郊外バス乗り入れによる市
バスとの競合である。複雑な経過は割愛するが、大阪鉄道局と民営各社の調
整協議で、例えば「近鉄バス」は、1948年に東成区を通過する高井田―上本町6
丁目間の運転を開始した。こんな話もある。1951年にわが国最初のワンマンカー
が誕生したが、阿倍野―今里間で市営バス6両により運行したのがその始まり
とされる。

　バス事業はその後、鉄軌道に恵まれない地域の要望にも応えつつ着実に発展

し、1961年度には1日平均乗車人員がそれまでトップの座を占めていた路面電車（市電）をしのぎ、66年度に地下鉄に追い抜かれるまでの5年間、市民の足を一番に支えた。63年度のピーク時には1日平均乗客数が120万人近くに及び（『大阪市交通局75年史』）、いつも脇役に甘んじていたバスもなかなかあなどれない。

10　地下鉄中央線・千日前線・今里筋線の開通

4号線計画は中央線・千日前線へ計画変更

　市電から地下鉄へ、1960年代後半は市内交通の一大転換期であった。大阪市の地下鉄は1926（大正15）年に認可を受けた4つの路線からなる高速度交通計画に始まるが、当時既に将来の都市拡張を予測し、都心と郊外を結ぶ高速鉄道（地下鉄）が都市交通の主力をなすものと位置づけていた。1933年5月、梅田―心斎橋間3.1kmの開業でスタートを切ったが、戦前ではあまり伸びず、1号線（御堂筋線）梅田―天王寺間と3号線（後の四つ橋線）大国町―花園町間の開通のみで営業距離は8.8kmにとどまっていた。

　敗戦後は、戦災復興計画の一環で直ちに地下鉄建設計画も見直された。1948（昭和23）年6月に戦前の4路線54kmを5路線77kmに改訂された。改訂計画は、戦前の計画路線を延伸する形で拡充されたが、東成区を通過する戦前の4号線計画（長堀通や今里筋をルートとする築港―花園橋―大今里―平野間17.1km）は大幅に見直され、それに代わる路線として、①中央大通（新設）をルートとする新4号線（中央線：大阪港―深江橋―放出間／深江橋―放出間は後に廃止）と、②千日前通や内環状線をルートとする5号線（千日前線：神崎川―野田―難波―新深江―平野間／神崎川―野田間は後にJR東西線に代わる）の2つの東西方向の路線に変更された。その後、計画路線は、1963（昭和38）年の改訂で6路線115km、1966年の改訂で9路線153kmに拡充され現在に至っている。なお、計画路線9路線のうち当区を通過する路線は、48年計画の新4号線（中央線）と5号線（千日前線）に加えて、66年の改訂で追加された南北方向の8号線（今里筋線：井高野―今里―湯里6丁目間）の3つの路線である。

万博開催に合わせた市内の地下鉄整備

　実際の事業についてみよう。大阪の地下鉄整備の進展は、1970（昭和45）年の万国博開催（国家プロジェクト）を境にその前後で大きく2つに分けてみるとわかりやすい。ごく大ざっぱにいうと、万国博開催までは「市域内の充実」を図り、

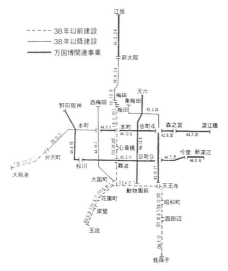

地下鉄開通の推移
出典：『大阪のまちづくり』

大阪地下鉄路線図（2019年現在）
出典：大阪市交通局路線図に一部加筆

万国博後は「市域外への延伸」に力点が置かれた。

　まず、前者の万博開催までの経過を概観しよう。1960年頃までの市内交通は
もっぱら市電の復旧・整備が優先され、地下鉄は御堂筋線の延伸のみに限られ
た。地下鉄建設が本格化したのは、1963年改訂の「大阪市交通事業基本計画」
が策定されてからである。翌64年の東海道新幹線の開業と東京オリンピック
開催で弾みがつき（御堂筋線は新大阪―我孫子間まで伸びた）、その後1970年の万
国博開催までの間、市域内を格子状に結ぶ6つの計画路線でほぼ同時並行的に
着手され、市内のいたるところが掘り返された。1960年代後半の5年間でみた
地下鉄営業路線の伸びは37km（1964年度27kmから1969年度64km）、伸び率でみ
ると138%とこの間に倍以上になる。このスピード建設は、同時期の東京の伸
び率74%を大きく上回り、当時の世界でも例がないという。東成区を通過す
る中央線（4号線：大阪港―深江橋間）と千日前線（5号線：野田阪神―新深江間）も、
万国博関連事業（1967〜69年度）としてこの時期に開通した。

　万国博後は、地下鉄も市域外（隣接市）への延伸が重視された。郊外化が一段
と進んだ時期と重なる。御堂筋線が1970年に吹田市に乗り入れたのが最初だが、
その後、谷町線が守口市・八尾市に、御堂筋線の南端は堺市に、当区の中央線
では1985（昭和60）年に深江橋から東大阪市の長田まで伸びた（長田以東は現近

鉄けいはんな線と接続して相互直通運転）。また市域内でも延伸化が進み、千日前線は1981年に新深江から南巽（生野区）まで伸びた。そして平成の時代に入り、地下鉄建設はやや様相を変え、新交通システムの一環として従来の地下鉄よりひと回り小さい中量軌道のリニアモーター地下鉄が導入された。車両断面は従来のものより2割ほど小さいミニ地下鉄である。1990（平成2）年開通の鶴見緑地線（7号線）で初めて採用され（「国際花と緑の博覧会」開催に合わせて整備された現長堀鶴見緑地線）、その後、2006（平成18）年に開通した当区を南北に走る今里筋線（8号線）井高野—今里間でも導入された。この今里筋線の開通により、大阪の地下鉄網は8路線約130kmに達し（計画は9路線153km）、戦前の計画に始まる高速鉄道（地下鉄）整備もほぼ最終の段階にあるといえる。

中央線・千日前線・今里筋線のこと

東成区の3路線（中央線・千日前線・今里筋線）についていくつか補足しておこう。1つは中央線である。この路線整備の最大の難所は、中央部の本町—谷町4丁目間（1969年12月開通）の工事であったという。東横堀川と西横堀川に挟まれた船場地区の用地買収に見通しがつかず、苦肉の策として地上2～4階・地下2階の船場センタービルの建設（再開発）により難題を切り抜けた。結果、中央線の本町駅や堺筋本町駅は東行きと西行き路線のプラットホームはその上にある船場センタービルをはさみ、島式の単線停留所のような形をとっている。当初は道路の中央に複線で入れる計画であったようだが、ビル建設の影響による苦心の跡である。

次の千日前線でもこんな話があった。1966（昭和41）年のこと、谷町9丁目—新深江間（69年9月開通）の工事中、今里駅付近で5、6千年前の縄文海進時代のものといわれるひげ鯨類の頭骨が発掘されるという一幕があった（市立自然科学博物館に保存）。はるか縄文の時代、この地が河内湾の一部であったことの紛れもない証しである。またその後、1981（昭和56）年12月に新深江からほぼ直角に曲がって生野区の南巽まで延伸された。新深江—南巽間の地下鉄ルートは、1928（昭和3）年決定の都市計画道路新庄平野線（現新庄大和川線＝内環状線）であるが、新深江交差点以南の街路整備は戦前そして戦後もしばらくは全く手つかずのままであった。地下鉄延伸事業と街路整備の同時施工（開削工法が採用された）によって、長年の懸案に（約半世紀をかけて）ようやく決着がついた。

続く今里筋線の特徴はそのルートにある。市内東部を南北に縦断するルートは、JR環状線の内側を通らず、御堂筋線との直接の乗換駅もない唯一の路線

2006年に開通した今里筋線（ミニ地下鉄）
写真提供：Osaka Metro

いまざとライナー（BRT）の実験運行
出典：Wikipediaより　画像著作権者：切り干し大根
https://commons.wikimedia.org/wiki/いまざとライナー

であり、外郭型の地下鉄路線となっている。市内中心部を通らないことから、将来の輸送需要の伸びや事業採算面なども考慮され、中量軌道のミニ地下鉄が採用された経緯がある。また、当該路線の工事（2000年着工、2006年開業）でも難航を極めた。地層は超軟弱粘土層であり、北側区間では淀川の地下トンネルを潜り（地下鉄では唯一）、寝屋川や第二寝屋川の真下では地下30m以上の大深度を走るなど急勾配区間も多い。もっとも中量軌道の地下鉄は急勾配や急曲線でも無理なく走ることができ、騒音も比較的小さいようだ。

いまざとライナー（BRT）の社会実験

　ところで、今里筋線の南半分「今里―湯里6丁目区間」は現在のところ未着手となっている。2014（平成26）年8月の大阪市鉄道ネットワーク審議会答申（「大阪市交通事業の設置等に関する条例」に位置づけられた未着手の地下鉄計画路線の整備のあり方について）によると、地下鉄8号線の延伸［今里―湯里6丁目区間］については、需要予測に基づく収支採算性や費用対効果からして、「事業化の可能性は公営・民営にかかわらず極めて厳しい試算結果」であるとし、交通手段の検討を通して、まずはBRT（バス高速輸送システム）による「需要の喚起・創出及び鉄道代替の可能性を検証するための社会実験」の実施を提言している。これを受け、2019（平成31）年4月から5年間程度の社会実験として、同区間を基本にした長居ルートとあべの橋ルートの「いまざとライナー（BRT）」の運行が開始された。停留所は地下鉄並みの約1km間隔、平日の7時台〜18時台の運行は20分間隔（今里―杭全間は2つのルートが重なるので概ね10分間隔）である。さて、今後の対応についてはこの実験による効果検証の結果待ちである。

　忘れられているかも知れないが、実はこの未着手区間は、1926（大正15）年に決定された高速鉄道4号線計画（長堀通や今里筋を通過する築港―大今里―平野間）

のルートであり、戦後の見直しで廃止になった路線である。当時の計画では多分、この沿線地域が市東部の重要な南北軸を形成するものと想定されていたに違いない。そういえば戦後の一時期、市電の新設も検討されたが、トロリーバスに代替えされた経緯もある。そして1966（昭和41）年の計画改訂で再び、地下鉄8号線（今里筋線：井高野―今里―湯里6丁目間）として浮上した。しかし現時点では当該区間の事業化は厳しいようだ。メインの公共交通の導入がなかなか実を結ばず、時代の変化に揺れ続けてきた路線といえる。社会実験がどういう結果となるか、これからもその成り行きについては注視が必要だろう。

11　幻の高速道路環状線構想

　地下鉄網の整備に加えて、大阪の街並みに大きな変化を与えたもう1つの事業は、車優先社会を象徴する都市高速道路の建設である。1950年代後半以降の自動車の急増を背景に、市内の交通渋滞が慢性化し、市電の廃止要請とともに、自動車専用の高速道路が必要不可欠のものとされた。

1960年代後半は物流の変革期

　1956（昭和31）年に日本道路公団、59年に首都高速道路公団が設立され、これらに続く形で阪神高速道路公団が1962年5月に誕生した。実は、当時の政府方針では東京の「首都高速道路公団以外の地域公団は設立しない」としていたから、阪神地区の政官財一体となった政府等への強力な促進運動が（時の総理大臣は所得倍増をスローガンに国土レベルの産業基盤開発を打ち出した池田隼人）、功を奏した形である。

　促進運動はその後も引き継がれ、事業着手も早かった。1962年9月に大阪・神戸の都市高速道路計画（5路線52.4km）が決定され、64年6月には1号環状線の一部「土佐堀―湊町間」2.3kmが最初の阪神高速道路として開通した。67年度からは地下鉄整備と同様に、万博関連事業として路線の拡充を含め緊急整備が図られ、万博開催の70年3月までに7路線59.6kmが完成、中心部の1号環状線や市内の主要な放射路線（池田線・守口線・東大阪線・堺線・西大阪線・神戸西宮線など）が供用された。

　この間、広域の都市間自動車専用道である名神高速道路が1965（昭和40）年に全線開通（愛知県小牧―兵庫県西宮間）、東京―小牧間の東名高速道路の全通は1969年のことである。これらと阪神高速道路は1967年に豊中インターチェ

高速道路網計画協議会案（初期の計画）　出典：『近畿開発の計画』1962（国立国会図書館蔵）
図番号：①大阪環状線、②大阪小環状線、③大阪中央線、④御堂筋線

ンジでつながり、東西間の物流が飛躍的に増大した。物資輸送の主役が鉄道から貨物自動車（トラック）に代わってきたのもこの時期からである。

変転した第2環状線構想

　地下鉄網の整備とほぼ同様に、高速道路建設も万国博開催までは「市域内の主要路線の重点整備」、万国博後は「周辺部延伸化と環状道路の再編」に力点が置かれた。また万博後を時期区分すると、①周辺部延伸期（1970〜1981年）、②湾岸線重点期（1982〜2004年）、③公団民営期（2005年以降）の3つに分けることができる。

　最初の①周辺部延伸期は、1970（昭和45）年に大阪地区都市高速道路調査委員会の答申で、新たに12路線152.6kmの放射環状型高速道路網構想が打ち出され、放射路線の延伸化が順次進められた時期である。池田・守口・東大阪・松原・堺・西宮など周辺隣接市に延長され、路線の広域化が図られた。次いで②湾岸線重点期は、1982（昭和57）年に近畿地区幹線道路協議会によって見直され、関西国際空港（1994年開港）の関連事業として湾岸線が重点整備される時期である。この時期には、大阪市の郊外を環状に走る大阪中央環状線（大阪府道2号）のルートと重なる近畿自動車道（吹田―松原JCT間、事業は日本道路公団）が1988年に全通するなど、大阪市内および周辺部の高速道路網の全体がほぼ形づくられた。そして③公団民営期は、2004（平成16）年の見直し以降（翌2005年に公団は民営化）、現在に至る時期で、大阪都市再生環状道路が構想され、その一環で淀川左岸線や大和川線の整備が着手された。事業のあらましは以上であるが、実はこの半

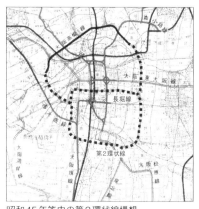

昭和45年答申の第2環状線構想
出典：『阪神高速道路公団10年史』の挿図に加筆

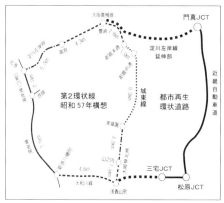

第2環状線昭和57年構想と都市再生環状道路
出典：『阪神高速道路公団30年史』の挿図を基に加工

世紀余りの間、市内高速道路の環状路線の構想は二転三転した。

公団設立前の当初の全体計画（1959年設立の阪神地区高速道路協議会が1961年当時に策定したもの）では現在の1号環状線の外側にもう1つの環状線が描かれ、前者を大阪小環状線、後者を大阪環状線と名付けていた。大阪環状線の計画は、およそ現在の守口線森小路出入口から城北運河、東成区の城東運河（平野川分水路）を南下し、杭全町―阿倍野橋から現西大阪線や淀川左岸線を経て、守口線へ連絡するルートが考えられていた。1968（昭和43）年に開通した北浜―森小路間の森小路出入口は、将来の道路延伸を考慮した「ジャンプ台」を残しているとの記録もあり（『阪神高速道路公団二十年史』）、その時点では当初の大阪環状線計画はまだ生きていたといえる。

しかし、万博関連事業後の次のステップを目ざした1970（昭和45）年答申（大阪地区都市高速道路調査委員会）では新たに第2環状線構想が提案され、当初策定の大阪環状線計画は無くなった。第2環状線構想は、当初のルートよりやや内側に小さめで、東側は森小路を通らず、都島本通―京橋付近から当区の平野川を南下し、美章園―阿倍野へ至る環状ルートとなっている。また、環状線のショートカット路線として中心部を東西に貫く長堀線も加えられ、両者が交差する地点（当区の中道小学校・玉津中学校近辺）にジャンクションが設けられた計画であった。

その後、1982（昭和57）年に近畿地区幹線道路協議会により「阪神都市圏における主要幹線道路網の計画―構想編（案）」が提案され、1970年答申の第2環状

線構想は東側の都島本通―平野川―美章園間のルート (城東線と名付けられた)
は残されるが、南西部のルートは大きく膨らみ、美章園から南に下り、現在の
大和川線や湾岸線、淀川左岸線を経由する湾岸寄りのルートに変更された。ま
た、1982年構想によって東西に貫く長堀線ルートは無くなった。さらにその後、
2004 (平成16) 年の見直しで第2環状線構想の東側部分 (当区の平野川を含む城東
線ルート) も廃止され、それに代わるルートとして整備済みの近畿自動車道を
活用した外郭型の環状ルート、時計回りでみると近畿自動車道―大和川線―湾
岸線―淀川左岸線を結ぶ大阪都市再生環状道路が構想されて現在に至っている。

消滅した城東運河や平野川の環状線ルート

つまり、東成区にとってはこういうことだ。1961〜69年頃までは城東運河 (平
野川分水路) が当初の環状線計画の一部として構想されていた。それが無くなり、
1970〜2004年頃 (公団民営化前) までの30年余りの間は、平野川をルートとす
る第2環状線が構想された。しかしこれも実現することなく、2004年に消滅した。
またこの間、1970〜1982年の間には環状線をショートカットする東西方向の
長堀線の構想も浮上したが、実現には至らなかった。結局、当区の高速道路は、
城東運河 (平野川分水路) や平野川ルートの環状路線およびショートカット路線
の長堀ルートなどは消滅し、放射路線の1つである東大阪線 (中央大通上の西船
場―東大阪市水走間) の実現のみにとどまった。

なお、東大阪線の開設状況をみると、1970 (昭和45) 年3月に都心部の西横堀
―法円坂間 (船場センタービル上の区間を含む) が万博開催に合わせて開通して
以降、当区を含む森之宮―長田 (東大阪市) 間が74年に、少し遅れて78年に法
円坂―森之宮が開通した。その後、1983〜87年にかけて長田―東大阪JCT (近
畿自動車道に接続) ―水走間が開通、さらに1997 (平成9) 年に水走―西石切が開
設されて第二阪奈有料道路 (東大阪市西石切―奈良市宝来間) と接続したことから、
大阪と奈良を最短で結ぶ東西軸が完成した。旧街道 (暗越奈良街道) の現代版と
もいえる自動車専用道である。

少し余談になるが、東大阪線の建設に関連する話として、都心部の「西横堀
―法円坂」の区間での船場センタービルの再開発 (中央大通・地下鉄中央線・高
速道路東大阪線と同時的に建設された複合的開発) については既に紹介したところ
だが、もう1つこんな話もある。1978 (昭和53) 年に開通した「法円坂―森之宮」
の区間では、南側に隣接する難波宮跡の保存問題とも大きく関係した。詳細は
別に譲るとして、1954 (昭和29) 年から発掘調査が続けられ、所在不明であった

飛鳥から奈良時代にかけての前期（645年の大化改新による難波遷都）・後期（726年の聖武朝造営）の難波宮跡が発見され、古代史の謎に光が当てられた。宮殿（内裏・大極殿・朝堂院など）を中心に史跡指定されたが、この間、遺跡保存をめぐる住民訴訟（難波宮跡を守る文化財訴訟、1970年提訴〜79年和解）が展開されるなど、開発と保存をめぐる文化財行政に大きな一石を投じた。

　こうした運動を背景に、ほぼ同時期に建設が予定された「法円坂―森之宮」の区間では、遺跡保護や景観に配慮して一部は高架ではなく平面道路とされた。また、1985年には高速道路を挟み難波宮跡と北側に隣接する大阪城公園との一体化が構想され、古代から中世、近世へと続く大阪の歴史を凝縮した歴史公園として環境整備が続けられている。

12　ようやく達成した水洗化100%

　「市民生活」にとっての必須のライフラインといえば、上下水道施設がその代表であろう。今ではあまりにも当たり前の生活施設になっていて、普段は特に意識することはないが、ひとたび地震災害等の非常時にはまず「飲み水」「トイレ」が真っ先に必要なことは思い知らされるところだ。

し尿処理と下水処理

　当地（旧神路村）が近代水道の恩恵を受けるようになったのはずいぶんむかしのこと、1925年の第2次市域拡張の少し前の頃からである（第1章「伝染病流行で急がれた水道敷設」参照）。しかし一方の近代下水道による家庭等での水洗トイレ使用の普及はかなり遅れた。東成区では1983（昭和58）年に水洗化100%を達成したことから、上水・下水の普及状況はおよそ半世紀余りのズレがあったことになる。どうしてこういう差になったのか、改めてこの間の動きを振り返ってみよう。

　1925（大正14）年の第2次市域拡張当時といえば、新市域周辺部で耕地整理・区画整理等が相次いで実施され、市街地形成に向けて準備された時期である。当区でも深江・小路・今里片江・神路の各地区でこれらの基盤整備事業が進められた。もちろん道路整備だけでなく、上水・下水施設（給排水管事業等）も合わせて整備された。上水道では当時、市も本格的な水道拡張事業を実施し、玉造幹線（柴島水源地―野江―鴫野―玉造―四天王寺西門）や口径1,500ミリの城東幹線（柴島水源地―旭区内通過―当区今里筋沿い）をそれぞれ1932年、1940年に完成

させた。

　一方の下水道も市域編入後、平野川以西の大部分の地域は、1928年着工の第3期下水道事業（1928〜37年度）において、そして平野川以東の地域もほぼ同時期に実施された区画整理事業（深江・今里片江・神路の3地区）によって下水管や排水路の敷設が行われた。しかしこれらの下水道事業は、それまでの自然流下式から新しい下水管埋設や電動ポンプによる抽水所建設などの施設改良が加えられたが、家庭や工場の汚水と雨水を集めてそのまま河川に放流する点では、むかしの下水施設となんら変わらなかった。例えば、太閤秀吉の城下町づくりでよく知られる背割下水（道路で囲まれた街区の中央に建物を背にして掘られた開渠の下水溝で「太閤下水」とも呼ばれる）とも基本は同じ仕組みで、いわゆる「し尿処理」は汲み取り処分方式で、下水処理とは切り離されていた。

東成区は水洗化の先進地

　し尿を含む下水処理は、わが国では1922（大正11）年に運転開始した東京の三河島汚水処分場（隅田川中流部に位置）が最初とされるが、大阪でもその翌年に「大阪市下水処理計画」をまとめるなど、早くから研究・実験が進められていた。そして1928（昭和3）年に決定された総合大阪都市計画では文字通りの近代下水道として、雨水や家庭廃水などの一般汚水だけでなく、工場排水やし尿を含めた廃水を浄化する下水道計画（当時の欧米の最新技術であった活性汚泥法を採用）が策定された。全市域を5つの処理区（中部・北部・東部・南部・淀川北部）に分け、まず市中心部の中部処理区および北部処理区において、1931年に始まる第4期および1937年の第5期下水道事業として着手された。大阪市最初の下水処理事業である。1940年に2つの下水処理場（中部処理区は津守、北部処理区は海老江の処理場）で運転を開始、区域内では汲み取り式便所を廃止し、し尿浄化槽を設置することなく、水洗便所からそのまま下水道に流すことができるようになった。なお、第5期下水道事業（1937〜44年度）では、東部処理区（現東成区含む）で予定されていた中浜下水処理場の建設は、戦時下で中断され、未完成のまま終戦となった。

　戦後は、復興事業や浸水対策の応急事業（わずか30〜50mmの雨量で各所に浸水騒ぎが起こった）に追われていたが、戦時中断していた中浜・市岡の下水処理場建設が1957年度から再開された。当区処理区に当たる中浜下水処理場は、平野川と第二寝屋川の合流点に位置し、1960（昭和35）年に完成・通水した。市内で3番目、戦後初の下水処理場である。当区内の下水はこの中浜下水処理場

通水した中浜下水処理場（昭和35年）　出典：『東成区史』

に集められ、浄化処理されて第二寝屋川に放流されるが、これにより水洗便所
の設置が可能となった。

　当区の水洗化普及率をみると、1965年30.4％→70年89.7％→83年4月100％と、
戦後40年近くを要してようやく100％を達成した。遅いように思うが「水洗化
100％」は、市内では南区（現中央区1977年）、西区（1982年）に続く3番目である。
全国の市町村、特別区、行政区でみても3番目ということだから、わが国の大
都市でトップクラスの普及率であったことになる。水洗トイレ先進地として
大いに誇ってもよかろう。ちなみに、市全体の水洗化普及率をみると、1965年
22.7％→70年53.6％→75年92.6％と、1960年代後半以降の10年間に大きく伸
びている。

1970年代前半まで続いたし尿汲み取り

　参考までに、市内におけるし尿収集量の推移をみると、戦後のピークは
1961年度の約115.8万kl、その後65年104.9万kl→75年17.8万klと、この10数
年間でピーク時の15％にまで激減している。また、し尿の処分状況をみると、
戦後しばらくはもっぱら農地還元で処分していたが、人口回復とともに処理
しきれなくなり、1949（昭和24）年からは下水道への投入（津守・海老江の下水処
理場へ流注）を開始、さらに52年からは一部ではあるが大阪湾への海洋投棄も
行われた（1962年廃止、海岸より10km以内は投棄禁止区域、し尿海洋投棄船は俗に
「黄金艦隊」とも称した）。農地還元のピークは1951年の47.2万klで、54年には処
分量全体の半分を切った。化学肥料の活用や近郊農家の減少などでだんだん需
要も少なくなり、1970年代前半でほとんど肥料として使われなくなったという。
それに替わる処分方法として、1950年代後半以降は下水処理場への流注、1970
年頃からは消化槽処理（し尿浄化して一般下水とともに処理）がそれぞれ中心と
なった。いずれにしても廃棄物としての処分である。

そういえば、東成区においても1965（昭和40）年前後まではし尿汲み取りはごく一般的であった。戦後しばらくは主として近郊農家が、1950年代になると下肥業者が定期的に各戸の汲み取り口から柄の長いひしゃくですくい上げ、いっぱいになった2つの溜め桶（肥桶）を天秤棒で巧みに運んだ。運搬手段も人力台車から牛・馬に引かせた荷車へ、やがて小型トラックへと変化した。1960年代からはバキュームカーが登場し（吸引機とタンクを装着したトラックで、1951年に川崎市が全国に先駆けて開発・導入したとされる）、効率性はもちろん、衛生面で飛躍的な改善をみた。

上）し尿の汲み取り・運搬（肥桶を天秤棒で巧みに運んだ）
下）し尿海洋投棄船
出典：映画「し尿のゆくえ」DVDより（日本環境衛生センター提供）

　ちなみに、当区は民間による自由汲み取り地域とされていたが（市内中心部は市営汲み取り）、1952（昭和27）年から従量制による有料汲み取りが復活、54年からは人頭汲取券（一般家庭の場合）による徴収制に改められ、月2回の汲み取りで、例えば1人世帯で20円、7人以上で90円、汲取券は赤十字奉仕団の手を経て各戸に発売された。

13　埋め立てられた川のこと

高度成長期に消えた水都の風景

　かつて大阪は「水の都」と称された。旧市街には江戸期までに15本の堀が開かれ、縦横にめぐる堀川を利用して水運の商都を築いた。しかし今に残る堀川は、東横堀川（大阪城築城時の1585年開削）と道頓堀川（江戸期初期の1615年開削）のわずか2本のみである。姿を消したのはそんなむかしのことではない。そのほとんどは、戦後の復興期から高度経済成長期にかけた都市改造によって道路（一部は緑地帯）などに転換された。戦後の車社会への対応が水都の風景と引き替えであったことになる。

　例えば、堀川が集中していた旧市街の西側一帯（木津川と西横堀川に挟まれ、北は土佐堀川、南は道頓堀川に囲まれた一帯）は、戦災復興区画整理の事業地区に該当し、1945（昭和20）年以降から1960年代前半にかけて、事業化の一環でほぼすべての堀川が埋め立てられた。初期の埋め立てでは戦後の焼け跡の膨大な瓦

礫の処理も兼ねていた。南北方向の水運の基軸であった西横堀川の埋め立ては1962 (昭和37) 年に完了、その用地は2年後の64年、最初の阪神高速道路「土佐堀―湊町間 (現1号環状線の一部)」として生まれ変わった。

　もう1つ、旧市街の中央部、水運の東西軸に当たる長堀川の埋め立てである。戦災復興街路計画において主要幹線 (長堀通) として計画され、西横堀交差点より上流部 (東横堀川まで) は1960年から64年に、下流部 (木津川まで) は1967年から71年にそれぞれ埋め立てられた。前者には地上および地下2階の長堀駐車場が、後者には中央部に緑地帯 (長堀グリーンプラザ) が整備され、その下には現在、地下鉄7号線 (長堀鶴見緑地線) が走っている。長堀通といえば、東成区を横断する深江―今里―玉造から西へ長堀橋―心斎橋―四つ橋―木津川 (伯楽橋西詰) に至る東西幹線である。1961 (昭和36) 年までは市電 (今里―玉船橋間) が走った。長堀川沿いに走る市電の風情はこうして高度経済成長期の開発に飲み込まれて消えた。

埋め立てられた川や用水路

　旧市街の話はそれくらいにして、東成区で埋め立てられた川に注目しよう。1957 (昭和32) 年4月に発行された『旧東成区史』に折り込まれた東成区現勢図をみると、区内には南北に並行して流れる平野川と城東運河 (平野川分水路) のほか、城東線 (現JR環状線) に沿って猫間川、区の北端を東西に流れる千間川、市電今里車庫付近 (大成小学校沿い) の西の川、小路耕地整理地区内の用水路などが描かれている。つまり1950年代の後半、まだ区内には6本の河川・水路を数えることができたが、今に残るのは平野川と城東運河の2本のみである。消えた4本の川はそれぞれどのような経過をたどったのだろうか。

　まず猫間川 (むかしは高麗川ともいった) である。水源は阿倍野の丘陵部 (現在の長池・桃ヶ池辺りを含む)、上町台地の東裾 (現JR環状線) に沿って北流する自然河川の1つで、そのむかしは大阪城の外堀の役目を果たした。江戸期にはしばしば浚渫され、黒門橋 (旧玉造二軒茶屋付近) より下流部は幅5間 (約9m) ほど、舟運も一時盛ん、猫間川堤の花見も賑わったという。大正期に入ると上町台地東側の都市化による影響をじかに受け、生活廃水や隣接する砲兵工廠の工場汚水のたれ流しなどで悪水路化し、昭和の初め頃には「大阪でいちばん汚い川」の汚名を受けた。「臭いものに蓋」ではないが、大正末から昭和戦前期にかけて、黒門橋より上流部は暗渠による下水管敷設が行われた。そして戦後、1960年代前半に下流部 (黒門橋から第二寝屋川) を下水道幹線として暗渠化されたことか

らその姿を完全に消した。その後、同下
水幹線は1972年の集中豪雨被害を契機に、
上町台地東側の低地一帯の雨水を大川（旧
淀川）へ直接排水する下水道幹線「天王寺・
弁天幹線」に再強化された。1973（昭和48）
年着工、85（昭和60）年完成（弁天抽水所の完
成は1982年）。最深部は地下30m（地下鉄中
央線森ノ宮や第二寝屋川と交差する部分など）、

城東運河と千間川交差部（昭和32年）
出典：『旧東成区史』

最大内径6mに達する大幹線で、排水能力は平野川や平野川分水路にも匹敵す
るという。こうして、もともと自然河川として長い歴史を持つ猫間川は、1960
年代前半に姿を消し、東部地域の浸水対策を担う形で現在に生かされている。

　次いで千間川（千間堀川ともいう）である。1868（明治元）年に、現東成・城東
区界を東西に流れる農業用水路として開削された幅7mほどの人工の井路であ
る。高井田付近（現東大阪市）を水源とし、市界部分に「馬の頭」樋門を設けて
水量調節が図られ、樋門から平野川を結ぶ長さ約千間（約1.8km）というのがそ
の名の由来である。かつて幅1m余りの三枚板船が農産物や下肥などを載せて
上下していた。1928（昭和3）年の総合大阪都市計画の一環で城東運河の開削と
ほぼ同時期（1938・39年）、千間川下流部に当たる城東運河から平野川の区間を
中本運河として改修された。高潮時の逆流防止のため、平野川合流点や城東運
河交差部には水門も設置された。城東運河より上流部は無堤のままで、しばし
ば洪水被害に見舞われ、戦後の1955（昭和30）年前後になってようやく護岸工
事が行われた。しかしその後、地盤沈下の進行による護岸のかさ上げの必要や
悪水路化による環境悪化などから1960年代の後半から70年代にかけて埋め立
てられた。川から南、100数十メートルの位置にほぼ並行して中央大通や地下
鉄中央線、阪神高速道路東大阪線が万博開催（1970年3月）を目ざして急ピッチ
で建設が進められていたが、ちょうどその時期に前後して埋め立てられたこと
になる。跡地は現在、緑陰道路や公園（千間川公園、千間川みどり公園）になっ
ている。また、この川にはかつて24の橋が架かっていたが、その一部、緑橋・
深江橋は地下鉄駅（中央線）にその名をとどめている。

　3つ目は西の川である。旧村の大今里・片江と猪飼野との村界を流れる農業
用の水路（水運を兼ねる）であり、旧平野川の丸一橋付近で合流していた細流で
ある。大正から昭和戦前期にかけて実施された平野川改修と城東運河の開設に

千間川公園　出典：『東成区史』　　　　　　　　　　　片江ゆずり葉の道　出典：HP「東成まちかどツアー」より

よって、新平野川の剣橋辺り（現大今里西3丁目）と城東運河の広田橋付近（現巽北1丁目）をつなぐような形で残り、大部分（猪飼野橋から上流部）は生野区に属する。先の千間川とほぼ同じように、たびたびの洪水被害や悪水路化により1969（昭和44）年に埋め立てられ、跡地は道路として整備された。この川は、戦前期に実施された鶴橋耕地整理や今里片江区画整理（今里ロータリー周辺）、片江中川区画整理（現生野区）の事業区域界にもあたり、それぞれ川に沿って一般道路が配置されたことから、川の埋め立てにより、これら両方が合わさってかなり広幅員の道路となっている。また一部は、西の川公園（現新今里1丁目）として整備され、その名が残っている。

　4つ目は小路耕地整理区域内の用水路である（第1章「耕地整理と建築線指定を併用した小路地区」参照）。もともと宅地化目的の耕地整理であったから、水路といっても農業用水路ではなく実際には生活用水路（下水路）である。水路は現在の大今里南2〜6丁目のほぼ中央を東西に配置され、工事完了（換地処分）は戦前の1938（昭和13）年である。ほぼ同時期に区域内を南北に通す城東運河の応急開削が行われ、戦時中断・戦後の再開を経て1956（昭和31）年に完成した。これにより水路は城東運河により東西に分断され、東側水路は運河と接続する形で残されたが、西側水路はこの間に埋め立てられた。その後1980年代に入って、大阪市は都市景観の視点から道路空間を見直し、住宅地などでは車が通りにくいように道をわざとジグザグにした「ゆずり葉の道」の整備をスタートさせた（1980年整備の阿倍野区長池が第1号）。当地区もその対象となり、水路部分の約500m（現大今里南4〜6丁目）の埋め立てを含め、今里筋から内環状線まで東西約1,200mの「片江ゆずり葉の道」として1983年に完成した。もとは道路と用水路が並行して走っていたので、水路側の家は水路に背を向けて建っていた。しかし、今ではほとんど建て替わるなど建物の向きがそろっているので、ここ

に水路があったという痕跡もみつけにくい。

余話―神路川のこと

戦前において廃川となった川の1つに「神路川」と称する川があったようだ。確かな資料は見つかっていないが、その名からして、1916（大正5）年の「神路村」誕生以降に名付けられた川であろう。「神路」という名は、旧街道（暗越奈良街道）が「神武天皇大和國に東征の際の御通路なりとの口碑（『東成郡誌』）」から名付けられたものであるから、たぶん旧街道に沿って流れていた川（深江―大今里―丸一橋辺りで平野川と合流）がそれに当たると考えられる。旧街道沿いの川（水路）の存在は、むかしの集落図（摂津国東成郡大今里村縮図）においても確認されるからほぼ間違いなかろう。

1928（昭和3）年に認可された今里片江区画整理の換地説明書資料の中に、旧水路および計画水路の位置図が残されている。旧水路は街道に沿って西方向に流れ平野川に合流、この水路が埋め立てられ、幅4間の計画水路として整備された。つまり暗渠による下水管敷設の形で姿を消した。また、1929～31年に事業着手された大阪枚岡線（通称「産業道路」）は旧街道とほぼ重なり、水路部分を含めて整備された。旧街道に沿う水路が神路川とするなら、名付けられてからわずか十数年で廃川化し、今ではその存在すらすっかり忘れ去られてしまったようだ。

14　区画整理公園の受難

住むにふさわしい都市の環境づくりにおいて、公園緑地が重要な役割を果たすことは誰しも認めるところだろう。近年では防災的な観点を含めて特に生活に身近な徒歩圏域での公園緑地のネットワークの大切さも指摘されている。しかし意外に思うかもしれないが、都市公園が社会的な価値として認識されるようになったのはそうむかしのことではない。制度的には、1956（昭和31）年の都市公園法が成立してからのこと（1959年に大阪市公園条例設置）、事業的には、1972（昭和47）年（旧法とされる1873年の太政官布告より100年に当たる）に都市公園等整備緊急措置法が制定され、5カ年計画の策定等を通して本格的な都市公園事業が開始されてからである。

ちなみに、大阪市における都市公園の推移（国・府営公園含む、市域外除く）をみると、1964年には公園数288、公園面積341haであったものが、ちょうど半

世紀が経過した2014年には公園数で3.4倍の985、公園面積では2.6倍の896ha
になっている。市民1人当たりの公園面積はこの間、1.06m²から3.34m²へ約3
倍に増えている。この3.34m²(約1坪)という数値は、1928年の総合大阪都市計
画で目標(20箇年目標)とした水準であり、それを80年以上要して達成した計
算になる。

紆余曲折の戦前期区画整理公園

　ところで、東成区の公園について、整備時期等で大きく区分してみると、①
戦前期に実施された深江・今里片江・神路の3地区の組合区画整理によるもの、
②戦後の玉造復興区画整理によるもの、③区画整理区域外で単独整備されたも
の(1965年以降の開園がほとんど)の3つに分けられる。順にその実績をみると、
①の戦前期の組合区画整理による公園地の確保は換地処分ベースでみて全部で
14か所5.73ha(深江6か所2.16ha、今里片江5か所0.96ha、神路3か所2.61ha)、②
の玉造復興区画整理による公園は5か所2.66ha、③の区画整理区域外の単独整
備による都市公園は10か所1.41haとなっていて、①②の区画整理公園が面積
でみて8割台と大部分を占める。つまり当区の公園は、もっぱら戦前および戦
後復興の区画整理によって整備されたことがわかる。

　さて、話はこれからである。2014(平成26)年4月現在の当区における都市公
園一覧をみると、①の戦前期区画整理区域の公園は10か所4.43haとなっていて、
換地処分時の公園(14か所5.73ha)と大きくズレている。このズレはどういうこ
となのか。その経緯を追ってみると戦前期区画整理公園のその後が浮かび上
がる。

　神路区画整理で確保された公園3か所のうちの1か所(約8,200m²)は、1955(昭
和30)年4月開校の相生中学校の敷地に転用された。また、深江区画整理の6か
所の公園のうちの1か所(約3,300m²)も、1949年に新校舎建設が始まる東陽中学
校の敷地の一部に利用された。さらに、今里片江の区画整理公園では換地処分
後に大幅に変更され(換地処分変更)、1か所は民間に売却、1か所は分割されて
市の保健所用地(1944年開設)に、加えて事業後においても1か所(1949年開設の
北今里公園約2,040m²)が廃止され、1956年竣工の今里抽水所に転用された(当時
は浸水防止のための平野川への雨水排水のポンプ場、現在は下水処理場への中継的
施設の役割を担う)。なお、一部残置部分は現さつき児童遊園245m²となっている。

　他用途(中学校用地や保健所・抽水ポンプ場等)への転用によっていくつかの
公園が縮小・潰廃したが、逆に面積が増えた公園もある。神路区画整理の公

上）深江公園
下）東中本公園
　　資料：『東成区史』

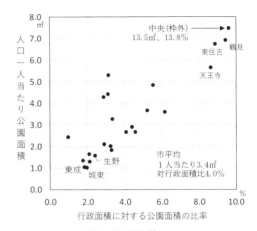

都市公園の整備状況（区別比較）
資料：大阪市都市公園一覧表（2014年4月現在）

都市公園一覧（東成区／2014年4月現在）

公園名称	面積(㎡)	開園時期	備　考	公園名称	面積(㎡)	開園時期	備　考
深　江	3,877	1935.1	深江区画整理	東小橋北	2,163	1962.1	復興区画整理
西深江	4,016	1936.5	同上	大今里	1,616	1964.1	小学校分校跡地
神　路	13,318	1937.4	神路区画整理	東深江	3,338	1968.5	深江区画整理
平　戸注1	3,044	1940.1	今里片江区画整理	北中道	1,135	1968.12	工場跡地
今里西之口	1,814	1942.12	同上	北中本	1,151	1972.4	工場跡地
東中本注2	8,293	同上	神路区画整理	大今里南	991	同上	工場跡地
南深江	4,195	1944.5	深江区画整理	千間川	1,812	同上	河川埋立跡地
南中本	6,936	1950.2	復興区画整理	中道中央	774	1979.4	工場跡地
今里南	670	1953.7	今里片江区画整理	千間川みどり	979	1990.3	河川埋立跡地
玉　津	5,967	1957.5	復興区画整理	玉津南	1,890	1995.3	工場跡地
阪　陽	2,909	同上	深江区画整理	大今里ふれあい	1,090	2001.3	工場跡地
東小橋	9,680	1959.1	復興区画整理	中本くすのき	2,615	2003.3	工場跡地

注1）平戸公園（3,044㎡）→今里片江区画整理における公園整備は1,831㎡、その後1970年に東成税務署跡（1,213㎡）を
　　公園整備し、両者を合わせて平戸公園となる
注2）東中本公園（8,293㎡）→神路区画整理における公園整備は4,142㎡、その後北側隣接部を拡張して運動公園（球場や
　　テニスコート）として整備された
参考）都市公園合計24か所 84,273㎡、うち近隣公園2か所（神路・東小橋）、街区公園22か所、都市公園のほか児童遊園
　　7か所 2,103㎡

園のうち現在の東中本公園がその例である。1942（昭和17）年に西今里公園約4,140m²（現在の公園の南半分）として開設されたが、その後隣接部の用地を含め運動公園（阪東球場と称した）として約7,380m²に拡張された。さらに公園地は街区全体に広げられて現在の東中本公園約8,290m²となった。詳細はわからないが、神路区画整理の公園の1つが中学校用地に転用されたことから、その代替え的な意図があったのかもしれない。もう1つこんな例もある。今里片江区画整理において整備された平戸公園1,831m²（1940年開設）は、戦後に実施された玉造復興区画整理において施行区域に編入され（1965年の設計変更）、公園とされた。その後、1970（昭和45）年に隣接街区（復興区画整理区域外）にあった東成税務署跡1,213m²を公園整備し、両方を合わせて平戸公園3,044m²とした。両者は連続一体化した公園ではないが、復興区画整理で整備済みの平戸公園（北側三角形の公園）をカウントしたことから、事後追加的な公園拡張のようになっている。

　このように、戦前期に計画された区画整理公園は、ここで取り上げたもの以外を含めて時代の荒波にさらされた。戦前に開設された公園は8か所（深江6か所のうち3か所、神路3か所全部、今里片江5か所のうち2か所）にとどまり、残りの公園地は整備保留とされた。また、戦時中はほとんどの公園地が食糧増産の農地・菜園と化してその機能を失った。既設の公園も柵や門、金属類の供出を含めて破壊されたという。そして戦後の復興期、先にみたようにいくつかの公園が学校等への転用によって潰廃に追い込まれた。

　誤解のないように少し補足すると、復興期における公園の潰廃は当区に限ったことではない。比較的規模の大きい公園を中心に全国の都市で進んだ。面積的には米占領軍による公園地接収や地方財源確保のための競輪・競馬等の公営競技への一時転用など、箇所数では学校（6・3制改革）を含む公共的施設への転用が多かったという。戦時期および戦後の10年間は公園史にとってはまさに受難の時期であった。

公園面積は1人当たり1m²程度

　こうして戦後から1965年頃までの20年間ほど、東成区の公園整備はもっぱら戦前区画整理公園の再整備や復興区画整理による公園整備が中心であった。そしてその後は、既に密集化した区画整理区域外での新規事業は難しく、整備実績は10か所1.41haに限られた。10か所の従前の用途をみると、神路小学校分校跡地1か所（校舎は1963年に取り壊され、翌年に大今里公園として生まれ変わっ

た）、千間川埋立て跡地2か所（千間川公園、千間川みどり公園）、残りの7か所は工場跡地の活用となっている。結果、2014（平成26）年4月現在の都市公園の整備状況は24か所、面積8.43ha、整備水準でみると、行政面積（東成区は4.55km²）に対する公園面積の割合は1.85％（大阪市平均4.03％）、人口1人当たりの公園面積は1.05m²（同3.34m²）となっていて、市内24区の中でそれぞれ22位、23位とどちらも低位に甘んじる。

　なお参考まで、都市公園の種類でみると、比較的規模が大きい近隣公園が2か所（最も大きい神路公園1.33ha、2番目に大きい東小橋公園0.97ha）、それ以外は生活に身近な公園とされる街区公園が22か所6.13haである。また、都市公園以外の公園では、100～500m²程度の自主管理型の小公園である児童遊園が7か所0.21ha（地域住民で組織された団体等が管理することを要件に、施設整備や管理経費等が補助される）となっている。

　改めて、戦前期に実施された神路区画整理の公園整備を思い起こそう。公園の受益率を組み込んだ換地処分が行われ、全国レベルでみても公園の公共性を前面に打ち出した画期的な事業であった（第1章「公園の公共性を強調した神路の区画整理」参照）。しかし、1928（昭和3）年の総合大阪都市計画で決定された大公園（片江公園2.2万坪）の整備が不発（復興公園計画で取り止め）に終わってしまったことを含め、その後の当区における公園整備は決して順調とはいえなかったようだ。

15　工都大阪の方向転換

　敗戦直後の大阪市内の工業は、5人以上の工場数でみると、戦前の開戦時と比べて約2割に激減、工業生産力では戦前の1～2割程度に落ち込んだという。工業の再建が本格化したのは統制の緩和が徐々に進むようになった1947（昭和22）年以降のこと、そして1950年に朝鮮戦争が勃発し、いわゆる特需景気（主として朝鮮地域の国連軍およびアメリカ対外経済協力局の軍需品調達、後には民生用の食糧・衣料にも及ぶ）をきっかけに大阪工業も復興の軌道に乗り、1950年代前半には工場数・従業者数ではほぼ戦前並みにまで回復した。ちなみに、戦後復興期の大阪における工業地形成をみると、戦前の立地を引き継ぐ形で3つの地域に分布している。1つは、鉄鋼・造船・機械などの大規模な重化学工業が多く立地する西大阪・北大阪の臨海部および淀川沿岸の工業地帯。2つは、機

械・雑貨・衣料品等を中心に中小零細工業が圧倒的に多い市内東部の3区（城東・東成・生野）や隣接市の布施（現東大阪市）・八尾などの東大阪の工業地帯。3つは、主として紡織工業が盛んな堺・岸和田・泉大津などの南大阪の工業地帯である。

既成都市区域と工場等制限法

　1955（昭和30）年の工業統計調査によると、大阪市内工業のウエイトは工場数・従業者数・生産額のいずれも大阪府全体の6割台となっている。昭和戦前期におけるそれは工場数では8～9割台、従業者数・生産額は7割台であったから、戦前に比べて市内工業の比重はかなり低下した。戦中および戦後復興の過程で工場の市域外への移転や地方への進出など、例えば、大工場は阪神間・播磨・和歌山方面へ、中小工場は堺や布施（現東大阪市）・八尾方面へと外延的に拡大化が進んだ結果である。

　また、同調査による市内工業の分布をみると、工場数で最も多いのが生野区、次いで東成区、城東区と続き、これら市内東部3区に集中している。従業者数でみた上位は東淀川→城東→東成の順、生産額では東淀川→大正→此花の順で北部西部の大規模工場地帯が高位である。当区（東成）は市内22区のうち、工場数で2位（市内総数の10.5％）、従業者数で3位（同8.5％）、生産額で6位（同6.1％）となっているが、単位面積当たりの工場数や従業者数、生産額でみると、いずれも市内第1位の高い値であり、間違いなく中小零細工場の高集積地の代表であった。

　ところで、その後の高度経済成長期、特に1960年代は大阪市内の工業にとっては大きな転換となった節目の時期である。国土レベルの計画（国土総合開発法に基づく全国総合開発計画）の一環で、1963（昭和38）年7月に2府6県（大阪・京都・兵庫・奈良・和歌山・滋賀・三重・福井）を対象とした近畿圏整備法が制定され、それに基づく第一次近畿圏基本整備計画が65年5月に決定された。府県の区域をこえた近畿大都市圏の地域を次の4つの区域、即ち①既成都市区域、②近郊整備区域（50km圏内）、③都市開発区域（50km圏外）、④保全区域（近郊緑地保全区域含む）に区分され、それぞれの区域の方向づけと事業内容を規定する関連法令を制定・実施された。詳細は省くが、大阪市の全域は、隣接する堺・布施（現東大阪）・守口の一部区域とともに、「既成都市区域」に指定された。

　既成都市区域は、人口・産業等が既に相当程度集中した市街地であり、従ってそれ以上の人口集積を抑制するため、工場等制限法が制定され（1964年制定～2002年廃止）、工場の分散や大学等学校の郊外移転などが推進された。「工都大

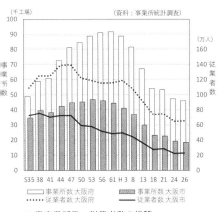

工業事業所数・従業者数の推移
（大阪府・大阪市）

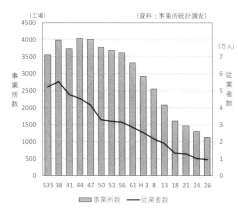

工業事業所数・従業者数の推移（東成区）

阪」の方向転換を迫る計画である。実際に、市域西部臨海部から北部淀川沿岸、南は大和川河口部にかけて集中立地する大工場と関連工場の多くが、閉鎖・移転・縮小に至った。当区を含む東部一帯（城東・東成・生野等）は典型的な中小零細の地場産業地帯である。大工場ほどの直接的な影響は受けなかったものの、工業の外延化や構造改善への要請など、制限効果がじわじわと効きはじめ、全体として衰退傾向を強めた。

　その後の動きを確かめてみよう（事業所統計調査）。大阪市内と大阪府下の工業の比重は、1970年代後半になると工場数・従業者数ともに後者の大阪府下が過半を占め逆転した。府下では東大阪や北大阪へ、特に当区を含む市内東部3区からは東隣りの東大阪市（中小の金属機械工業が中心）への移転が目立った。市内の従業者数のピークは1963（昭和38）年75.2万人、工場数のピークは1978（昭和43）年46,700工場、それ以降は従業者数・工場数ともに減少し、市内における脱工業化が進んだ。ちなみに、2014（平成26）年現在の大阪市内における工場数・従業者数は、それぞれ18,500工場、22.8万人となっており、ピーク時のそれと比べると工場数で約4割、従業者数では3割ほどに激減している。

市内を上回る東成区の脱工業化

　東成区の動きに注目しよう。従業者数のピークは1963年の5.5万人、工場数のピークは1969年で4,040工場、当区の工業地としての最盛期は1965（昭和40）年前後である。途中経過は省くが、2014年現在（1965年から数えておよそ半世紀）、工場数は1,130工場、従業者数は1万人を切って9,530人、それぞれピーク時

の3割弱、2割弱で、市内全体（それぞれ4割、3割）よりもさらに縮小化している。従業者数でみるとこの間、5人のうち4人がいなくなった計算である。

そういえばこんな話もある。東成区の工場は金属製品や機械器具製造が多く、中古機械品の売買も盛んであった。戦後、谷町や九条の有力機械業者が集まって、産業道路沿い（大今里—深江間）に今里機械街を形成した。高度経済成長期の後半、機械卸の流通団地計画の話が持ち上がり、今里・谷町・西淀などの機械卸業者は大阪機械卸業団地（東大阪市、1971年竣工）に集団移転することになった。団地発足のきっかけは、今里の組合員の名簿をいち早く府へ提出し、移転に積極的であったからだという（大阪機械卸業団地協同組合10周年記念誌『大阪機械卸業団地10年の歩み』1977）。実は、機械街を形成した産業道路（幅員24〜27m）は、復興街路計画で40m幅員の拡幅が予定されていた。「いずれ立ち退きが必要になる」という思いも重なっていたに違いない。「この拡幅工事ができれば、機械団地の方へいった店も戻し、店舗付きの住宅ビルにしたい」という地主さんがかなりいたという（東成区商店街連盟連合会『はばたく街-結成50周年記念誌』座談会1997）。しかしその後、拡幅計画は2013年の道路見直しで取り止めとなり（本章「復興街路計画の顛末」参照）、かつての機械街（産業道路沿道）もすっかりその表情を変えてしまった。

経済学研究者の宮本憲一は「製造業とくに都市性工業の衰退は、それに連動する第3次産業の衰退をまねき、やがて産業全体の衰退へとつながっていくのではないだろうか」と警鐘をならした（『都市経済論—共同生活条件の政治経済学—』筑摩書房1980）。また、当区を含む市内東部の中小零細工業の集積地を「近代都市計画のエアーポケット地帯」と称して、住宅と工場の共存的整備に向けたまちづくりの必要性も提起された（三村・北條・安藤『都市計画と中小零細工業』新評論1978）。しかしながら、高度経済成長期における工都大阪の方向転換は、初期の臨海部や淀川沿岸等の大工場を中心とした移転・縮小の動きのみでなく、当区のような高集積の都市型地場産業の基盤まで大きく崩してしまったことになる。

16　用途地域指定の変遷

節目となった1973年の新用途地域指定

戦後における大阪の用途地域の指定は、大きな制度変更時期でみると次の3つの指定がポイントである。①1950（昭和25）年に従来の市街地建築物法が廃

止され、それに代わる建築基準法制定による翌51年用途地域の指定、②1970（昭和45）年に基準法が改正され、それまでの基本地域4種類（プラス2つの専用地区）から8種類に細分化されたことによる73年新用途地域の指定、③1992（平成4）年の基準法改正（8種類からさらに12種類に細分化）による95年の新々用途地域の指定である。ちなみに大阪市内では、郊外部の良好な一戸建住宅地等に適用される低層の住居専用地域は指定されず、1973年指定では7種類、1995年指定では10種類の地域指定となっている。

　ところで、戦前期における用途地域の指定を改めて6大都市（東京・横浜・名古屋・京都・大阪・神戸）の比較でみると、工業系用途（工業・未指定地）の指定が大阪において最も多くなっていたことは既にみた。工都大阪の名の通り、1925（大正14）年の当初指定では、大阪55％と過半を占めるのに対して、他都市は横浜16％〜東京41％であった。そして戦後、大阪市の用途地域指定は、1951年では工業系（準工業・工業）が45％と戦前に比べ10ポイントほど低下、73年には工業系（準工業・工業・工業専用）が36％とさらに10ポイント近く低下し、住居・商業を中心にした指定に変わってきている。なお、その後の指定では3区分構成でみる限りあまり大きな変更はなく、2010（平成22）年現在も、住居系44％、商業系20％、工業系36％とほぼ同程度の構成で推移してきている。要するにこういうことだ。大阪市内の工業は、高度経済成長期の1960年代において脱工業化の方向に大きく転換したが、ちょうどそれを反映した形の1973（昭和48）年の新用途地域の指定が、その後の地域指定の基本となって現在に至っている。

半減した工業系用途地域

　東成区の用途地域に注目しよう。戦前期においてはほぼ全域が工業系用途（工業・未指定地）に指定されていたことは既にみた（第1章（「用途混合を容認するゾーニング」参照）。改めて振り返ると、1936（昭和11）年の指定では、今里ロータリーの一角が商業地域であったほかは、長堀線および大阪枚岡線（産業道路）以北の全域が工業地域、それ以南でも平野川の西側は特別未指定地（工業適地）、東側は未指定地となっていた。それが戦後の1951（昭和26）年指定では、鶴橋駅周辺、ロータリーを含む今里筋沿道、新道筋西半分などが商業地域に、大今里や大今里南の一部および復興区画整理事業区域（現在の東小橋・玉津・中道・中本の各一部）などが住居地域に、それ以外は工業系地域（工業・準工業）に、うち今里筋以東、新道筋以北の大部分はこれまで通りの工業地域となっている。この時

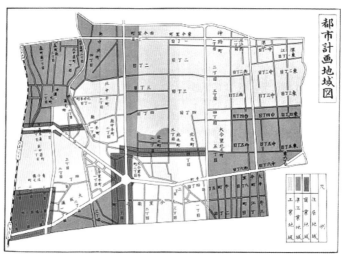

1951年用途地域指定図（東成区）　出典：『(旧)東成区史』

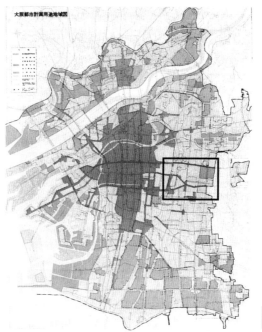

1973年用途地域指定図　出典：『大阪のまちづくり』の挿図に加筆

1951 (S26)	29	9	30	32
1973 (S48)	32	4	16	37	11
1995 (H7)	32	5	16	37	10
2010 (H22)	31	5	18	36	10

□住居系 □近隣商業 □商業 ▨準工業 ■工業

用途地域別指定面積の推移(東成区)
注)構成比は用途地域図の簡易測定による概数値
　住居系→1951・1973年は住居地域／1995・2010年は
　第1種住居地域(一部準住居地域を含む)

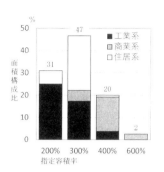

用途区分別指定容積率の面積構成
(東成区2010年)
注)構成比は簡易測定による概数値

の市の指定方針によると、戦災で焼失した工業地・未指定地は住居地域に、深江・神路、寝屋川沿岸、大阪城の東部エリアは工業地域の核として残すもの、とされていた(大阪市総合計画局「地域制の変遷について」1974)。

　続く1973(昭和48)年の指定では、特に工業・商業の指定変更が大幅であった。工業地域は深江北・神路の一部に限られ、1951年指定と比べると3分の1ほどに縮小された。一方、商業系地域は拡大され、主要道路沿い(中央大通・千日前通・長堀通・産業道路)での商業地指定や新道筋沿いは近隣商業地への指定変更などが行われた。またその後は、相生通り沿いが近隣商業地、豊里矢田線(疎開道路)沿いが商業地に加えられたが、それほど大きな変更はなく現在に至っている。

　以上を用途地域別面積比(簡易測定による概数値)の推移でみると、1951年には、住居系29%、商業系9%、工業系62%(うち工業地域32%)であったのに対して、1973年以降では、住居系31〜32%、商業系20〜23%、工業系46〜48%(うち工業地域10〜11%)となっていて、工業系用途が5割弱に縮小、戦前の指定と比べると半減している。

中層高密の市街地像

　なお、2010年現在の容積率・建ぺい率の指定状況をみると、今里筋以東、新道筋以北の大部分(1種住居・準工業・工業)が容積率200%、主要道路沿いを中心とした商業地域が400%(一部600%)、それ以外の地域(近隣商業・1種住居・準工業)が300%となっていて、指定容積率200%・300%が圧倒的に多い。また指定建ぺい率でみると、工業地域およびJR環状線沿いの準工業地域(両者の合計面積は全体の2割弱)は60%指定、それ以外の区内の大部分は80%指定となっている。

話が技術的でかなり細かくなるが、上記の建ぺい率80％指定には説明が必要だろう。もともと住居系・工業系の建ぺい率は60％、商業系は80％と定められていたが、大阪市は2004年に、老朽木造住宅の建て替え促進等を目的に「第1種住居地域、第2種住居地域、準住居地域（風致地区は除く）のすべてと、準工業地域の一部について、指定建ぺい率を60％から80％に変更（大阪市建築基準法施行条例改正）」したからである。

　緩和規定といえば、前面道路幅員による容積率制限にも注目したい。市は同様の趣旨で「第1種住居地域、第2種住居地域、準住居地域（風致地区は除く）においては、前面道路幅員による容積率低減数値を0.6」とした。例えば、指定容積率200％で前面道路が4mの敷地の場合には、低減数値が0.4（住居系地域の従来の規定）であれば、建てられる容積率は4（m）×0.4＝160％であるが、0.6であれば、4（m）×0.6＝240％となって指定容積率200％まで建てられることになる。東成区に当てはめると、基盤整備が不十分な大今里や中本・中道などでは狭あいな道路が多く、前面道路制限の影響は大きい。約3分の1を占める当区の住居系地域は、1種住居・指定容積率200・300％、指定建ぺい率80％が基本であるから、前面道路幅員4〜6m、狭小敷地を前提としても3〜4階建は許容範囲である。緩和措置の評価は別に譲るとして、当区の将来土地利用は、制度上において中層高密の市街地像がイメージされている。

17　決着した市域問題とまちなか化

コンパクトな大阪市域

　話はかなり前に戻るが、当地および周辺町村が大阪市に編入されたのは1925（大正14）年のこと、いわゆる「大大阪」が誕生した第2次市域拡張の時である。そしてその後も隣接町村を中心に大阪市への編入要請は続き、1939〜43年にかけて、当時の国防国家政策を背景にして市域の再拡張に向けた大合併構想が検討された。開戦の年の1941（昭和16）年に策定された市域拡張案は3案、これに当面の現実的な最小範囲の拡張案（数次の拡張を想定）を加えて4つが示された。

　最も大規模な拡張案は、都心からおよそ半径16km圏、東部は生駒山地による府県境まで、北部は池田市から兵庫県川西町・伊丹市・尼崎市まで含み、南部は堺市も合わせた合計7市17町69村、面積約620km²を編入対象（編入後の市

域面積809km²）とした広大なものだ。「産業・防空・衛生上理想的大阪市建設の総合的大計画の樹立」を可能ならしめようとしたものだが、当時検討されていた大阪緑地計画（第2章「戦時体制下で計画された大公園緑地」参照）の範囲とほぼ一致する。一方、最も狭小とする案では、吹田・布施の両市を含む隣接町村（現在の豊中・摂津・守口・門真・八尾などの一部区域等）の2市6町12村、面積約105km²（同294km²）、先の大規模拡張案の6分の1ほどを対象としたものだ。しかし、これら行政区域の再編は戦時体制下、激化する戦局のなかでついには立ち消えになった。

　戦後、合併問題は再び浮上し、改めて都市計画からみた大阪市域についての適切な範囲や実現性等の検討が行われ、1951・52年にかけてほぼ先の狭小案に近い市域拡張案（編入後面積321km²、豊中・吹田・守口・布施・八尾の5市を含む）が策定された。しかしこの案も、当時の大阪特別市制実施の問題をめぐり府市の間で政治問題化していたこともあって、結局のところ合意には至らなかった。そして1955年4月、そのごく一部の周辺6か町村約20km²のみが大阪市域に編入され（いわゆる第3次市域拡張）、長年の懸案であった市域問題は決着した。大阪市の面積（拡張当時202km²）は、東京（区部）はもちろん、横浜・名古屋・京都・神戸といった大都市の中で最も小さい。かつての「大大阪」の名はこうして懐かしい言葉となった。

いわゆる人口のドーナツ化

　ところで、1950年代後半以降は都市が大きく変わり始めた時期である。経済の高度成長期に入って、人口・産業の急激な都市集中が進み、都市の膨張・拡大が再び始まった。市域が狭い大阪市はすでにほぼ全域が既成市街地化しており、これに地価の高騰なども加わり、増加する人口の受け皿はもっぱら市域周辺部、さらには遠郊外部へと拡がった。大阪市の人口は1960（昭和35）年に300万人の大台に戻り、ほぼ戦前期の人口に回復したが、1965年には316万人でピークを打ち（戦前のピークは1940年の325万人）、その後マイナスに転じている。この間の社会動態に注目すると、1963年に転出超過（転入より転出の人口が上回る社会減）に転じており、市の人口動態の構造が大きく変化していた。

　1960年代前半の人口の動きをやや詳しくみると、大阪市内は都心区を中心に半分以上の区（東成区を含む）がすでに減少に転じたのに対して、北部から東部にかけた周辺市町村、とくに豊中・吹田・摂津（当時は三島町）・茨木・高槻・枚方・寝屋川・門真・大東・東大阪（当時は布施・河内・枚岡の3市、1967年に合

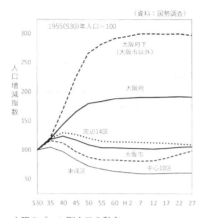

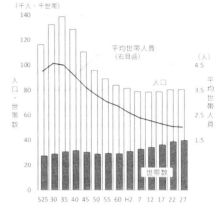

大阪のゾーン別人口の動向
注) 中心10区→都心3区＋都心周辺7区
　　周辺14区→都心・都心周辺区以外

東成区の人口・世帯の動向　　資料：国勢調査

併)・松原などの周辺市では増加率50％を超えるほどのすさまじい増勢であった。市内人口は中心部から次第に空洞化が始まり、いわゆる人口のドーナツ化現象が進みつつあった。

　ちなみに、都心3区（北・中央・西の3区、旧大淀区を含む）の人口は1960年の約35万人から、1980年には約20万人と20年間で4割以上減少した。また、市内周辺区に当たる東成区においても、1960年の13.9万人でピークアウト（戦前のピークは1940年の15.4万人）、以後は減少に転じ、30年後の1990（平成2）年以降は8万人前後で推移している。戦前ピーク時と比べると半減である。万博開催をテコにした都市改造で街は格段に便利になったものといえるが、それが大阪市内（「都心」および「まちなか」）の定住化には直接結びつかなかった。凄まじいまでの「郊外化」が進んだのだ。

　参考まで、豊中・吹田の両市にまたがるわが国最初の大規模ニュータウン建設である千里ニュータウン（大阪府企業局、開発面積1,160ha、計画人口15万人、建設戸数約4万戸、事業期間1960〜1970年）の入居開始は1962（昭和37）年のこと、堺市・和泉市の丘陵地帯に広がる泉北ニュータウン（同企業局、開発面積1,557ha、計画人口約18万人、計画戸数約5.4万戸、事業期間1965〜1983年）の入居開始は1967年である。前者は都心から10〜15km、後者は20〜25kmほどの位置にある。

　また、1970年代は団塊世代（戦後すぐの1947〜49年生まれの世代）の世帯形成

期とも重なり郊外化が一段と進んだ。1990（平成2）年時点の大阪市への通勤率（各市町村の常住就業者の内で大阪市へ通勤している者の割合）をみると、その値30％以上の高い比率の自治体は、大阪府下12市（豊中・吹田・堺ほか）、兵庫県下2市、奈良県下7市町、合計21か市町に及び、都心から30km圏に拡がっている。

　もう1つ、大都市圏レベルでみた近年の人口の動きにも注目したい。京阪神圏（大阪・京都・兵庫・奈良の2府2県）は、一極集中の東京圏は言うまでもなく、名古屋圏に比べても人口減少時代の先取り的な様相をみせているという。京阪神圏のみが1973（昭和48）年の第一次石油ショックを契機に、その後一貫して人口の転出超過の傾向が続いている。総人口は2015（平成27）年に減少に転じ、郊外部を中心に縮小化へそのベクトルが確実に変わりつつある。将来予測では、いずれ人口・世帯数ともに減少する本格的な減少期を迎えることも指摘される。都心・まちなか・郊外のそれぞれにおいて、「共生」をキーワードとした再編・再生のあり方が改めて問われる時代となっている（広原・高田・角野・成田『都心・まちなか・郊外の共生―京阪神大都市圏の将来―』晃洋書房 2010）。

第4章　まちなかの持続と再編

　1970 (昭和45) 年の万国博開催前後を境に、わが国の都市計画・まちづくりの環境が大きく変わった。1968年の新都市計画法制定と1970年の建築基準法の大改正により、街づくりの基本法体系が全面的に改訂された。都市計画といえば国の仕事とされていたものが、地方自治体に決定権限が委譲され、住民参加制度も導入された。1980年には地区レベルの詳細計画として地区計画制度も創設された。都市計画研究者の石田頼房によると、1970年前後を境に、それまでの近代都市計画とは区分し、現代都市計画と呼んだ(『日本近現代都市計画の展開』2004)。

　さて、住民主体と都市計画行政の分権化を目指した「現代都市計画」の展開もすでに約半世紀が経過する。特にこの間、1995 (平成7) 年の阪神・淡路大震災や2011 (平成23) 年の東日本大震災の経験は衝撃的であった。都市の防災・減災への対応がこれまで以上に強調され、地域のコミュニティパワーや市民活動の重要性も再認識された。

　まだまだ記憶に新しい話題だが、新都市計画法(現代都市計画)の下でのおよそ半世紀、この間の地域まちづくりの展開を追ってみよう。

1　新しい計画とまちづくり運動のはなし

2つの新しい計画制度

　計画の歴史を改めて振り返ると、1960年代後半(高度経済成長期の後半)は大きな転換期であった。1968 (昭和43) 年に街づくりの基本法となる都市計画法が50年ぶりに全面改正され、翌69年には地方自治法改正により、市町村に「その事務を処理するに当たっては、議会の議決を経てその地域における総合的かつ計画的な行政の運営を図るための基本構想」の策定が義務付けられた。

　前者の都市計画法の全面改正は、もともと戦後の新憲法と地方自治法施行に際して、全面的な見直しが行われる必要があったものだ。それが先送りされ、この20年余の間、戦前のカタカナで書かれた時代遅れの法律条文がまかり通っていた。わが国の都市計画は、明治期以来一貫して国が決定権限をもち、国

家の事業と性格づけられ、「依らしむべし知らしむべからず」の支配原理を色濃くしていた。1949 (昭和24) 年のシャウプ勧告や翌50年に出された「行政事務再配分に関する勧告 (地方行政調査委員会議)」の中でも、都市計画は「市町村の事務とし、市町村が自主的に決定し、執行する」ものという勧告を行い、1919年都市計画法による旧体制は「地方自治体の自主性を阻害する」と厳しく指摘していた。こうした勧告を受ける形で、その後改正に向けた動きはあったものの、結局流産に終わったという経緯がある。

　先延ばしになっていた改正の主な論点は3つあった。①都市計画の決定権者の問題、②住民参加のしくみ、③不十分な土地利用規制の強化についてである。そしてこれらは1968年の全面改正で、①は都市計画法の決定権限を知事・市町村へ移譲 (旧法では形式上はすべて建設大臣が決定)、②は法定手続きとして、計画決定前の公聴会や案の縦覧・意見聴取などによる住民意思の反映を規定 (住民参加制度の導入)、③は計画技術制度の話になるが、区域区分制度 (一般に「線引き」と称される) や開発許可制度、用途地域制の細分強化などが組み入れられ、新しい現代的な都市計画法として生まれ変わった。

　後者の地方自治法で定める基本構想は、10〜20年程度の将来目標像を描いた「基本構想」の下に、5〜10年程度の施策レベルの「基本計画」と3〜5年程度の事業レベルの「実施計画」を置く構成で、これら3点セットで一般に「総合計画」と称されてきたものだ。市町村における最上位の計画として位置づけられ、具体的な施策については例えば、都市計画や環境・エネルギー、教育・文化、福祉・健康、産業などの分野別計画を策定する場合が多く、各行政分野を束ねるような計画となっている。後述する「大阪市総合計画」もその一例であるが、中小の市町村を含めてほとんどの自治体がこの総合計画を策定したから、地域自治や計画的な行政運営を考える大きな契機となった。

　つまり、これら2つの新しい計画制度は、これまで国が中心になって進めていた計画づくりに対して、住民と市町村自治体 (住民自治・行政自治) を基礎にした計画づくりに大きく転換していく第一歩を踏み出したことである。そして、こうした動きの背景には、高度経済成長期におけるトップダウン方式の都市開発・地域開発に反対し、抵抗する住民運動・市民運動が多方面で展開したことも見落とせない。

市民まちづくり・地区まちづくり

　1960年代から70年代、大阪市内においても、最も公害の被害が大きかった

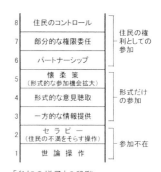

左）市民手づくりの中之島まつり第1回 (1973) ポスター
右）第48回 (2019) 中之島まつり
ポスター・写真の提供：中之島まつり実行委員会

8	住民のコントロール	住民の権利としての参加
7	部分的な権限委任	
6	パートナーシップ	
5	懐柔策（形式的な参加機会拡大）	形式だけの参加
4	形式的な意見聴取	
3	一方的な情報提供	
2	セラピー（住民の不満をそらす操作）	参加不在
1	世論操作	

「参加の梯子」8段階
出典：米国の社会学者（アーンスタイン）
による「住民参加」の概念

　西淀川住民の公害反対運動をはじめ (1969年に全国6か所の公害病発生地域の1つに認定され、「西淀川公害患者と家族の会」が発足、都市複合型公害訴訟の先駆けとなった)、道路公害反対運動 (淀川南岸の中津コーポ高速道路に反対する会の運動など)、日照権を守る運動 (当区の今里ロータリー周辺でも日照紛争訴訟があった)、研究者・学者を中心とした難波宮跡保存運動、建築家・都市計画家ほか幅広い市民が集まった中之島景観保存運動 (中之島をまもる会) などが代表的である。これらはいずれも開発に対する抵抗運動の側面が強いが、例えば「中之島をまもる会」の運動はその後、大阪都市環境会議 (愛称「大阪をあんじょうする会」1979年発足) につながり、わが街再発見運動 (街歩き・街語り) や市民のサロンづくりなど、手弁当の中之島まつりの運営を含め、人々の交流を基本にした提案型の市民まちづくり運動へ発展した。

　またこの時期、既成市街地の居住環境整備を目指す地区まちづくり運動も芽生えた。例えば、豊中市庄内地区、神戸市真野地区などは当時の先進的な取り組み事例である。庄内地区は、1950年代後半以降に基盤未整備のまま急激なスプロール開発によって形成された木造住宅密集地域 (住宅は長屋・文化住宅・木造アパートが大半)、一方の真野地区は、大正期の耕地整理を基盤に戦前長屋と小中工場が多く立地する典型的な住工混合地域である。どちらも居住環境面の問題を抱え、1965年前後から地域ぐるみの活発な住民運動が展開された。庄内では豪雨浸水、工場公害、航空機騒音等の対策運動や地域施設の整備などの居住環境改善を求める運動が、真野では公害防止を求める運動をきっかけに、地域の改善運動や公園・保育所等の施設整備、生活防衛や地域福祉に及ぶまちづ

くり運動が、それぞれねばり強く展開された。

　こうした住民運動の成果を背景に、行政側もこれに応え、いわゆる住民参加による地区レベルの計画づくりがスタートした。庄内では住民懇談会や4つの地区に再開発協議会が組織され、住民・行政・専門家グループの協同的取り組みを基調に、1980(昭和55)年には各地区の整備計画をまとめた「庄内地域住環境整備計画」が策定された。真野地区でもまちづくり懇談会や住民・行政・専門家の3者からなるまちづくり検討会議が設置され、同80年に「真野まちづくり構想」が提案された。

　新都市計画法の下での1970年代の10年間、住民運動のひろがりや住民・市民のまちづくりへの参加、自治体による先進的・実験的なまちづくりの試み(協議方式のまちづくり)など、これら新しい動きを反映して、1975年前後から住環境整備の制度創設が相次いだ(74年「過密住宅地区更新事業」、77年「住環境整備モデル事業」、82年「木造賃貸住宅地区総合整備事業」など)。また、1980年には都市計画法の改正により、比較的狭い範囲について計画する地区計画制度が創設された。「まちづくり」という言葉が市民権を得るようになったのもこの頃からである。昨今では普通に使われるこの言葉には、もともと「住民・市民の自治の力をもとにしたコミュニティ活動」という意味が込められていた。

2　大阪市総合計画の策定

　大阪市の計画づくりの歴史は古い。市制施行(1889年)以降の主な計画をみると、未完に終わった1899(明治32)年の「大阪市新設市街地設計書」をはじめ(第1次市域拡張に際して策定された大阪の都市計画の最初のもの)、1928(昭和3)年の大大阪建設の設計図とされる「総合大阪都市計画」(第2次市域拡張を踏まえて策定された総合的な計画の先駆けとなったもの)、敗戦後もいち早く着手された「大阪復興都市計画(基本方針)」などが挙げられる。

近畿圏広域計画と大阪市総合計画

　ところで、戦後復興期から1950年代後半以降の高度経済成長期に入ると、経済の効率・成長を重視した国主導による国土および広域都市圏(大都市圏・地方都市圏)レベルの計画策定が先行した。近畿圏においても1963(昭和38)年に2府6県を対象とした近畿圏整備法が制定され、それに基づく近畿圏基本整備計画(第一次)が1965年5月に決定された。それによると、大阪市の全域は「既

成都市区域」とし、人口集積を抑制するための工場等制限法の制定による工場の分散や大学等学校の郊外移転などが推進された。脱工業化の一方で、都心部は中枢管理機能に純化する業務施設化の方向を打ち出し、都心の再開発や副都心の形成が重視された。また、先の工場等制限法による区域指定は、臨海部の公有水面埋立地で除外されたため、新規開発はもっぱら大阪湾の埋め立てに大きく依存した。都心や工場跡地等での再開発、臨海部の埋め立てと新しい都市機能ゾーンの創出、万博開催をテコにした高速道路網や地下鉄網の整備など、大都市圏ネットワーク化に向けた都市産業基盤を重点とした事業が優先された。

こうした動きに対して、大阪市独自の長期ビジョンの策定への要請も強かったようだ。1963年に就任した中馬馨市長は、翌年の春、条例に基づく総合計画審議会(会長は当時の阪神高速道路公団理事長の栗本順三)を設置して計画の策定を諮問した。そして1967年3月に、「大阪市総合計画基本構想一九九〇(第1次)」が全国に先駆けて策定された。いわゆる「地方自治法に基づく総合計画」に類するもので、計画期間は25年間ほど(おおむね1990年目標)、実施計画は10年間(1966〜75年度)としている。また、将来目標像として「西日本の経済中枢都市」と「良好な生活環境」の2つのキーワードを掲げ、前者は東京と並ぶ業務中枢地の地位を強化するための都市基盤の整備を、後者はコミュニティづくりの基礎となる市民生活の単位として近隣住区構想(人口1万人程度の日常生活圏を単位として公共施設を整備)を打ち出した。

総合計画「街づくり編」≒近畿圏広域計画

詳細は省くが、前者は「街づくり編」として、土地利用、都市交通、港湾、河川、再開発など、後者は「市民生活編」として、住宅供給、公園緑化、上下水道、保健衛生、清掃、公害防止、文教、社会福祉、消費流通など各施設等の計画をまとめている。また、街づくり編は、先の近畿圏の広域計画とほぼ重なるものであり、実施レベルでも1960年代後半はもっぱら政府決定した万国博関連事業を中心に展開した。一方の市民生活編での近隣住区構想は、政府のコミュニティ政策(1971年の自治省「コミュニティ対策要綱」に基づく全国83か所を対象にしたモデル・コミュニティ事業)に先立ち、臨海部の大正区千島地区、港区池島地区(後に自治省モデル・コミュニティ地区に指定)などで独自の施策を推進するなど、コミュニティづくりの先駆けとなる取り組みが試みられた。

1967年総合計画は、その後10年を経た1978年に改定されて「大阪市総合計画一九九〇(第2次)」が策定された。また、節目の1990年には2度目の改定と

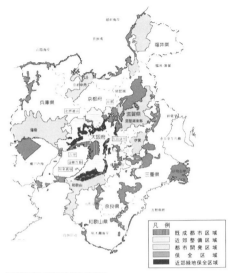

大阪地方計画地帯構想図
出典：『大阪百年史』

近畿圏整備法政策区域図
出典：国土交通省近畿地方整備局資料

して21世紀中葉を視野に入れた「大阪市総合計画21」が、さらに2005年には3度目の改定として「大阪市総合計画（基本構想・基本計画）」がそれぞれ策定され、現在に至っている。この間およそ半世紀、特に総合計画が描く「将来目標像」に注目すると、次のように変化している。

当初の67年計画では「西日本の中枢都市」と「良好な生活環境」の2つがキーワードであったが、78年計画ではこれに「新しい文化の創造」が加わり3本立てになった。そして90年計画ではさらに21世紀を目ざした「世界都市（世界経済への貢献、世界との交流）」のキーワードが加わり、目標像が大きく見直された。すなわち、これまでの「西日本の中枢機能都市」から21世紀には「国際中枢機能の強化」を図るとする、国内目線から世界目線へ視座が広げられた形だ。総合計画の代表的なキーワードが「世界都市」と「市民生活」ということだ。

3 2つのキーワード「世界都市」と「市民生活」

世界都市大阪づくり

1990年計画（大阪市総合計画21）で「世界都市」が浮上した背景にはこういうことがあった。1つは、国土および近畿圏レベルの広域計画の見直しである。

従来の東京と大阪の二眼レフ型国土構造の実現目標は、実際には一向に進まず、逆にこの間「東京一極集中」はとどまることなく、したがって首都圏と近畿圏の業務機能格差はますます拡大の傾向を強めた。大阪市総合計画の昼間就業人口の目標値をみると、67年計画315万人→78年計画290万人→90年計画260万人と一貫して下方修正を余儀なくされた。東京と並ぶ「西日本の経済中枢都市」の目標像が実態に合わなくなってきたのだ。また、1988年に策定された第四次近畿圏基本整備計画（前年に策定された国の四全総を踏まえた計画）では、近畿圏の活力低下が意識される中、新しい近畿の創生を目ざす基本的方向として、「大阪・京都・神戸

大阪市の総合計画の表紙
（第一次～第三次）

を中心とする多核連携型圏域構造の形成」や「世界都市機能が集積する国際経済文化圏の形成を図る」などを挙げている。要するに「世界都市としての役割」を付与することで、東京圏一極集中の分散の受け皿になるように期待されたのだ。

　もう1つは、地元大阪でのさまざまなイベント開催による世界都市に向けたキャンペーン活動である。1982（昭和57）年に行政と経済界（大阪府・大阪市・大阪商工会議所・関西経済連合会・万国博記念協会）などが中心となって、大阪21世紀協会（初代会長松下幸之助）が設立され、翌83年10月、世界都市大阪づくりを目ざす「大阪21世紀計画」の取り組みがスタートした。「大阪築城四百年まつり」に始まり、御堂筋パレード、「世界帆船まつり」など、さらに89年には「市制百周年記念事業（1889年の大阪市制の施行から100年）」を、翌90年には鶴見緑地を主会場とする「国際花と緑の博覧会」の開催などである。1970年の万国博開催の成功体験で、80年代に入って再びビッグイベントに目が向けられ、火がついた形である。

　これらイベントに並行して世界都市大阪づくりに向けた新しいプロジェクトも次々と計画され、着工された。その代表が、臨海部の3つの埋め立て地を対象地域にした「テクノポート大阪計画」（咲洲の一部、舞洲、夢洲の合計775ha）である。1983年8月に市制百周年記念事業の1つとして発表され、基本計画は88年7月に策定された。国際交易・情報通信・先端技術開発といった3つの中核機能を集積させ、常住人口6万人、就業人口9.2万人、昼間人口20万人の新都

心の形成を目ざすとしている。初期の主要プロジェクトをみると、咲洲北側エリアにおいて、①世界最大級の展示エリアをもつ国際見本市会場「インテックス大阪」、②複合情報型国際卸売センターとして「アジア・太平洋トレードセンター（ATC）」、③国際交易機能の中心的役割を果たす「大阪ワールドトレードセンター（WTC コスモタワー）」、④情報通信機能の核となる「大阪テレポート」などの整備が行われた（いずれも 1985 〜 94 年に開設）。施設名にカタカナ文字が並ぶが、これも世界標準ということかもしれない。

　また、テクノポート大阪計画の一環で、舞洲（北港）エリアではその約半分（130ha）を、「スポーツアイランド」として大規模なスポーツ・レクリエーション施設の整備が行われた。1990 年代後半からおよそ 10 年間、2008 年の夏季オリンピックの大阪招致が構想され、開催が決まればここにメインスタジオとして陸上競技場を建設する予定だったが、招致は失敗（北京に決まった）に終わっている。なお、1994 年 9 月 4 日は「関西国際空港」から一番機が飛び立った記念すべき日で、文字通り「世界に開かれた大阪の玄関口」となったが、空港建設や大阪ベイエリア開発はオリンピック開催を前提に建設投資が行われていたため、一部には前のめりとの批判もあった。

市民生活の主要施策

　さて、「世界都市」のキーワードに対して、「市民生活（生活環境）」に関連するいくつかの取り組みに注目しよう。

　1 つは、人口回復に向けた「住」機能強化の取り組みである。当初の 67 年計画では目標年次の常住人口は 350 万人（90 年目標）としたが、現実の人口動向は 65 年に 316 万人でピークを打ち、郊外への人口流出に歯止めがかからなかった。78 年計画ではそれを 300 万人（90 年目標）に、さらに 90 年計画では 280 万人（2005 年目標）にそれぞれ下方修正された。こうした人口減少への危機感から、2 期目の 78 年計画では「人口の呼び戻し」が急務とされ、「居住機能の向上を図り、職住近接を進める」とする住宅政策を前面に押し出した。3 期目の 90 年計画もほぼ同様であり、「魅力ある大都市居住の実現（91 年大阪市住宅審議会答申）」が強調された。いくつか実例でみると、大川沿いの大工場跡地等での住宅開発（毛馬・大東地区、淀川リバーサイド地区、桜之宮中野地区など）や東成区周辺では砲兵工廠跡地の森之宮住宅団地（公団・公社）、当区の例では規模はさほど大きくないが大阪ガス（ガスタンク）跡地の公団住宅（97 年建設、アーベイン緑橋 294 戸）の建設などが挙げられる。

主なコミュニティ関連施設（東成区／2019年4月現在）

施設系		施設名	数	施設系	施設名	数
社会教育・文化		区民センター	1	体育スポーツ	スポーツセンター	1
		地域集会所	11		運動場	2
		図書館	1	公園	近隣公園	2
		生涯学習ルーム	11		街区公園	22
社会福祉	子育て	子ども・子育てプラザ	1		児童遊園	7
		保育所	14	学校教育	幼稚園	7
	障がい者	障がい者相談支援センター	1		小学校	11
		地域活動支援センター	2		中学校	4
	高齢者	老人福祉センター	1	・保育所：他に小規模保育5か所		
		老人憩の家	11	・スポーツセンター：体育館・屋内プール・トレーニングルームなど		
	高齢介護	在宅サービスセンター	1	・運動場：神路公園・東中本公園		
		地域包括支援センター	2			

参考）東成区指標（2019年3月末現在）
　面積：454（ha）　人口：83,575人　世帯数：46,136世帯
　人口密度：184人／ha　高齢者比率25.1%（後期高齢者比率13.2%）

　2つ目は、生活環境の充実に向けたコミュニティ施設の整備である。67年計画で近隣住区構想（人口1万人程度の小学校区レベルを近隣住区として地域の基礎単位とした）が打ち出され、その後の機構改革（73年に総務局に市民部振興課、区役所に区民室を新設）や行政区再編（74年に22区から26区へ再編、なお89年に合区が成立し24区制になり、現在に至る）を通して、区役所をコミュニティづくりの拠点と位

東成区民センター（2010.12竣工）
出典：『東成区赤十字奉仕団・東成区地域振興会設立記念誌』2017.12

置づけるとともに、行政区レベルの活動を中心に区民センターなどの施設整備が進められた。また、75年4月には小学校区単位に地域住民の自主的な地域集会所づくりに対する補助金交付制度も導入された。さらに、78年計画では人口2〜3万人前後、面積100ha程度（おおむね中学校区レベル）を住区規模の標準として、地域の広がり（住区―行政区―4〜5行政区―全市域）に応じた広域レベルにわたるコミュニティ関連施設（学校教育、社会教育・文化、体育・スポーツ、集会、社会福祉、保健・医療、公園など）の体系を整理し、計画的な施設整備を目ざすものとした。

老朽木造住宅の分布状況
出典:『新修大阪市史』第9巻 p.144(『大阪市の住宅施策』1991より)

　東成区で整備された区レベルのコミュニティ施設をみると、1965年に開設された玉津会館(1941年開設の東成市民館が前身)を最初に、69年に区民ホール(区役所新築と同時に3・4階部分に併設)、74年に勤労青少年ホーム(現子ども・子育てプラザ)、76年には東成会館・図書館・老人福祉センター・休日急病診療所を併設する複合施設が開設された(図書館は「1区1図書館」を目標とする市の地域図書館建設計画による)。その後、2010年にコミュニティづくりの拠点施設となる区民センター(大小ホール・集会室等)と図書館の複合施設が新設され、玉津会館や区民ホール、東成会館および併設の図書館等の従来施設が廃止・再編された。一方、小学校区レベルの施設では、1970年代から老人憩の家、90年代から地域集会所や小学校の特別教室等を利用した生涯学習ルーム(生涯学習大阪計画による)などが各校区の身近な施設として整備された。

　3つ目は、上記2つの居住機能重視(住宅事業・コミュニティ事業など)の取り組みにも関連するが、いわゆる木造住宅密集地の面的な再整備についてである。2期目の78年計画によると、再開発必要地区を大別して次の3つ、①周辺部整備地区、②環境改善地区、③都心的機能整備地区に分け、それぞれについての再開発構想を示している。①は東淀川・鶴見・平野の市域境界部周辺で区画整

理を基本にした整備を、②は環状線の外周部に広く分布する老朽木造建物の密集地や住宅と工場の混在が著しい地区などで、当区を含む平野川を挟む両側一帯（城東・東成・生野）もこれに該当する。ここでは全面的な再開発だけでなく、工場や商店街の改造や住宅の改修など、それぞれの地区の状況に応じた修復型の街づくりがイメージされている。なお③は大阪駅前や阿倍野・弁天町駅前などの中心商業地における拠点型再開発である。①と③の詳細は別にゆずるとして、②の改善・修復型の住環境整備の取り組みは、淀川沿いの大工場等の跡地を利用した都島区毛馬・大東地区（「転がし事業」と呼ばれた過密住宅地区更新事業を活用して75年に着手された）がその事例として挙げられるが、まとまった土地が少ない当区のような内陸部の密集住宅地では全く手が付けられなかった。また、3期目の90年計画においても、その施策事項に「市街地の計画的な更新」や「老朽木造住宅密集地域の再整備」といった記述がわずかにみられるものの、施策としての具体性に欠け、事業化の優先度は低かったようだ。

　後で詳しく触れるが、市内における密集市街地問題への対応は、1990年代の中頃以降のこと、1995年1月の阪神淡路大震災が大きなきっかけであった。また、当区の一部（中本・今里）が地区レベルの取り組み対象として取り上げられるのは2011年3月の東日本大震災後のことである。

4　区民参加による計画づくり

　大阪市の24の行政区（市の下部機関）は実務上の行政区画であるから、地方自治法上の基本構想策定の義務づけは特にない。区民にとって身近な行政区レベルの「計画づくり」が長い間進まなかったのは、こうした制度上の問題も指摘される。ところで、阪神淡路大震災の経験は、それを契機に制度化された特定非営利活動促進法（1998年NPO法）に基づく活動とともに、区民の区政参加や区民の参加・協働による計画づくりを進める大きなきっかけにもなったようだ。

3点セットの計画づくり

　1990年の「大阪市総合計画21」の分野別計画の1つである「生涯学習大阪計画」に基づいて、2001年3月に「東成区生涯学習推進計画（ものづくり文化のまち・多文化共生のまち）」が策定された。前年に、20余りの地域団体で構成される東成区生涯学習推進区民会議が設立され、行政関係者（東成区生涯学習推進本部）とともに議論し、策定されたことから、区民参加型の計画づくりの最初のものと

いえる。

　この計画はその後、2005年の「大阪市総合計画（基本構想・基本計画）」の策定に合わせて、翌06年3月に「東成区生涯学習推進計画〜自律と協働の生涯学習社会をめざして〜」に改定されたが、ほぼ同時に「東成区地域福祉アクションプラン」および「東成区未来わがまちビジョン」が新たに策定され、これら3点セットの形で、区民の参加・協働による計画づくりの進展が図られた。

　さらにその後、2013年3月には「東成区将来ビジョン」（地域力、区役所力、安全・安心、子育て、教育、保健・福祉の6つの課題についての行政短期目標）が、同年5月から6月には、区レベルの地域防災計画と位置づけられる「東成区防災プラン」、先の地域福祉アクションプランと相互補完の関係とされる「東成区地域保健・地域福祉ビジョン」などが策定された。もっともこれらは、あくまで行政区の守備範囲内の施策領域に限られた計画であるが、当区における計画行政が着実に定着化しつつあることをうかがわせる。

　ちなみに、1969年の地方自治法改正による市町村の基本構想策定の義務づけは、その後40年余り経過した2011年の改正で、「国による策定の義務づけ」が廃止され、地域主権時代にふさわしいように、計画策定は条例化等によるそれぞれの市町村の判断・自主性に委ねられるようになった。従ってこれからは、当区においても、先の「東成区将来ビジョン」で掲げられた「地域力」「区役所力」の2つのパワーアップが本当の意味で試されることになりそうだ。

　参考まで、区民の参加・協働による計画づくりの先駆けとなった3点セットの計画、「生涯学習推進計画」「地域福祉アクションプラン」「未来わがまちビジョン」について、もう少しその内容（2006年3月策定の計画）を説明しておこう。

生涯学習と地域福祉のこと

　1つ目の生涯学習推進計画（「生涯学習大阪計画」の東成区版）は、「自律と協働の社会づくり」を基本理念とした社会教育分野の計画である。施策の体系として、①「市民力」を育む生涯学習社会づくり、②「まなび」を基本としたコミュニティづくり、③歴史・文化資源や自然環境・生活文化の再発見と発信、の3つを掲げ、情報の発信を含めてさまざまな学習・交流機会の提供を主な内容としている。具体的には、区における生涯学習プログラムとして各種の区民向け講演・講座・イベント・情報提供などに加え、小学校区を単位とした教育コミュニティづくりとして、生涯学習ルーム事業、はぐくみネット事業、いきいき放課後事業、学校体育施設開放事業などの取り組みが、学校施設の活用を中心として行

区レベルの計画一覧（東成区）

	計画名	計画の概要
生涯学習	2001.3 「生涯学習推進計画（ものづくり文化のまち・多文化共生のまち）」 2006.3 「生涯学習推進計画〜自律と協働の生涯学習社会をめざして〜」 2016.3 同上（改訂）	・「自律と協働の社会づくり」を基本理念とした社会教育分野の計画 ・内容：学校施設の活用を中心に、生涯学習ルーム事業、はぐくみネット事業、いきいき放課後事業、学校体育施設開放事業など ・関連計画：市「生涯学習大阪計画」
地域福祉・保健	2006.3 「地域福祉アクションプラン」 2011.3 「地域福祉アクションプラン／ステップアップ編」 2013.6 「地域保健・地域福祉ビジョン」	・「福祉のまちづくり」をめざす区民参画による行動計画 ・内容：校区レベルでは校下社協が中心となり、高齢者食事サービス、ふれあい喫茶、子育て・障がい者支援、高齢者見守り、敬老会の開催など ・関連計画：市「地域福祉計画」、市社会福祉協議会「地域福祉活動計画」 ・市「地域福祉推進指針」および区「将来ビジョン」を踏まえた保健・福祉分野の目標 ・「地域福祉アクションプラン」と相互連携の関係
まちづくり	2006.3 「未来わがまちビジョン」 2013.3 「将来ビジョン」 2013.5 「防災プラン」 2015.3 同上（改訂）	・「区民参加のまちづくり」の試みとして、区民主体で10年後のまちの将来像をまとめたもの ・地域力、区役所力、安全・安心、子育て、教育、保健・福祉の6つの課題についての行政短期目標 ・内容：想定される地震・風水害、自助・共助の取り組み（地区防災計画含む）、区役所の対応（公助）など

11の各小学校下の社会福祉協議会活動スローガン
出典：「東成区地域福祉アクションプラン」ステップアップ編 平成23年度

未来わがまち推進会議／平野川に掲げられた子どもたちによるモツゴののぼり　出典：『大阪日々新聞』2014.5.5掲載写真より

われている。なお、各校区の学習拠点となる「生涯学習ルーム」の運営では生涯学習推進員（市の委嘱、2005年度でみると区内の11小学校区で合計31名）が調整役としてサポートする仕組みとなっている。

　2つ目は地域福祉アクションプラン（市「地域福祉計画」および市社会福祉協議会「地域福祉活動計画」を上位の計画とする東成区版）である。区内に住むすべての人が安心して暮らしていくために、互いに「認め合い、支え合い、つながり合う」ことのできる「福祉のまちづくり」をめざす行動計画とされる。例えば、福祉まつり（ふれあい広場）の開催や高齢者等のおまもりネット事業、障害者や子育て向けのマップや冊子作成、福祉支援強化に向けた地域ケアネットワー

ク連絡会の開催(校下社協の地区ネットワーク委員会と地域包括支援センター、在宅介護支援センター、保健福祉センターとのつながり強化)などの取り組みである。また、小学校区レベルでは、各校下社会福祉協議会が中心となり、例えば、高齢者食事サービス、ふれあい喫茶、子育て支援、障害者支援、高齢者見守り、登下校見守り、敬老会の開催など、他にも、災害時の要援護者支援の検討、おもちゃ図書館、くらしリセット検討会議(ごみ屋敷生活者の支援)、買い物難民対策など、それぞれの地域の工夫でさまざまな取り組みが試みられている。なお、このプランの特徴は、特に目標年限の定めがなく、地域福祉アクションプラン推進委員会(区民、社会福祉の事業や活動に取り組む人たち35名以内で構成)を設置し、毎年その進捗状況を確認、評価し、プランのステップアップ、活動のステップアップを図りながら推進するという、実践的な仕組みとなっている。

区民参加のまちづくり

　3つ目の未来わがまちビジョンの検討は、市政改革の一環で試みられた「区民参加のまちづくり」として極めてユニークな取り組みである。各区で「未来わがまち会議(2004年)」が立ち上げられ、「自分たちのまちは自分たちの手で」を合い言葉に、10年後のまちの将来像を話し合い、各区それぞれで「未来わがまちビジョン(2006年3月)」がまとめられた。このビジョンを実現させるため、「未来わがまち推進会議」を発足させ、その後10年にわたる実践的なわがまちづくりをスタートさせた。東成区の取り組みでみると、未来わがまち会議(2004年9月発足)は、区内11校区の地域代表2名ずつ、地域の諸団体、公募区民など合計33名で構成、また、未来わがまち推進会議(2006年9月発足)では、「環境・景観」「安全・安心」「まちの賑わい・活気」「こども・高齢者」「広報」の5つのテーマが設定され、この間4回の「未来わがまちフォーラム(2008・2011・2014・2015)」を開催して活動の成果が発表された。主な話題は、①平野川や平野川分水路の環境問題、②防災活動や要支援者への対応、③商店街の賑わいづくりや歴史再発見、④「わがまち学校」開催による世代間交流など、いずれもまちの活性化につながる興味深い取り組みである。なお、最終のフォーラム2015では、未来わがまち推進会議の活動「10年のあゆみ」として総括され、わがまちビジョンづくりと実践活動は一区切りとされた。区民の参加・協働による「わがまちづくり」の取り組みは、行政区レベルの守備範囲や区民で可能な活動にも一定の限界があるものの、今後の地域のまちづくりを考えていく上で貴重な経験を重ねたものといえる。

5　商店街の盛衰とスーパー・コンビニエンスストア

　さて、話はがらっと変わって、商店街の戦後の移り変わりに焦点を合わせたい。敗戦後、東成区における商店街の立ち直りは極めて早かった。わずか5年ほどで商店街としての形を整えて、ほぼ戦前並に復旧したという。1950 (昭和25) 年の商業調査の結果によると、当区の店舗数は3,184店 (卸544、飲食店含む小売2,640) となっていて、1935年の状況 (店舗数3,570店、うち卸148、小売3,422、一部区外を含む) にかなり近い。また、1950年の建物用途別土地利用図をみると (口絵「建物利用図」参照)、玉造の東側、旧街道 (暗越奈良街道) の二軒茶屋から玉津橋まで (中道本通り)、さらに街道に沿って東に伸び、今里筋からは東西方向の新道筋沿いに店舗が張り付き、赤く塗られている。他にも今里ロータリー周辺や今里新橋通りの商店街、鶴橋駅周辺の商店街群なども赤色 (商業系建物) が目立っている。

鶴橋の「ごった煮商店街」

　鶴橋周辺 (城東線・近鉄線・千日前通・疎開道路に囲まれた地域) の商店街群は、戦後になって形成された新興商店街である。かなり特異な経緯をたどったので簡単に説明しておこう。戦争末期 (1944・45年にかけて) のこと、鶴橋駅付近は建物強制疎開の対象となり、近鉄鶴橋駅北側、城東線 (現JR線) を挟んで東西それぞれ100m、近鉄鶴橋駅の南北それぞれ30mほどの建物が撤去され、駅を取り囲む一帯が疎開空地となった (93頁「鶴橋駅周辺で実施された建物疎開の例」参照)。それが戦後になってほぼそのままヤミ市になり、1947 (昭和22) 年2月の大火でほとんど焼失するが、城東線と近鉄線 (奈良・三重方面に通じる) が交差する優位な立地性からまたたく間に再建された。1946～51年の間に6つの商店街 (合計会員数約600) が設立され、一部小売を含むが、卸売を中心に (衣料品・菓子類・乾物類・鮮魚類・青物類・食料品など)、「鶴橋に行けばなんでも揃う」というよろずや的専門商店街としてスタートした。「近鉄沿線はもとより各地よりの仕入客が殺到した (『旧東成区史』)」とされ、少なくとも復興期から高度経済成長期にかけてどの商店も殷盛を極めた。

　もう1つ付け加えよう。鶴橋と聞けば、「キムチと焼き肉の本場」とのイメージも強い。1970年代後半以降、特にソウルオリンピック開催 (1988年) をきっかけとする韓国ブームを背景に、メディアが大きく取り上げたからだ。当初の卸売専門から小売店化へ、さらに商店街として異色なコリアンカラー化へ、それ

丸小鶴橋市場商店街 中央会
出典：『はばたく街』

神路一番街商店街（アーケード完成祝い）
出典：『はばたく街』

は、ヤミ市的稠密な「古い鶴橋」と民族色豊かな「新しい鶴橋」が混在した、まさに「ごった煮商店街」として現在に至っている（藤田綾子『大阪「鶴橋」物語―ごった煮商店街の戦後史―』現代書館2005に詳しい）。

娯楽街の今里新橋通商店街

　当地の2つの商店街、今里新橋通商店街と新道筋商店街の歩みに注目しよう。まず、前者の今里新橋通商店街である。この商店街は、市電今里終点付近という立地性から（正確に言うと、市電今里終点と今里新地花街を結ぶ商店街）、戦前において4つの劇場（新橋座・二葉館・今里劇場・大黒館）が開かれ大阪東南随一の賑わいをみせ、戦後も映画館3つ（1946年4月開設の松竹ほか東映・大映）、演芸場1つ（49年12月再開の二葉館）の開設を含めていち早く活気を取り戻した娯楽街としての性格が強い商店街である。1951年にはネオン式鈴蘭灯や天幕の設置をはじめ、57年にはアーケードを完成させるなど、天神橋筋や心斎橋筋に先んじて魅力アップの商店街整備にも取り組んだ（心斎橋筋の豪華アーケードの完成は1959年12月末）。しかしその後、1969年（万博開催の1年前）に市電が廃止されると、それに前後して映画館・演芸場も閉鎖され、商店街の賑わいも下降線にむかった。1996年（店舗数50店）に道路のカラー舗装を、近年ではアーケードの撤廃（青空オープン化）を行い、心機一転を図るも、店舗の閉鎖や建物の用途変更などの動きは止められず、現在の商店街は、往年の隆盛は嘘のように影をひそめている。

11の商店会がつながる新道筋商店街

　次は、新道筋商店街である。今里・神路・深江の新道筋の商店街（東西約1,700m）が、戦後1946～51年にかけて新生の商店会を相次いで立ち上げたことは既にみた（第3章「ヤミ市からの再スタート」参照）。東西方向西端から順に、今里校下

で今里新道筋商店街連盟(150店)・今里新道筋中央商店会(60店)、神路校下全域で神路商店街連盟(350店)、深江校下では深江西商店街連盟(65店)の4つの商店街(合計店舗数625店)がそれである。店舗数からみると鶴橋の商店街に匹敵する。1950年代後半以降の最盛期には、規模が大きかった神路校下の商店街連盟が町会ごとの親睦会をもとに再編され、最も多い時で11の商店会を数えた。西端から、①今里新道商店会→②今里新道筋商店街振興組合→③今里一番街商店会→④神路銀座商店会→⑤神路新道商店街振興組合→⑥神路一番街商店街振興組合→⑦相生通商店会(神路校下南北方向の相生通り)→⑧神路商店会→⑨神路本通商店会→⑩神路東商店会→⑪新深江商店会の順である。なお、商店会の看板はないが、内環状線より東側約400mにも商店が並び、附近には深江市場や映画館(深映座)が開設されていたので、これを含めると12の商店会といってもよい。

　1961(昭和36)年に⑨の神路本通商店会が全天候型のアーケード整備に取り組んだのを最初に、それに続き1964〜77年の間に、神路一番街より西側の6つの商店会(①〜⑥)でアーケード街を完成させた。これら6つの商店会は、88年に「しんみち」商店街連絡協議会を結成し、愛称「しんみち大黒ロードショッピング街」として、夏・歳末の大売り出しや四季にあわせた商店街装飾、各種イベントに合同で取り組んだ。また、2010(平成22)年以降近年では大阪商工会議所と協働して「しんみちロード100円商店街」を定期的に実施し、集客・PR活動にも努力している。しかし、比較的元気なこれら6つの商店会(新道筋商店街の西半分に当たる)の会員数の変化をみると、1995(平成7)年時点236店から2011年には164店とこの10数年間に約3割減少している。また、新道筋東半分の商店会の現状となると、いわゆるシャッター通り化しつつあり、商店会の活動停止を含めてすっかり寂しくなっている。

スーパー・コンビニの登場

　商店街の衰退化はここに限ったことではない。東成区における人口と店舗の動きを改めて確認しよう。まず人口の動きである。1960(昭和35)年に13.9万人でピークを打ち、以後は減少に転じ、1990年あたりから2015年現在に至る四半世紀の間は8万人前後でほぼ横ばい、ピーク時からは4割余りの減少である。一方、この間の小売店舗数(飲食店除く)の変化は、1960年2,552店(従業者数6,188人)に対して、2014年現在551店(同2,883人)とおよそ5分の1に減っている。また、この間の1店舗当たりの従業者数は2.4人から5.2人に増加、小売店舗の大

スーパー「ライフ 今里店」(1995.12オープン)
出典:『東成区史』

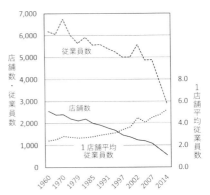

小売業の店舗数・従業員数の推移(東成区)
資料:商業統計調査

型化が進んでいる。

　つまりこういうことだ。地域商店街は、復興期から高度経済成長期にかけて全盛の時代にあった。家族の生業的な零細小売商(多くが従業者2人以下)を中心に地域の生活インフラとしてしっかり根付いていた。しかし、人口減少に加えて、オイルショック以降、特に1980年代から90年代前半にかけての大店法等の規制緩和は商店街にとって大きな逆風となった。スーパー・コンビニが登場したからだ。商店街でお馴染みの酒屋・米屋・たばこ屋・八百屋・魚屋・菓子屋などはスーパー・コンビニに、電気屋などの特約店は量販店にそれぞれ吸収された。消費者サイドの意見はひとまず置くとして、結果的に商店街の個人店舗は撤退を余儀なくされた。

　当区における大型スーパーの出店は、1995年12月オープンの「ライフ 今里店」(8階建で延床面積約17,200m²、売り場1〜4階、駐車場189台)が第1号である。食料品・衣料品・雑貨家庭用品・その他生活関連用品全般を扱う総合スーパーである。周辺の商店街はもちろん、徒歩10分程度の距離にある鶴橋商店街からも多くの買い物客を奪ったという。1997年の商業調査によると、当区におけるスーパー・コンビニの店舗数は18店舗(うち総合スーパー1店)、それより20年が経過した2017年現在では56店舗(うちスーパー13店、ネット検索による)に増えている。その多くが地下鉄駅周辺や車利用に便利な主要道路沿いに立地した。この20年間で、当地および周辺の商店街が受けたダメージも大きい。

　これまでの商店街(むかしは「横の百貨店」といわれた)が単なる最寄店の集まりということではなく、地域の豊かなコミュニティの場であったことも含

め、まちなか商店街の持続と再編はこれからも大事
なテーマの1つであることに変わりない。

余話—15の映画館劇場

　今では考えられないだろうが1950年代から60年代、
東成区内には多い時で15の映画館や演芸場があった
(『旧東成区史』p.141)。1960年のピーク人口13.9万人、
小学校11校、区の面積455haの規模に15劇場という
と、利用圏や立地の偏りがあるとしてもコミュニティ
レベルの身近なまちの娯楽施設であった。邦画6社12

演芸場「二葉館」(東大阪に誇
る浪曲パレス)
出典：『芸能懇話』2005.8 より

館(封切館8館、2・3番館4館)、洋画1館、演芸場2館(二
葉館、神路劇場)で、合計定員数4,975人を数えた。邦
画の新作はもちろん、人気の洋画もほぼ徒歩圏内で観ることができた。演芸場
の二葉館(今里新橋通商店街)では寄席など、神路劇場(新道筋商店街)では芸人
一座の定期公演もあり、賑やかなのぼりが立った。

　立地でみると、今里ロータリー周辺で最も多く6館(今里松竹・今里東映・今
里大映・二葉館・今里東宝・今里ロマン座)、次いで新道筋商店街周辺4館(松栄映画・
神路劇場・大東映画・深映座)、ほか緑橋近辺2館(グリン劇場・緑橋東映)、中本
地域2館(末広館・中本館)、中道本通沿い1館(玉造日活)となっている。映画館・
劇場などの立地は、当時の用途地域でみると、区内東北部の工業地域や復興区
画整理区域内の住居地域などでは建築できなかったから、商業地域が中心、い
くつかは準工業地域内にも立地した。

　映画ブームのピークは高度経済成長期前半の1960年前後であり、テレビの
普及とともに後退した。70年代中頃のテレビの普及率(2人世帯以上の場合)は9
割を超え、この間60年代後半から70年代にかけて多くのまちの映画館は閉館
に追い込まれた。当区中心部の今里ロータリー周辺の映画館も、1969(昭和44)
年の市電廃止をきっかけに多くがその前後で姿を消した。

6　ものづくり文化のDNA

　東成区における戦後の製造業のピークは1965(昭和40)年前後、ちょうど近
畿圏整備法(1963年)が制定され、それに基づく第一次近畿圏基本整備計画(1965
年)が決定されて、大阪市の全域が「既成都市区域」として工場制限が始まった

頃である。それからおよそ半世紀、工場数はピーク時の3割弱（2014年時1,130工場）、従業者数は2割弱（同9,530人）に激減した（149頁「工業事業所数・従業者数の推移（東成区）」参照）。しかし、もう1つの指標にも注目したい。工場数・従業者数の単位面積当たりの集積度をみると、2000年代に入ってもなお、全国市区町村の中で工場密度の第1位は生野区、第2位は東成区、従業員密度では第1位が東成区、第2位は生野区と、両区は全国有数の工場集積地である。ものづくりのDNAは今もしっかり息づいている。

ものづくりベンチャー企業

　東成区の代表的な企業といえば、「便箋・帳簿の老舗」として知られるコクヨ㈱である。1905（明治38）年創業、日中戦争の前年（1936年）にこの地に本社と工場を開設し（現大今里南6丁目、敷地16,000坪）、その後現在に至るまでここを本拠地にして事業を展開した。幸い戦災は無傷で本社工場が残り、戦後のシャウプ勧告による青色申告制で帳簿需要が急増、コクヨノートのヒット商品にも恵まれて紙製品製造業界の中核となった。1965年前後からはオフィス家具部門にも業容を拡大し、現在では事務用品最大手の持ち株会社に成長した（社史『コクヨ・70年のあゆみ』1977）。

　中堅企業もなかなかあなどれない。1998年度に近畿通商産業局が実施した創造的技術を有する企業の中に、当区から「オルファ㈱」と「不二空機㈱」の2社が選定された。前者のオルファは、1956年に「折る刃」式のカッターナイフの第1号を創案（特許取得）、商品化して1967年に岡田工業㈱を設立（1984年に「折る刃」を元にオルファと改称）、金属プレスやプラスチック成型などの資材調達に便利な当区（東中本2丁目）に本社・工場を開設して、本格的な折る刃式カッターナイフの製造に乗り出した。海外市場にも進出し、特にオルファカッターナイフの刃の寸法や折り筋角度などは世界標準となり、名実ともに世界ブランドへ成長した。

　後者の不二空機（現在はアトラスコプコ㈱のグループ企業）は、1943（昭和18）年に創業、1961年に当区（神路2丁目）に本社・工場を移転し、新しい高速グラインダーを開発・製品化し、産業用エアツール（空気動力工具）の総合メーカーとして成長した。子会社に㈱ノマテック（エアツールの製造・販売、研削盤加工、各種機械工具の修理）を持ち、生産の大部分は周辺協力工場に委ねている。自社は企画・開発が中心、割れにくい砥石（レジノイド）の開発やそれを使った安全式高速グラインダー、ロータリー式で軽量化、コンピューター制御技術による高

競技用自転車BMX
写真提供：㈱桑原インターナショナル

左）瀟湘八景肩衝釜 角谷一圭作
右）在りし日の角谷一圭（1904-1999）
出典：「深江郷土資料館パンフレット」より

機能化した製品づくりなど、大阪府第1回フロンティア賞や発明大賞（考案功労賞）にも輝いた。

　ものづくりベンチャー企業としてこんなメーカーもある。1982（昭和57）年に公開されたスティーヴン・スピルバーグ監督の映画E.T.の中で、自転車（BMX）に乗って空を飛んでいるシーンを憶えているだろうか。このシーンに使われた自転車を製造したのが当区（大今里南2丁目）に本社を置く、㈱桑原インターナショナルである。1918年に創業、1960年代よりオリジナルブランドで海外進出、72年に競技用自転車BMXを、80年にはMTB（マウンテンバイク）を開発、自社製品のゴブリンという名の20インチストリートバイクは、ヨーロッパデザイン賞や国内の中小企業優秀賞を受賞した。オリンピック種目にあるDH（ダウンヒル）やパラリンピックタンデム（2人乗り）などの競技用自転車も手掛けている。

受け継がれる伝統技術

　伝統技術にも目を向けよう。空襲で失われた名古屋城天守閣の再建で、1958（昭和33）年に金のシャチホコ（二代目）の鋳造を請け負ったのが東成区の㈱大谷相模掾鋳造所（東今里2丁目）である。江戸初期に創業、鋳物師として代々大谷相模掾を襲名して受け継がれてきた伝統の技である。天守閣のシャチホコ復元は、名古屋城のほかに会津若松城・掛川城・墨俣城なども、神社仏閣では、法隆寺大宝蔵殿や東大寺大仏殿の大修理、平城宮跡朱雀門の復元、厳島神社青銅灯籠の修復等、全国の国宝、重要文化財などの復元修理を手掛けている。代表者の大谷秀一は、国の文化財保護審議会で1999年度に鋳物製作部門「選定保存技術保持者」に認定されている。

　鋳物づくりといえば、1978年に茶ノ湯釜制作の第一人者として文化庁から重要無形文化財保持者（人間国宝）に認定された角谷一圭（1904-1999）がいる。深江に生まれ、深江稲荷神社前の工房で、少年期から鋳物師であった父親の手伝い

をしながら修行を積み、茶ノ湯釜の釜師となった。「幻の釜」と呼ばれていた芦屋釜(鎌倉・室町期)の再現に取り組み、成功させた。20年ごとに行われる伊勢神宮式年遷宮には、1973年と1993年の2度にわたって白銅製(銀と錫の合金)の御神宝鏡31面を製作し献納した。「御遷宮のたびに新しく製作することにより技術の伝承ができる」と熱く語ったという。その遺志を継ぎ、2013年の遷宮には、子息(征一・勇治)がそれを受け継いだ。

実は、深江は古くから鋳物とのかかわりが深い。深江稲荷神社は別名、鋳物御祖神社ともいわれ、鋳物師の守り神天津麻羅大神(古事記に登場する鍛冶の神)が祀られ、現在も毎年11月に火焚き祭(ふいご祭)が行われる。深江や布施(東大阪)などで鋳物工業が発達したのは、そうしたものづくり職人の原点があったからかもしれない。

7　激減する長屋・進むマンション化

1940年代後半の戦後復興期、住宅は全国で圧倒的に不足していた。特に都市部では、急な人口復帰に続く50年代後半以降の高度経済成長期の人口急増に住宅建設が追いつかなかった。国は、とりあえず「一世帯一住宅」の実現を目指して五箇年計画(1961年「新住宅建設5箇年計画」、66年以降は住宅建設計画法に基づく五箇年計画)を策定して、その解消を急いだ。1950年代後半以降、大阪市域に隣接する周辺エリア(豊中・守口・門真・寝屋川・東大阪など)で大量の木造賃貸アパートが建設されたのもこの頃である。そして1968(昭和43)年、この年の住宅調査によると、大阪市を含め全国で住宅総数が世帯総数を上回り、数の上では帳尻が合い、絶対的な住宅不足の時期を脱したとされた。戦後から四半世紀、ちょうど大阪万博の頃である。この時期を境に国の住宅政策は、それまでの量的な住宅供給重視から居住水準目標の設定による住宅の質の向上を目指すものとされた。

住宅事情の変化

さわりの話はそれくらいにして、東成区における戦後の住宅事情がどのように変化してきたのか概観しよう。

まず、人口・世帯の動きである(156頁「東成区の人口・世帯の動向」参照)。当区における戦後のピーク人口は1960(昭和35)年の13.9万人(人口密度304人/ha)、その後は減少に転じ、1990(平成2)年以降は8万人前後(同170人/ha台)でほぼ

横ばいに推移している。一方、この間の世帯数は、1965年に31,600世帯まで増加し、その後はいったん減少したものの、1990年以降は再び増加に転じ、2015年には39,700世帯に達し、戦後最大を更新している。頭打ちの人口に対して世帯数が伸びているため、平均世帯人員は近年もなお低下傾向にある。1955年には1世帯平均4.57人であったものが、2015年現在は2.03人（大阪市平均1.99人）とこの間半分以下に縮小した。

次いで、住宅数の動きである。住宅と世帯の数がほぼ並んだ1968（昭和43）年の住宅数は約3万戸、それが2013年には4.8万戸と半世紀近くのうちに約1.6倍になっている。この間の住宅数は世帯数の増加を上回って増え続けているため、一方で空き家の数も積み上がってきた。1968年の空き家率は約5%（空き家数1,500戸程度）であったが、1998年には19.6%（同8,000戸）とおよそ2割、5戸に1戸が空き家となった。2013年には15.8%（同7,600戸）とやや低下したものの、高い比率に変わりない。ちなみに、2013年時の全国平均の空き家率は13.5%（空き家総数820万戸）、大阪市17.2%（同28万戸）で、いずれにしても「住宅余り」が大きな社会問題として浮上している。それへの緊急対策として、翌2014年11月に「空家等対策の推進に関する特別措置法」が制定された。このままの成り行きではさらに空き家は増え続けるものと予測されている。

続いて、住宅規模に注目しよう。1970年代後半以降の国の住宅政策では「住宅の質の向上」が目標として掲げられたことから、その検証の意味もある。さて、1968年当時の当区における1住宅当たり平均延べ面積は59m²であったが、2013（平成25）年には69m²とこの間10m²程度増加している。しかしこれを持家借家別にみると、持家は90m²→99m²に対して、借家は40m²→41m²となっていて、借家の住宅規模はほとんど変わっていない。また、1人当たりの平均畳数（玄関・台所・便所・浴室・廊下などを除く居住室の畳数）の変化でみると、持家は4.9畳から13.0畳へ、借家は3.6畳から9.7畳へと、両方とも約2.7倍に増加している。つまりこういうことだ。住宅規模は持家を含めてそれほど大きく変わらなかったが、この間の核家族化や単身・小世帯化の進行で居住する世帯人員が減少したことから、結果的に居住密度という点で改善が図られてきたということになる。

住宅の所有関係にも注目しよう。戦前の住宅は借家住まいが圧倒的で9割を超えていたが、戦後の復興期に戦前借家の持家化により当区の持家率が3割台後半（1953年住宅調査36.6%）まで上昇したことは既にみた。その後の変化を追ってみると、1980（昭和55）年には持家率が47.1%とこの間10ポイントほど上昇し、

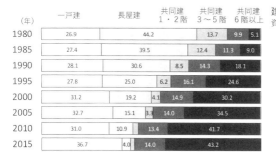

建て方別住宅比率の変化（東成区）
資料：国勢調査

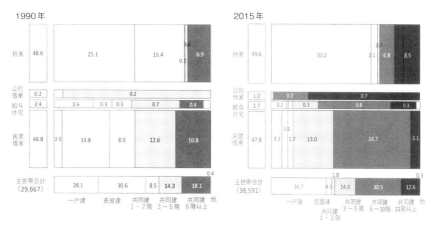

住宅の型構成（1990年（左）と2015年（右）の比較／東成区）　資料：国勢調査

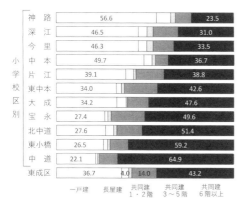

校区別・建て方別の住宅比率（2015年）　資料：国勢調査

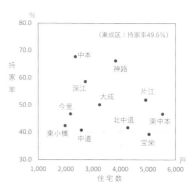

校区別の住宅数と持家率（2015年）
資料：国勢調査

それ以降は50%前後の値で推移、2015年現在は49.6%（大阪市平均44.4%）となっている。ここ30数年間、住宅数が増え続けたものの、所有関係にはあまり変動はなく、したがって持家・借家がほぼ同じくらいの数で新規供給されてきたことを示している。

急増した6階以上の高層住宅

　東成区の住宅事情において最も劇的な変化といえば、住宅の建て方（1戸建・長屋建・共同建に区分される）である。戦前の借家といえばほとんどが長屋であり、戦後も1960年代前半までは長屋住宅が過半を占めていた（1963年住宅調査によると当区の長屋建比率54.4%）。そしてその後、1980年時点でもその比率は44%（12,350戸）とまだまだ大きな値であったが、2015年にはわずか4%（1,560戸）にまで激減した。長屋の減少に対して、1戸建や共同住宅は増加した。1980年と2015年でその構成比をみると、1戸建は27%から37%へ（7,520戸→14,150戸）、共同住宅は29%から59%へ（8,000戸→22,770戸）、特に後者の共同住宅はこの間比率で30ポイント、戸数では3倍近くも増加した。また、共同住宅を階数区分でみると、当初は低層（1・2階）や中層（3〜5階）が主であったが、1990年以降の平成期に入ってはもっぱら6階以上の高層で急増した。2015年の構成比でみると、低層・中層・高層の共同住宅はそれぞれ全体の2%、14%、43%と高層共同住宅が圧倒的に多い。昭和の終わりから平成に入っての30数年間で、低層の長屋（2階建が多い）の街並みがすっかり消え、代わって6階以上高層の集合住宅街に変貌した、ということになる。

　地域別（11の小学校区）の違いにも注目したい（2015年国勢調査）。1戸建が多い地区と高層化が進む地区とがかなりはっきりしている。前者の戸建タイプは、神路（1戸建57%、長屋建を含めると65%）を筆頭に、中本・今里・深江などが該当するのに対して、後者の高層化タイプは、中道（高層共同建65%、中層共同建を含めると75%）をはじめ、東小橋・北中道・宝永などがそれに当たる。また、前者の戸建タイプの地区特性として、①持家比率が比較的高い（中本・神路など6割台）、②基盤未整備エリアを多く含む（神路・中本・今里など）、③1戸建や長屋建の戸当たり敷地面積が市内共通のことだがかなり狭い（2003年住宅調査による当区の平均敷地は1戸建92m²、長屋建52m²、両者平均で80m²）、④木造住宅や旧耐震住宅（1981年以前の建築）の比率が比較的高いなど、住環境整備上の課題を持つ。

森之宮スカイガーデンハウス（賃貸）
出典：大阪市ハウジングデザイン賞第3回（1989）受
賞作品より（設計：遠藤剛生建築設計事務所）

深江スパイラル（賃貸）
出典：同第13回（1999）受賞作品より
（設計・写真提供：合同会社ズーム計画）

地域居住の魅力創出

　参考までに、東成区の集合住宅の立地特性に触れた報告によると（岡絵理子「大阪における集合住宅の形成史」都市環境デザインセミナー 2001年第9回記録）、戦前の土地区画整理が行われた比較的大きな街区で「工場とオーナー住宅、従業員アパートがあった大きな敷地が大規模マンションに建て替えられ」、一方、戦前のスプロールや土地会社経営が行われていた街区等では「長屋や100坪に満たない小さな敷地が小ぶりのマンションに建て替わった」と指摘される。工場跡地や古い長屋などを種地に、基盤整備の状況や敷地条件に縛られながらマンション化が進んでいるようだ。

　中には大阪市ハウジングデザイン賞に輝いた作品も含まれる。第3回（1989年度）受賞の森之宮スカイガーデンハウス（賃貸10階建、64戸、中道1丁目、5階に中庭形式の屋上庭園）、第13回（1999年度）受賞の深江スパイラル（単身者向け賃貸4階建、40戸、深江北1丁目、中央部を楕円柱型にくりぬいて中庭とし、螺旋スロープをその周囲に添わせた大胆な住戸配置）の2つのマンションがそれである。

　もう1つ紹介しよう。都市居住の魅力創出の一環で、大阪市都市整備局が「長屋建て住宅現況調査」を実施し、「修景・保存価値の高い長屋」の抽出を試みている。それを「優良長屋」として分布特性を検討した報告によると（河野・藤田・春山「大阪型近代長屋に関する研究─優良長屋の分布について」2014年度日本建築学会近畿支部研究発表会）、当区においても、数はそれほど多くないが二十数棟の優良長屋が確認されている。立地特性では区画整理区域外で多く残っているのも特徴である。ところで、大阪長屋を再評価し、地域資源として活かしていくという、いわゆる「長屋再生の取り組み」は2000（平成12）年前後から注目され

始めた。市のHOPEゾーン事業の推進(平野郷・住吉大社周辺・空堀・船場・天満・田辺の6地区等でのモデル事業)や民間の長屋再生プロジェクト(中崎町・空堀・昭和町などでの再生事業)、大阪市大研究者グループの社会実験(豊崎長屋の改修事業、「オープンナガヤ大阪」の定期イベントの開催)などの取り組みである。当区においてもこんな事例がある。大正期に建てら

町屋再生複合施設「燈」
(設計：六波羅真建築研究室)

れた旧千間川沿いの長屋が、2012(平成24)年にカフェ・バーや2階は貸し間等の複合商業施設「燈」に再生された(東中本1丁目、設計・運営・管理：六波羅真建築研究室)。住文化の視点やストック重視の観点からもっと大阪長屋が広く活用されることに期待したいものだ。

8　公的住宅の履歴

公的住宅(賃貸・分譲)4団地のこと

　東成区内における公的住宅(公営・公団・公社)の団地一覧をみると、賃貸では①市営西今里住宅(14階建83戸、東中本2丁目)、②UR都市機構「アーベイン緑橋」(6～14階建3棟294戸、東今里1丁目)の2団地377戸、分譲では③大阪市住宅供給公社分譲「今里コープ」(14階建1棟164戸、大今里西3丁目)、④同公社分譲「緑橋第2コープ」(5階建2棟106戸、中本2丁目)の2団地270戸の、計4団地が確認される。

　これら団地の履歴を順に追ってみると、①の市営西今里住宅は最も古く戦前にさかのぼる。1940(昭和15)年に青年軍需労務者のための報国寮として建設され、1945年に全戸被災・同年全戸復旧した第三種共同住宅100戸の城東団地(敷地面積約2,350m²)がその前歴である。城東団地はその後、1963(昭和38)年に鉄筋コンクリート造5階建2棟70戸(2K・2DK)の市営西今里住宅として建て替えられた。さらにその後40数年が経過した2009年に再び建て替えられ、14階建83戸の市営高層団地として現在に至っている。2DK・3DKの一般住戸に加え、高齢者・障害者・車いす用のケア付特別設計住戸を含む当区唯一の市営住宅である。

公的住宅（賃貸・分譲）団地一覧

	団地名	所在地	建設時期	団地概要
賃貸住宅	市営住宅 西今里住宅	東中本2	2009年 （建替）	14階建 83戸／2DK・3DK（高齢者・障がい者・車いす用ケア付き特別設計住戸および特別賃貸1戸含む）
	UR都市機構 アーベイン緑橋	東今里1	1997年	14階（10～14階）建4棟 294戸／3LDK中心に1DK・1LDK・2LDKの4タイプ／敷地約9,430㎡／優良建築物等整備事業
分譲住宅	市住宅供給公社 今里コーポ	大今里西3	1977年	14階建1棟 164戸／3LDK・4DK中心のファミリータイプ／敷地約3,590㎡
	市住宅供給公社 緑橋第2コーポ	中本2	1977年	5階建2棟 106戸／3LDK・4DK中心のファミリータイプ

参考）西今里住宅：1963年建築の同団地（5階建2棟70戸）の建替／アーベイン緑橋：大阪ガスの跡地利用／今里コーポ：
市電今里車庫跡地の一部利用／緑橋第2コーポ：工場跡地利用

西今里住宅　写真提供：與川二三

アーベイン緑橋　写真提供：UR都市機構

　次の、②UR都市機構「アーベイン緑橋」は、1997（平成9）年に当時の住宅・都市整備公団の賃貸住宅として建設され、敷地面積1haに近い（約9,430㎡）当区最大規模の住宅団地である。場所は、戦前から大阪ガスの円筒形の巨大ガスタンク（1928年竣工、高さ58.5m、直径46.5m）が設置されていたことで知られ、長い間「ガスタンクがみえる街」としてランドマークにもなっていた。建物は、鉄筋コンクリート造10階～14階建、1号棟54戸、2号棟48戸、3号棟106戸、4号棟86戸の計4棟294戸である。住戸は1DK 45戸、1LDK 45戸、2LDK 70戸、3LDK 134戸の基本4タイプでファミリー型が中心、広さは、38㎡（1DK）～96㎡（3LDK）となっている。駐車場や駐輪場の整備、集会所の設置など、優良建築物等整備事業として実施された。

　続く、③の市住宅供給公社分譲「今里コーポ」と④同公社分譲「緑橋第2コーポ」はほぼ同時期、どちらも1977（昭和52）年に建設されたファミリー向け分譲住宅（3LDK・4DK中心）である。③の今里コーポは、1969（昭和44）年に廃止された市電今里車庫（敷地約1万6,500㎡）跡の一画に建てられ、敷地面積約3,590㎡、14階建て高層団地である。一方④の緑橋第2コーポは、工場移転跡地を利用した5階建て（2棟）中層団地である。

なお参考まで、上記以外の施策住宅として、大阪府住宅協会（1950年設立、66年に府住宅供給公社に統合される）の長期分譲住宅や大阪市中小企業従業者住宅（1960年代から70年代の中頃まで実施された）の建設がいくつか確認される（大阪市住宅年報）。前者の府住宅協会の分譲住宅は、1962（昭和37）年に黒門町で建設された下駄履き住宅15戸（地下2階〜地上3階は劇場事務所、4階〜6階は住宅）がそれであり、後者の中小企業従業者住宅は、1961〜1970年の間に5つの事例（大今里北・大今里南・深江北・深江中・森町など）合計45戸を数え、いずれも小ぶりでほとんどが単身従業者向け住宅である。

公的賃貸住宅率はわずか1％

　ところで、公的住宅には賃貸・分譲の区分や事業主体（府・市、公社、公団等）の違いなどいくつかの種類があり、少しわかりづらいところだ。ごく大雑把な説明になるが、戦後の住宅政策には3本柱といわれたものがある。1950（昭和25）年に制定された住宅金融公庫法、翌51年の公営住宅法、55年の日本住宅公団法である。加えて65年には地方住宅供給公社法（大阪府・大阪市住宅供給公社の根拠法）が制定され、これらにより戦後の住宅建設が本格的に軌道に乗ったとされる。住宅金融公庫は中間層の持ち家取得への資金的支援を、公営住宅（府・市）は低所得者のための低家賃住宅の供給を（初期には80％の世帯が対象となっていた）、住宅公団（現UR都市機構）や住宅供給公社は都市部中間層に向けた住宅供給（賃貸・分譲）をそれぞれ担っている。先にみた当区内の現在の公的住宅4団地は、こうして市営住宅1団地、UR都市機構賃貸（旧住宅公団）1団地、市住宅供給公社分譲2団地が供給されたことになる。

　参考まで、大阪市内における公的住宅建設の実績をみると、1945（昭和20）年から1990（平成2）年の45年間で、公営住宅（市営・府営、改良住宅含む）14.1万戸、公団賃貸住宅3.5万戸、公社賃貸住宅（市公社・府公社）0.4万戸、これら公的賃貸住宅の合計は18万戸に及び、平均すると毎年四千戸程度が建設された計算になる。一方、公社・公団による分譲住宅の実績をみると、公社分譲住宅（市公社・府公社）2.1万戸、公団分譲住宅0.3万戸、両者合わせて2.4万戸である。市内における公的住宅の建設は賃貸が圧倒的に多いことがわかる（「大阪市の住宅施策」1991）。

　改めて、2015（平成27）年現在の当区における住宅の構成に注目しよう。住宅総数38,591戸のうち、公的賃貸住宅（市営西今里住宅とUR都市機構「アーベイン緑橋」が該当する）は368戸、その比率わずか1％を占めるに過ぎない（大阪市の

公的賃貸住宅率10.6％）。また、公的賃貸住宅の状況を市内24区で比較すると、当区は戸数・比率ともに最も小さく最下位である。戸数が最も多い平野区は2.3万戸、比率が最も高い此花区は28.8％となっているから、地域的な偏りは極めて大きい。戦前・戦後を通じて、当区内への公的住宅投資はごく限られたものであったことが、これら数字が示している。

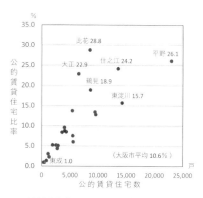

公的賃貸住宅の戸数と比率（区別比較）
資料：2015年国勢調査

9 地域を下支えする振興町会

　今から40年近く前の資料になるが、1981（昭和56）年に大阪市が実施したコミュニティ活動調査によると、活動の主催団体として最も多いのが地域振興会（いわゆる町内会組織）42％、社会福祉協議会、子ども会、青少年関連団体は各10％台という結果で、地域振興会がコミュニティづくりの主役となっている。地域の住民活動の中核とされる「地域振興会」は、その名称・形態において多分、他都市ではみられない大阪市特有のものであるので説明が必要だろう。およそこういうことだ。

災害救護を名目とした日赤奉仕団の編成

　敗戦後の1947（昭和22）年5月、GHQ（連合国総司令部）の命令により、旧来の「町内会・隣組（およびそれに類するもの）」は軍国主義の行政機関末端組織とみなされ解散させられた。しかしその一方で、同年11月から、災害時の罹災者救護への協力を名目に、日本赤十字奉仕団が大阪市内各区に結成された。1947年10月に制定された「災害救助法」に基づく日赤と国（厚生省）との協定で、「日本赤十字社は、市町村の区域毎に、日本赤十字社奉仕団を編成し、第一救護に当る篤志救助員を設置すること」と明記されたのがその根拠である。実際に、1950年のジェーン台風（大阪市内の死者・行方不明者222人、負傷者18,573人、家屋全壊5,120戸、床上浸水41,035戸、罹災者総数約54.3万人）に際して、奉仕団は「炊出し給食470万食、避難所収容人員65万人の世話など」大活躍であった（竹村保治「市民組織としての大阪市地域振興会について」『都市問題研究』第29巻第10号）。

　各区の日赤奉仕団は、1951（昭和26）年には全市的な組織となり、市民の加入

率も90％を超えた。奉仕団の区域構成は、単位奉仕団（区）―連合分団（概ね小学校区）―分団（概ね町丁目区域）―奉仕班（概ね20世帯）とされたが、これは戦前の町会隣組組織の構成とほとんど大差はない。もちろんGHQへの配慮から町内会の復活や行政の下部協力組織でないことを強調していたが、発足当初から市と密接な関係を持ち、1952年のポツダム政令廃止後は行政との協力関係を一段と強めた。1960年度からは市と各区奉仕団と行政事務について事業委託契約を結び、ビラ配布・回覧・ポスター掲示、ほか選挙関係の管理、統計調査員の推薦、地域清掃など、その額も年々増加したため、大変な労力と時間を行政協力的な事業に割いていたという。

地域振興会（町内会組織）の創出

その後1974（昭和49）年、大阪市の調査研究機関である市民組織研究会（助役・区長・学者などで構成）がまとめた「市民組織に関する調査―赤十字奉仕団の実態と問題について」の報告書（組織改編の提言）がきっかけとなり、翌75年6月、奉仕団の組織は「地域振興会」と「赤十字奉仕団」の2つに分けられた。地域振興会は「コミュニティづくりと行政協力」を、赤十字奉仕団は「災害救助と日赤への協力」をそれぞれ任務分担して新たにスタートした。もっとも両組織は、構成員・役員を同じくする一体の関係で運営され、活動内容によって使い分けされる。もともと市民の多くは、奉仕団を旧町内会、旧隣組の変形と受けとめる向きが一般的であったようだが、こうして「赤十字奉仕団という全国にまれにみる市民組織」の改編を通して、地域振興会（町内会組織）が創出された。なお、組織構成は、旧奉仕団の区域構成と同じで、市地域振興会―区地域振興会―連合振興町会（概ね小学校区）―振興町会（概ね町丁目範囲で150世帯以上）―班（約20世帯）というように、整然とピラミッド状になっている。またその活動は、各町会（振興町会）が活動の基礎単位であり（会員には一般家庭だけでなく、商店・事務所・事業所も加入できる）、ここに総務部・会計部・協力部・社会福祉部・環境衛生部・災害救助部・女性部などを設けて、地域問題について包括的な取り組みを行うものとしている（大阪市地域振興会組織要項）。

地域振興会と各種地域団体との連携

さて、冒頭のコミュニティ活動調査に戻るが、地域振興会に続くコミュニティづくりの主体は、①社会福祉協議会、②子ども会、③青少年関連団体などが挙げられている。少し説明しておこう。社会福祉協議会は、「社協」の略称でも知られるが、民間の社会福祉活動を推進することを目的とした非営利の民間

組織（1951年制定の社会福祉事業法、現在の社会福祉法に基づく組織）であり、東成区には区社協と区内11の校下社協（地域内の各種団体で構成された自発的な任意団体）が組織されている。次の子ども会は、1964（昭和39）年に区内16単位の地域子供会が発足し、その後1974年より11の小学校単位で再編され（区レベルでは「子供会育成連合協議会」）、スポーツ等の企画を通して地域のふれあいを重視した取

11の校区（＝連合振興町会）区分図
（町会数：2019年1月現在／人口：2015年国勢調査）

り組みが展開されている。続く青少年関連団体はいくつかあるが、校区レベルの組織として1956年設立の青少年指導員会（同「青少年指導員連絡協議会」）や1974年設立の青少年福祉委員会（同「青少年福祉委員連絡協議会」）が代表的である。両者とも各町会から委員が推薦され（市が委嘱する）、区全体でどちらも百数十名程度の規模でもって、11の校下を単位に青少年のグループづくりや活動支援等に取り組んでいる。青少年関連団体の相互の協力関係はもちろん、先の子ども会との連携も密に行われているという。

　ここで挙げた「社協・子ども会・青少年団体」の地域活動の特徴は、いずれも小学校区を単位とした活動があり、地域振興会の11の連合振興町会の活動区域に重なっている。また他にも、民生・児童委員会、老人会、女性会、母子会、母と子の共励会、学校PTA、はぐくみネット、地区ネットワーク委員会など、小学校区を単位とした活動が多い。

　そしてもう1つの特徴は、これら諸団体と地域振興会との関係である。当区でみると、各振興町会から民生委員、青少年指導委員、青少年福祉委員などが推薦され、また連合振興町会からは防災リーダーの推薦や各種団体の役員を、例えば、校下社会福祉協議会、民生委員協議会、子ども・青少年関連団体、老人クラブ連合会、女性会（連合振興町会女性部との兼任が多い）、母子会、健康づくり推進協議会、防犯協会ほか、数多くの地域活動団体（校区単位）の役員を担っている。つまり、振興町会および連合振興町会を単位にそれぞれ独自の活動（社会福祉・環境衛生・災害救助・女性活動等）を進めるなか、関連する諸団体の担い手としても幅広く参加し、相互に連携を図るという、地域の活動基盤は実質的に地域振興会（町内会組織）がそれを支えているといっても過言ではない。

町会加入率は74%

　ちなみに、地域振興会の市全体の加入率をみると、1975（昭和50）年の設立当初から10数年間は9割台を維持していたが、その後少しずつだが低下傾向にあり、2008（平成20）年は約7割、2013年では66％と6割台になっている。また、2019（平成31）年1月現在の東成区の状況でみると（連合町会数11、町会数150）、加入率は74％で市の平均よりかなり高い。さらに、当区11の連合町会別でみると、最小61％（東小橋）〜最大92％（深江）の幅で地域差があるものの、深江・今里・中本・東中本の4地区は8割を超えてなお高率、神路・片江・中道の3地区は7割台をキープ、残りの北中道・宝栄・大成・東小橋の4地区は市の平均並みの6割台となっている（加入率は区地域振興会調べ）。

　当区は、戦災による被害が比較的少なかったこともあり、戦前・戦後を通じて時々の時代状況に合わせつつも、町内会的活動がそれなりにしっかり根付き、近年まで維持されてきたことがわかる。

10　全校区で設立された地域活動協議会

1970年代コミュニティ政策

　話は少し戻るが、コミュニティ政策が都市行政の重要課題の1つとして大きく浮上したのは1970年代以降のことであった。戦後（1947年のGHQによる町内会等の解散命令以降）、国レベルではコミュニティ問題に関与することはタブー視されてきた。大きな節目は、1969（昭和44）年に国民生活審議会調査部会による「コミュニティ―生活の場における人間性の回復」という報告書が発表されてからである。高度経済成長期の急激な都市化の進展に伴い、従来の地域共同体が崩壊していくことの危機感から、新しいコミュニティの創造を提起したものだ。これを受ける形で、自治省（現総務省）は「コミュニティ（近隣社会）に関する対策要綱（1971）」を定め、以来数次にわたるモデル地区（モデル・コミュニティ地区、コミュニティ推進地区、コミュニティ活動活性化地区）の設定・支援を行うなど、国もコミュニティの形成に積極的に関与するようになった。

　ほぼ同時期、国の動きに前後して、大阪市のコミュニティ政策も軌道に乗り始めていた。1967年の市総合計画（大阪市総合計画基本構想一九九〇）で、日常生活圏を単位とする近隣住区構想を打ち出し、また1973年の機構改革では区役所をコミュニティづくりの拠点（区民室を新設）と位置づけるなど、行政区レベ

ルのコミュニティづくりに力点が置かれた。市は、コミュニティを「地域的な連帯感に支えられた新しい近隣社会」と定義し、その実現に向け、①コミュニティ活動の拠点となる集会施設の整備、②市民組織およびコミュニティリーダーの育成、③コミュニティ意識の啓発・普及、をコミュニティ施策の三本柱とした。

　なかでも行政が果たすべき最大の役割として①の施設整備(166頁「主なコミュニティ関連施設」参照)に重点が置かれたが、②の市民組織については、前項で触れた1975(昭和50)年に改編された「地域振興会(町内会組織)」と、同年から各行政区ごとに順次発足をみた「コミュニティ協会」(地元の地域活動団体をほぼ網羅して構成された組織、区民や区民団体の寄付を基本財産とする)への支援が重視された。③については、1974年に始まり76年には全区に広がった「区民まつり」の推進などが当初の代表的な取り組みである。当区では76年の夏に第1回「東成区民まつり」が開催され、山車みこしの曳廻しや納涼会(芸能・盆踊り等)・バザーなどのイベント活動が行われ、その後、毎年の一大行事として定着している。

　なお、各区に設置された「コミュニティ協会」は、当初は区民センターや区民ホールなどの施設の管理運営を主に委託されたが、その後は区役所と連携しながら、コミュニティ育成事業(区民まつり、文化のつどい、子供カーニバル、講習会、区民コンサートなどの実施)や地域のコミュニティづくり事業(区内の市民活動団体等の相互の連携・協働・交流などの支援)といった各種コミュニティ活動をサポートする中間支援組織の役割を担うものとされた。

2000年代コミュニティ政策

　ところで、1970年代以降この間、コミュニティを取り巻く環境は大きく変化した。地方圏を中心に先行した人口減少や市町村合併(平成の大合併)の進展、大都市圏でも人口の超高齢化や生活スタイルの多様化による家族・地域のコミュニティの弱体化など、持続可能な地域社会の基盤そのものが問われてきた。加えて、1995(平成7)年の阪神・淡路大震災や2011(平成23)年の東日本大震災の経験をきっかけに、地域の災害対応や安全確保について、市民活動団体への期待(1998年「特定非営利活動促進法(NPO法)」の制定)とともに、町内会等の地域力(災害救助や避難所運営等)の重要性も改めて認識された。

　こうした状況から2007(平成19)年、国(総務省)は35年ぶりとなるコミュニティ研究会を立ち上げ、2009年に「新しいコミュニティのあり方に関する研究会報

告書」を発表した。詳細は省くが、「新しい公共空間」の形成や地域力の創造に向け、地域の多様な力を結集する仕組みの必要性（「地域協働体」の構築）を提案した。

　国の動きに呼応して、大阪市においてもほぼ同時期、コミュニティビジョン研究会が立ち上げられ、2010（平成22）年に「大阪市地域コミュニティ活性化ビジョン〜"人が輝く元気な地域"をめざして〜」の報告書が公表された。地域コミュニティの活性化に向けた論点として、①組織運営の基盤強化、②地域での活動・活躍の場づくり、③地域の各種団体の連携化、④地域の将来像・目標像の共有、⑤新たなネットワークづくりなどを挙げ、その取り組み方についてまとめたものだ。また、大阪市コミュニティ協会（2004年に各区コミュニティ協会が集まって設立された）からも姉妹編の形で、2010年に「コミュニティ協会未来ビジョン〜地域コミュニティの活性化へ向けて〜」、翌2011年には「市民協働のまちづくりによるコミュニティの活性化」と題する報告書がまとめられた。先進的な活動事例の紹介・分析を通して、コミュニティづくりを支援する中間支援組織の役割・位置づけについて見直したものだ。

　上記の2010年「コミュニティ協会未来ビジョン」の報告書をみると、先進的な活動事例の1つに、当区の「片江連合振興町会」も取り上げられている。大阪市は伝統的な町会の活動が大都市の中では最も活発に行われている都市であるが、その典型例（町会を核に各種団体が連携して地域コミュニティの活性化が図られている地区）として紹介されている。また、同報告書の資料「24区のコミュニティ協会活動のまとめ」によると、東成区コミュニティ協会（大阪市コミュニティ協会東成区支部協議会）の活動は、区民まつりを最大の行事とし、会館だよりの発行、文化・交流事業として音楽祭、体育祭、区民ギャラリー、コミュニティサロン（各種講習会）、活動スペースの提供、地域団体事務局支援など、ほかユニークな取り組みとして、市民寄席、地車囃子伝承交流会、自然と親しむ体験学習、キッズダンス教室、おもしろゼミナール（ファシリテーション実践講座）など、その取り組みは多彩である。ちなみに、東成区コミュニティ協会の事業費は、大阪市の受託事業が約8,300万円、事業収入が約500万円、その他（賛助金、各連合町会分担金、地域振興基金費など）約300万円で、総額9,000万円程度の事業規模となっている（「コミュニティビジョン研究会」資料第4回議事概要）。

新たにスタートした地域活動協議会

　さて、もう1つの動きに注目したい。上記のコミュニティビジョン研究会

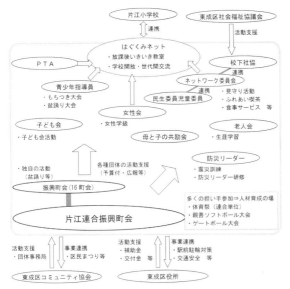

上）運動会
下）震災訓練
出典：東成区ホームページ 地域活動
協議会「片江地域の紹介」より

片江連合振興町会の活動 出典：「コミュニティ協会未来ビジョン〜地域コ
ミュニティの活性化へ向けて〜」2010.3

とほぼ並行して、2008（平成20）年に大阪市市政改革検討委員会が設置され、2011年3月に「なにわルネッサンス2011—新しい大阪市をつくる市政改革基本方針」が、翌2012年7月には「市政改革プラン—新しい住民自治の実現に向けて—」が公表された。その中で、市民による地域運営の仕組みとして「地域活動協議会」への支援が重要項目の1つに挙げられ、施策化へ急浮上した。概ね小学校区を単位に、町会などの地縁団体・地域社協・ボランティア団体・NPO・企業などさまざまな団体が幅広く参加し、連携の場としての地域活動協議会（多様な主体が集うプラットホーム）を活かして自律的な地域運営を実現するというのが協議会設立のねらいだという。先の国の仕組み提案（地域の多様な力を結集する「地域協働体」の構築）にほぼ重なるものといえる。

そして「市政改革プラン（2012年7月）」発表の翌年、新制度として「地域活動協議会に対する補助金交付基準要綱(2013年4月施行)」が策定された。これまでの地域活動に対する補助制度は、個別事業ごとに活動内容や使途を限定して補助が行われてきたが、活動内容を限定せず大括りにし、地域の自主的な選択に委ねる柔軟な財政的支援への転換だという。また、資金的支援のみでなく、

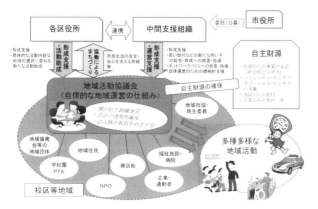

地域活動協議会の位置づけ
（市民による自律的な地域
運営の実現）
出典：「市政改革プラン-新しい
住民自治の実現に向けて-」アク
ションプラン編2012.7

　各区に「まちづくりセンター（中間支援機能）」を設置し、協議会活動（の自立）への専門・技術的な運営支援を行うこととした。こうして2014（平成26）年3月末には、当区（11地域）を含む市内のほぼ全校区で地域活動協議会（325地域）が設立され、新たな仕組みでの地域コミュニティ活動がスタートした。
　経過のあらましは以上であるが、少し補足しておこう。2011年版「市政改革基本方針」と2012年版「市政改革プラン」の違いである。前者は平松邦夫市政での方針、後者は橋下徹市政でのプランである。地域活動協議会の仕組みづくりは、前者の平松市政で構想され、それを引き継ぎつつ、修正されて後者のプランとなった。どこが違ったのか。前者の協議会づくりでは、地域ごとのニーズや地域の主体性を重視して、できるところから導入するという段階的なステップを踏むこと（勉強会の開催→協議の場の設置→協議会の設立・活動→補助金等の認定）が想定されていた。対して後者では、従来の補助金の一括配分化を進めることを前提に、その配分を協議会の設立を要件とし、その期限も限定した。つまり、協議会をつくらなければ、市の補助金は受けられないことになる。結果として、「補助金交付基準要綱」の施行後わずか1年（「市政改革プラン」発表後1年半余り）で、ほぼ市内全域（325地域）で協議会設立が達成された。両者（前者はプロセス重視型、後者は補助金システム誘導型）の是非は別に譲るとして、同様の協議会づくりは全国でもいくつかみられるが、このように短期間のうちに協議会の設立が進んだ例はきわめて珍しい。

11　手探りの新コミュニティづくり

11の地域活動協議会のこと

　東成区(11地域)の協議会活動に焦点を合わせよう。改めて協議会設立の経緯をみると、2011年(平成23)版「市政改革基本方針」に沿って、市は7つの地域をモデル地域に指定し、先行して協議会づくりを試みた。7つの地域のうち2つは、当区の「今里地域」と「深江地域」がその対象として選定された。両地域とも「もう一度地域を見つめ直すところからはじめよう」ということで、「地域の良い点」「改善すべき点」を共有することから取り組みはじめたという。2011年1月から検討を開始、ワークショップ形式で意見交換を行い、その成果をもとに準備会を立ち上げ、定例会やアンケートの実施など、1年余りかけて協議会を設立した。それぞれ「今里まちづくり活動協議会」「深江まちづくり活動協議会」とし、その後1年間の初動期活動を経て、2013年度より区長認定を受け(2013年3月施行「東成区地域活動協議会認定に関する要項」による)、協議会活動を軌道に乗せた。

　およそ2年間の取り組みだがこの間、平松市政(2007年12月〜2011年12月)から橋下市政(2011年12月〜2015年12月)に移行し、当初のプロセス重視の取り組みは、途中から補助金誘導方式へ路線転換をみたことになる。ちなみに、今里まちづくり活動協議会(2015年人口4,563人)の組織は、校下社協や連合振興町会など約40の団体で構成され、規約に基づく当初運営委員は23名となっている。一方の深江まちづくり活動協議会(同5,960人)の部会構成案をみると、「総務・広報」「安全・安心」「環境」「歴史・文化」「福祉・ふれあい」の5つの部会を設け、関連する団体が集まり、連携・協力して進めるものとしている。

　こうして、2地域(今里・深江)のモデル的な取り組みが先行していたこともあり、他の9地域(神路・片江・宝栄・中本・東中本・大成・東小橋・中道・北中道)における協議会設立も(半ば強制ともいえる補助金誘導方式が功を奏したのかも知れないが)比較的スムーズに進んだようだ。2012年10月からは協議会活動を支援する「東成区まちづくりセンター(中間支援組織)」が設置され、区役所の地域担当職員とともに、専門のアドバイザーや支援員が配置され、サポート体制も整えられた。いずれの地域も、市の「補助金交付基準要綱」や区の「地域活動協議会補助金交付要綱」「地域活動協議会認定要項」の施行に合わせる形で協議会が設立され、2013年度から補助を受け、手探りながら協議会活動をスター

地域活動協議会の事業費・補助金等の状況（東成区）

		神路	片江	深江	宝栄	今里	中本	東中本	大成	東小橋	中道	北中道	11地域平均
2013〜2017年度（5か年平均）	事業費（万円）	369	371	330	291	242	249	311	221	154	199	331	279
	補助金（万円）	177	198	140	190	120	135	215	148	101	121	161	155
	補助率（％）	48	53	43	65	50	54	69	67	66	61	49	56
年間平均1人当たり補助額（円）		204	187	235	182	264	241	187	218	271	248	207	212

注）2013〜2016年度は決算書ベース、2017年度は予算書ベースで5か年平均を算出
　　1人当たり補助額は5か年平均補助金を2015年人口で割って算出
参考）2017年度の区別1地域活動協議会当たり平均補助額は最小160万円（東成・大正・西）〜最大380万円（東淀川）
　　市全体（326協議会）平均補助額は240万円、市民1人当たり約290円に相当

トさせた。ちなみに、協議会の名称をみると、通称名を使った「地域活動協議会」が6地域（神路・宝栄・中本・東小橋・中道・北中道）と多く、次いで「まちづくり活動協議会」が3地域（今里・深江・東中本）、他に「地域協議会」（片江）、「地域福祉連絡協議会」（大成）がそれぞれ1地域となっている。

1地域平均補助額は年間155万円

東成区の2013（平成25）年度から2017年度の5年間の協議会活動の状況を資金面から概観すると、およそ次のようである。5か年平均でみた年間事業費は1地域平均約280万円（最小154万円〜最大371万円）、うち補助額は1地域平均155万円（最小101万円〜最大215万円）、補助率は56％（最小43％〜最大69％）となっていて、地域によってかなり幅がある。補助額を区民1人当たり年間補助額に直してみると、平均212円、最小182円〜最大271円となり、これも地域差を示している。また、大阪市24区の比較でみると（佃孝三「大阪市地域活動協議会補助金制度から見たコミュニティ制度新設の課題」2019）、2017年度の区別の1地域活動協議会当たり平均補助額は240万円、最小160万円（東成・大正・西）〜最大380万円（東淀川）となっていて、区別の補助額もかなりばらついている。

いくつか留意すべき点を挙げると、①まず補助金交付の基準は各区で一律ではない（補助対象事業や補助率等の細かな基準は区の裁量に委ねられている）、②補助はいわゆる均等割（人口や世帯割で交付）ではなく、地域が企画する事業ごとに補助金が算定され、そのトータルで決まる、③事業補助率の違いは、すなわち自主財源（連合振興町会や校下社協からの助成金、寄付金等）の大小を表している、④補助金を多く確保するということは、つまり補助対象の事業や交付金事業、委託事業などを協議会活動に組み込むことであり、それらの活動を実行す

るための担い手の有無と無関係ではない（補助は物品補助が基本で、人件費は無償ボランティアや少額報酬が通例）などである。

　ところで、当区の活動内容でみると（2017年度計画ベース）、「ふれあいや世代間交流」を中心としたイベント事業（例えば、納涼盆踊り・夏祭り、ふれあいまつり・なかよしまつり、歴史文化まつり、敬老の集い、運動会、仮装大会、餅つき大会等）が事業費全体の7〜8割台と大部分を占める。残りは「防犯・防災」（震災訓練、防災リーダー実習、防犯パトロール、児童見守り等）や「学校連携」（はぐくみネット、生涯学習ルーム、小中学校体育施設開放等）などが共に1割前後、その他は、健康（献血、運動教室、介護予防学習等）や環境（緑化活動、清掃美化活動等）、広報（地域広報・地域新聞の発行やインターネットツールの活用）などこれらを合わせて数％といった構成である。協議会活動の中心は若い人たちの参加や高齢者とのふれあいを大事にしたイベント活動にある、といってもほぼ差し支えないようだ。

まちづくりセンターによる中間支援制度

　協議会活動への支援策は、資金面からの支援（補助金交付）と「まちづくりセンター（中間支援組織、以下、まちセン）」による人的技術的支援の2つに大別されるが、後者の支援制度についても触れておこう。

　まちセンは、当初市内を5つのブロックに分けて民間事業者（地域コミュニティ支援事業者）の公募選定による業務委託を行ってきたが、2014年度以降は区ごとに契約する仕組みに変更された。当区でみると、2014〜2018年度の5年間は毎年更新の形で認定NPO法人大阪NPOセンターが、2019年度は一般財団法人大阪市コミュニティ協会が受託した。主な業務内容は、①まちセンの設置・運営、②協議会の自律運営への支援、③各種団体の市民活動に関する相談窓口の3点だが、初期の案内によると（2014年『まちセンニュース』創刊号）、会計支援や事業計画書作成の手伝い、情報誌やホームページ立ち上げの手伝い、意見交換の場づくり、法人化やビジネス化の手伝いなど、どちらかというと協議会の初動期活動への支援がその内容である。まちセンの体制は、区役所の地域担当職員とともに、支援事業者のアドバイザーや支援員が6名ほど、開所（区役所1階）は平日の9時〜17時半でいつでも対応できるようになっている。

　この制度が発足した当初は、協議会が自立したあとは必要なくなることが想定されていたようだが、いまも継続されていることは支援ニーズがなお強いのかもしれない。市内のいくつかの区では、常駐のまちセン拠点方式ではなく地域からの支援要請に応じて対応する専門家派遣方式や非常勤嘱託職員の直接雇

用による専門職対応方式などの事例もみられ、地域支援の方法にもいろいろありそうだ。もともと「まちづくり」の取り組みには「エンドレス」の側面もあり、地域の実情に応じた息の長い支援の仕組み（例えば「まち医者」のように地域に寄り添う形の支援）が必要とされる。地域の自律性や自主性を高めるため、支援する側（区役所・まちセン）、支援される側（地域活動協議会等）のどちらにおいても、まだまだ試行錯誤の段階にあるようだ。

都市制度改革のゆくえ

　コミュニティ政策に関連して、もう1つ見落とせない話題がある。先の「市政改革プラン（2012）」の基本的な考え方の中で、現行の都道府県・政令指定都市制度の枠組みを見直し、広域行政と基礎自治行政の役割分担の明確化によって「市政改革と府市統合化」を目指すことを明記している。東京都の特別区制度に類似した仕組み、いわゆる大阪都構想である。現在の行政区（市内24区）をいくつかのブロックに分け、大都市制度における基礎自治体への移行（大阪市を廃止して特別区を設置）がイメージされている。

　2012（平成24）年8月、事実上大阪市を対象とした「大都市地域特別区設置法」が国会で可決・成立し、その手続きに基づいて、2015年5月に5つの特別区案を内容とする住民投票（手続きの一環）が実施された。結果は反対多数で否決された。しかしその後も都市制度改革の検討は続けられ、2017年6月から2度目となる都構想の制度設計を話し合う「大都市制度（特別区設置）協議会」（知事・市長・府市両議員で構成、事務局は府市共同設置の副首都推進局）がスタートした。そして2019年12月に4区案を内容とする特別区設置協定案の基本方針が採択され、およそ1年後を目途に再度の住民投票を予定するとされた。またこの間、都構想（特別区設置）の対案として総合区制度（市の機能を残したまま8つの総合区に再編して区の権限を強化）も提案され、都構想の住民合意が得られない場合は、総合区の導入（市議会同意で可能）も選択肢の1つとされている。

　特別区案（4区）や総合区案（8区）による再編の詳細は省くが、前者の1区当たりの人口規模は60～75万人程度、後者は30万人台となり、それぞれ中核市並み、一般市並みの事務権限の委譲が想定されているようだ。仮に特別区制への再編（市廃止）となると、生活に身近な福祉・保健衛生事務や都市計画・建築規制等の地域まちづくり関係の大部分は市から特別区へ移管され、従来の仕組みが大きく変わることになる。また、市の広域行政事務は（平成27年3月「特別区設置協定書」によると）、例えば、広域的な交通基盤や4車線以上の主要幹線道路、

淀川区
・現淀川区役所
・此花・港・西淀川
　淀川・東淀川
・人口 約60万人

北区
・現大阪市本庁舎
・北・都島・福島・東成
　旭・城東・鶴見
・人口 約75万人

中央区
・現中央区役所
・中央・西・大正・浪速
　住之江・住吉・西成
・人口 約71万人

天王寺区
・現天王寺区役所
・天王寺・生野・阿倍野
　東住吉・平野
・人口 約64万人

4特別区の区割り（案）（区名・庁舎位置・現在の区・2015年国勢調査人口）

府の事務とされる主な広域行政部門

都市の成長戦略	・スマートシティ戦略、グランドデザイン関連 （「グランドデザイン大阪」の実現、大阪駅や新大阪駅周辺地区事業など）
都市魅力の増進	・観光・文化振興 （大阪城天守閣、天王寺美術館・動物園、大規模公園内の競技施設など）
大規模な都市計画 広域利用施設	・大規模公園緑地 （鶴見緑地公園、大阪城公園、難波宮跡公園、天王寺公園、長居公園） ・広域的な交通基盤（高速道路、関西空港、リニア関連など） ・4車線以上の基幹道路（地域間・拠点間の連絡道路、広域防災道路等） ・一級河川（表面管理や道頓堀川・東横堀川等6河川を除く） ・港湾（港湾管理、埋立事業、臨港施設、フェニックス業務など） ・上下水道、消防、中央卸売市場、大学・高校など

（平成27年3月特別区設置協定書による）

大阪城公園等の大規模公園緑地、上下水道、河川、港湾、消防などは府への移管となっている。

　もっとも特別区は、市並みの基礎自治体とされるが、市町村財源の柱である固定資産税や都市計画税・法人市民税等の課税権はなく（現行は府が課税し、財政調整制度で交付調整する仕組み）、分権改革や財政システムのあり方からして大きな課題と指摘されているところだ。

　例えば、再編による市の自主財源約8,500億円の配分でみると（2016年度決算ベースでの試算）、①特別区の自主財源は約2,900億円（個人市民税、たばこ税など）、②財政調整財源約4,600億円（固定資産税、法人市民税など）のうちのおおよそ8割に当たる3,600億円が特別区分、③残りの約2,000億円（調整財源の2割分と地方交付税交付金など）は府の財源となる。見かけ上の特別区の財源は①と②の合計約6,500億円となるが、自治体の自立性の尺度を示す①の自主財源の割合は小さく、依存財源が過半を占める。

　もう1つ、もともと都構想による再編は、大都市競争に打ち勝つための大阪

の成長戦略として提起され、そのため「府と市の二重行政を解消し、成長に必要な権限と財源を府に集中させること」を狙ったものだ。しかし、大阪市と大阪府の現在の財政事情について、健全性の目安とされる「実質公債費比率(財政規模に占める借金返済額の割合)」を比べてみると、2018年度の市は4.2％と比較的ゆとりがあるのに対して、府は16.5％とかなり厳しい状況にある。企業流出や景気に敏感な法人事業税や法人府民税(府の税収)の落ち込みなど府の財政基盤は不安定であり、再編によって府の財源となる広域行政費分2,000億円(他にも継承する財産)は、足かせとなっている府の借金財政に資するもの、といった皮肉な見方もある。

　さて、こうして2020年11月1日、再度「市を廃止し特別区を設置すること」の住民投票が実施された。結果は、反対多数で再び否決された。10年近く議論された都構想の是非については一応の決着をみたことになる。

　ちなみに、大都市制度のあり方については、かつて1932(昭和7)年に関一が「大阪都制案」を作成し、府から独立した大幅な自治権をもつ「特別市制」を提案した経緯がある。また近年では、東京都の特別区制度調査会が「都・区の制度廃止と基礎自治体連合の構想」を提言している(第二次特別区制度調査会報告「基礎自治体連合構想」2007参照)。さらに最近では、道府県の役割を政令指定都市が担う「特別自治市」構想(横浜市等で提言)の話題も浮上している。いずれにしても大都市制度問題は、大きな時代の変革期にあっては避けて通れないテーマであり、今後も引き続き議論が交わされよう。

　なお参考までに、大都市圏の構造とまちづくりの関係について少し補足しよう。三大都市圏を比較して、首都圏や名古屋圏が一極集中構造(同心円型構造が強い)であるのに対して、京阪神圏は大阪・京都・神戸という個性ある三大都市が共存する三極構造の大都市圏であり、広域的にはこれら都市間ネットワークを緊密にする「多極ネットワーク型構造」への移行がイメージされる。今後に予想される人口減少時代の縮小動向に対して粘り強い抵抗力となり、収縮プロセスを政策的にも制御可能な圏域像と考えられるからである(広原盛明ほか『都市・まちなか・郊外の共生－京阪神大都市圏の将来－』)。また圏域内は、それぞれの地域の実情とその特徴を生かすための自治の確立を前提として、分権型のまちづくりの仕組みを充実させていくことが基本となる方向だろう。具体的には、市内の行政区に都市計画権限を委譲し、市民主体のまちづくりで地域の再生・魅力化に取り組むことが欠かせない。そして大事な点は、住民自治の基

礎である「校区単位―町会」という近隣住区レベルの自律性こそが新コミュニティを創造する上での鍵となることは間違いないことだ。

12　万博後に始まった都市レベルの震災対策

明治以降でみた大阪における災害（戦災を除く）といえば、火災事例では明治終わりの北の大火・南の大火や地震では震度4程度の中規模地震を何度か経験しているものの、被害状況やその頻度からしてもっぱら風水害が中心であった。淀川改修事業（琵琶湖〜大阪湾）のきっかけとなった1885（明治18）年の淀川大洪水や臨海部の

ジェーン台風による浸水（今里付近）
出典：『東成区史』

工場が壊滅し、当区を含む東部地域への中小工場の移転をうながした1934（昭和9）年の室戸台風、戦後最大の被害（市内の死者・行方不明221人、家屋の全壊・流失5850戸、半壊約4万戸）をもたらした1950（昭和25）年のジェーン台風などが代表的な事例である。ジェーン台風以後も1961（昭和36）年の第2室戸台風を含めて1970年に至る20年間ほどは2年に1度の割合で豪雨による浸水被害が続いた。

ところで、戦後の大阪における災害対策を追ってみると、その内容から大きく次の3つの時期に分けることができる。①戦後から万博開催までの風水害対策期（1945〜1970年）、②万博後から阪神・淡路大震災までの広域避難型震災対策期（1971〜1995年）、③阪神・淡路大震災以降の震災対策見直し期（1995年〜）である。なお③は、2011（平成23）年3月の東日本大震災後に再度の大幅見直しがあり、従ってこの時期を「阪神・淡路大震災後の十数年間（1995〜2011年）」と「東日本大震災以降（2011年〜）」の2つに分けるとわかりやすい。

風水害対策期（1945〜1970年）

大阪の戦災復興は風水害対策も兼ねていた。特に当初は、西大阪一帯の高潮対策に力点が置かれた。河川・運河および海岸沿いの防潮堤の築造、港湾一帯の盛り土、防潮水門やポンプ場新設、橋梁のかさ上げなどである。1960年代からは、第2室戸台風（1961年）の被害状況を踏まえ、引き続き高潮対策を強化するとともに、一方で地盤沈下対策も進められた。地下水の使用規制で1960年

代後半には地盤沈下が沈静化した。また、浸水対策を重点とする下水道整備の促進が図られ、当区においても、1982（昭和57）年に当区西側を北流する内径6mの天王寺・弁天下水道幹線が完成し、浸水解消に大きな成果をもたらした。ちなみに、国レベルでは、1959（昭和34）年の伊勢湾台風による高潮災害（犠牲者5,100人）をきっかけに、1961年に災害対策基本法が制定され、この基本法に基づき大阪市では、1963年に大阪市防災会議を設置、65年に最初の大阪市地域防災計画が策定された。その内容はもちろん、先の高潮対策を中心とした風水害対策であった。

　地震対策については当時、東京が先行して取り組んでいた。1964（昭和39）年の新潟地震によって都市部の沖積層地盤のもろさが露呈され（石油タンク火災や液状化による団地等建物の沈下、地中構造物の破壊など）、加えて同時期に南関東大地震説（69年周期河角説）への関心が高まったことなどから震災対策が急浮上した。「関東大地震が再来したら」の被害想定とともに、広域避難計画の策定や江東地区の防災拠点事業の推進などが図られた。1960年代後半といえば、大阪は万博開催に向けて都市改造の真っただ中であり、地震については東京に比べてその頻度が低いものと楽観視されていたようだ。

　もっとも、近年の研究成果によると（寒川旭『地震考古学』中公新書1992）、大阪に被害を及ぼす南海地震（紀伊半島沖から四国南方沖を震源域とする地震）は、100年から150年程度の間隔で繰り返し発生してきたという。遺跡発掘から見つかった液状化などの証拠から684年（天武朝）以来、M8クラスの巨大地震が8回起こっていたこともわかった。地震の頻度は必ずしも低いわけではなく、一定の周期性が確認されたのだ。

　江戸期以降でみると、1605年慶長南海地震（M7.9-8.0）→1707年宝栄地震（M8.6）→1854年安政南海地震（M8.4）→1946年昭和南海地震（M8.0）の4回が記録されている。これらのうち最も地震規模が大きい宝栄地震は、東海から九州東部の広い範囲で震害（いわゆる南海トラフのほぼ全域が震源域で巨大津波も）、少なくとも死者2万人、家屋の倒壊・流失8万（資料：理科年表）、わが国最大級の地震の1つとされる。『東成郡誌』によると、この地震により当地の熊野大神宮は「本殿拝殿石鳥井倒壊し」、近くの観光寺も「地震にてつぶれ」とあり、大今里村でも実際に社寺倒壊が記録されている。また、昭和南海地震は戦後の混乱期のこと、被害の中心は和歌山・高知・徳島などの沿岸部、大阪では四條畷・岸和田で大きかったが、この地震をきっかけに災害救助法（1947年）が制定され、戦後

の災害法制のスタートを切ったことは忘れてはなるまい。

広域避難型震災対策期（1971～1995年）

大阪市が、風水害対策に加えて震災対策をスタートさせたのは万博開催の翌年の1971（昭和46）年からである。同年5月、中央防災会議（総理大臣を長とする）において大都市震災対策推進要綱が決定され、都市の過密解消および建物の不燃化とオープンスペースの確保等耐火環境の整備に向けた指針が示された。当時の国の震災対策は3大都市圏に重点が置かれ、これを受ける形で同11月、大阪市防災会議に地震専門部会が設置され、市としての

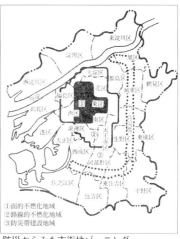

防災からみた市街地ゾーニング
出典：「都市防災化計画」『住宅』1977.11

震災対策の検討が始まった。1976年には21か所の広域避難地および避難圏域が公表され、東成区の全域は大阪城公園（面積155ha、避難可能人員112万人）に指定されている。この時の避難シミュレーションによると、昼間では、市内全避難人口約350万人のうち約半数が30分以内に、約85％が90分以内に、全員が避難完了するには約4時間を要するとしている。

また、1977（昭和52）年には建設省指針（施設整備計画作成要領）に基づく10か年の大阪市防災対策緊急事業計画が策定され、地域防災計画の中に位置づけられた。主な内容は、広域避難地の収容基準を1人当たり1m²から2m²へ、新規の広域避難地として高見地区（此花区）、淀川リバーサイド地区（現北区）の2か所の防災拠点化（住宅建設事業として実施）、避難路および特別避難路（防災性の高い道路）の指定、避難地周辺・避難路沿道の不燃化などである（名口繁行「都市防災化計画」『住宅』1977.11）。要するに、大震火災時において、少なくとも市民の生命を守る「安全な避難地・避難路の確保」を緊急課題とする都市全域を対象にした総避難の計画（逃げる計画）である。当時の計画の考え方には、関東大震災や戦災（空襲）の経験から周囲は完全に火の海となって壊滅的打撃を受けるという被害イメージがあった。この10か年緊急事業計画も「ひとたび震度6程度の地震が発生すれば、本市の大部分は10時間程度で焼きつくされてしまうことが予測される」としていた。

13 迫られる大規模都市災害への備え

阪神・淡路大震災後の十数年間（1995〜2011年）

　1995（平成7）年1月、現代の大都市を襲った他に類をみない地震災害が起こった。犠牲者6,400人に及ぶ阪神・淡路大震災（M7.3直下型地震）である。被害状況の詳細は省くが、犠牲者の大半は木造密集市街地における建物倒壊（家具転倒含む）による圧死であり、建物の不燃化とともに耐震化の重要性が改めて浮き彫りにされた。また、家屋被害（兵庫県内）でみると、全壊全焼11.1万棟、半壊半焼13.7万棟、すなわち市街地の全面的被災というより被害程度が地域・場所によってバラついたマダラ状被災であり、従来の被害イメージとはかなり違った。

　さらに、地域のコミュニティパワーや市民活動（ボランティアは延べ200万人を超えた）が事後の被災者救援や復旧・復興に際して大きな力を発揮した。なかでも町内会・自治会は、倒壊家屋からの救出を含む発災時の連絡・避難・救護等の初期対応や復旧段階での例えば、避難所の運営や支援物資の配布等、被災地住民に最も近いところで地域の実情に即したきめ細かな活動を行うことができることなどが再認識された。

　阪神・淡路大震災の半年後、国は地震防災対策特別措置法（1995年7月施行）を制定し、急遽全国レベルを対象に地震防災対策を強化した。主な内容は次の3つ、①避難地・避難路、消防用施設、小中学校・社会福祉施設等の29施設を地震防災対策施設として安全面での緊急整備を図る（都道府県で地震防災緊急事業5か年計画を策定して推進）、②地震調査研究推進本部を設置して地震評価等の研究体制を強化する（地震調査委員会では大地震の長期発生確率等を公表）、③自治体による災害予測図（ハザードマップ）の作成や住民周知の促進を図る、といった諸点である。制度的にはこれ以外にも、個々の住宅等建物の耐震化や密集市街地の改善に向けた「建築物の耐震改修の促進に関する法律（1995年）」や「密集市街地における防災街区の整備の促進に関する法律（いわゆる「密集法」97年）」、被災者救援の一環で最低限の個人補償給付として「被災者生活再建支援法（98年）」、災害時の救援、復旧活動で注目された非営利の市民活動の支援に向けた「特定非営利活動促進法（NPO法98年）」などが制定された。

　また、災害対策基本法に基づく国の防災基本計画の改訂（1996年度）に合わせ、全国の自治体において地域防災計画の改訂・新設作業が進められた。大阪府で

阪神・淡路大震災で焼け野原になった神戸新長田
写真提供：中林一樹

東日本大震災で陸に大型漁船が乗り上げた宮城県
気仙沼　写真提供：同左

は内陸直下型地震の被害想定調査とともに、大阪府地域防災計画の改訂や大阪
府災害に強い都市づくり計画の策定（1997年3月）などを、大阪市も大阪市地域
防災計画の震災対策編や風水害等対策編の改訂（1997〜98年）を行った。

　さらにその後、地震調査研究の進展等で、国の地震調査委員会では長期の地
震発生確率（場所・規模・発生確率等）の公表を行った。例えば「A想定地震では
30年以内に、Bクラス規模（マグニチュード）の地震が起きる確率はC％」といっ
た具合だ。大阪に関係するものでみると、2001（平成13）年に東南海・南海地震（海
溝型）の公表を最初に、翌2002〜2005年にかけて生駒断層帯・有馬高槻断層
帯・中央構造線断層帯・上町断層帯等の4つの内陸直下型地震の公表（以降随時
公表）が行われた。また、国の中央防災会議が大都市震災対策の一環で、3大都
市圏の主要地震の被害想定を行ったことと前後して、大阪府防災会議も独自に、
1996年度の被害想定調査から10年が経過した2006年度に、東南海・南海地震
や上町断層帯地震等4つの直下型地震についての被害想定（地域別に人的被害・
建物被害・ライフライン等施設被害などを算出）の見直しを行った。的確な震災対
策を考える上で被害の事前予測（敵を知る）は欠かせないからだ。

東日本大震災以降（2011年〜）

　日本列島が地震の活動期に入ったかどうかはわからないが、1995（平成7）年
の阪神・淡路大震災後も2004（平成16）年新潟中越地震（M6.8）、2011（平成23）年
東日本大震災（M9.0）、2016（平成28）年熊本地震（M7.3）と続いた。特に、2011年
3月に起きた東日本大震災は、マグニチュード9.0、死者・行方不明2万人近く、
建物の全壊・半壊合わせて約40万戸に及ぶ海溝型の巨大地震であった。青森・
宮城・福島の3県を中心に広い範囲にわたる地震津波（加えて原発事故レベル7
の最悪事態）の凄まじさは連日のテレビ報道等を通して目の当たりにした。阪

神・淡路大震災の記憶が少し薄れかけた時期でもあったが、再び人びとに強烈なインパクトを与えた。「想定外」といわれる巨大地震を経験し、震災対策が改めて見直された。特に注目される点として次の2つが挙げられる。

　1つは、想定地震の巨大化である。これまで想定されていた「東南海・南海地震（M7.9〜8.6）」はさらに東海地震との連動の可能性を想定した「南海トラフ巨大地震（M9.0〜9.1）」が加えられた。それぞれ単独で起きる場合はM8クラスであるが、2つが連動すると8.5クラス、3つが連動すると9クラスというわけだ（ちなみに、マグニチュードが「1」違うと、地震のエネルギーは30倍も違うとされる）。

　2012（平成24）年8月、内閣府により南海トラフ巨大地震の被害想定が発表され、翌2013年度には大阪府も独自に府域内における同地震の被害想定を公表した。大阪府の推計による東南海・南海地震の想定（2006年度）と南海トラフ巨大地震の想定（2013年度）を比較してみると、府全体の建物の全半壊棟数は7.7万棟から63.8万棟へおよそ8倍に増えている。地震現象別にみると、前者の東南海・南海地震では建物被害の約9割が「揺れ（地震動）」によるものであるが、後者の南海トラフ巨大地震では「液状化」40％、「揺れ」28％、「津波」23％、「地震火災」10％の順で、液状化や津波による建物被害が大きくなっている。また、東成区の被害想定でみると、後者の巨大地震による建物の全半壊は約1万棟、うち「液状化」が最も多く63％（6,260棟）、次いで「揺れ」32％（3,130棟）、「地震火災」5％（500棟）の順で、上町台地東側の当区では津波による被害はないとされる。とはいえ、総建物棟数（2.29万棟）の43％が全半壊という想定だから、いずれにしても、被害イメージは極めて甚大である。

地区防災計画制度の創設

　もう1つの注目点は「地域の防災力」への期待である。別の言い方では「自助・共助」への期待である（隣近所のつきあいを強調して「自助・近助・共助」という造語もある）。地震発生直後の大津波（から命を守ること）に対しては、自力や家族、周りの身近な人たちの協力が唯一の頼りであった。被災者救援や復旧・復興の段階では改めて地域のコミュニティやNPO・ボランティアの支援等が大きな力となった。つまり災害対策において、従来の「公助」を基本とした仕組みだけでは十分に対応できず、地域の防災力ともいうべき「自助・共助」の取り組みの重要性が改めて強く認識された。

　東日本大震災の翌2012（平成24）年と2013年の2度にわたり、国は災害対策基本法を大幅に改正した。その中で、住民や地域のコミュニティに対していく

つかの努力義務規定が盛り込まれた。住民の自発
的な防災活動の推進（自主防災組織の育成を含む）と
ともに、生活必需物資の備蓄や防災訓練など、ま
た、避難行動要支援者へのサポートや安否情報の提
供、ボランティアとの連携など、さらに、市町村の
地域防災計画を補完する「地区防災計画制度」の創
設が図られた。地区住民等の自発的な取り組みとし
て、地域の防災力の向上にむけたボトムアップ型の
防災計画を作成・提案し、市町村の地域防災計画に
位置づけることができるという計画提案の仕組みで
ある。

『深江地区防災計画』の表紙

　こうした動きに大阪市も即応し、2014年には南海トラフ巨大地震の被害想定
見直しに伴う大阪市地域防災計画の修正や、「自助・共助」の考え方を大きく組
み入れた「大阪市防災・減災条例（2015年2月施行）」が制定された。条例の計画
事項をみると、各区の特性に応じた区地域防災計画の作成や各地域の自主防災
組織による地区防災計画（当該地域の防災・減災に関する計画）の作成が規定され、
市の計画―区の計画―地区（小学校区等）の計画の3段階が明示された。

　区の計画は、条例施行に先立ち2012年度から着手され、東成区では2013年
5月に「東成区防災プラン」が作成され、その後も市の計画修正を踏まえ、2015
年3月に改訂された。また、地区の計画も2014年度から取り組みはじめ、当
区の11地区（小学校区）でみると、2015年に今里、2017年に深江・大成・中道が、
いずれも地域活動協議会が主体となり地区防災計画が作成された。また、他の
7地区（宝栄・神路・片江・中本・東中本・東小橋・北中道）も2017・18年に要点を
まとめた簡易版パンフレットを作成した。内容をみると、例えば「深江地区防
災計画」では、①地域で想定される災害についての検討（地震・水害の被害想定）
とともに、②自分の安全は自分で守る「自助の対策」（家の中の安全対策、災害
時の身の守り方、生き延びるための備え、家族の安否確認や集合場所等）、③自分た
ちの地域は自分たちで守る「共助の対策」（地域防災マップの確認、地域防災組織
の体制と運営、避難所の開設・運営、避難行動要支援者への支援、地域の備蓄、防
災訓練の実施、災害時協力企業等）などで構成され、平時は防災訓練や防災意識
を高めるためのツールとして、災害時は対応マニュアルとして使用できるもの
と考えられている。

主な被害想定（東成区）

地震被害想定   水害被害想定

被害の内容等		上町断層帯地震	南海トラフ巨大地震				大和川氾濫（堤防決壊）
規模震度	発生確率	2～3%	低い	（建物被害の内訳）			想定雨量 ・総雨量280mm （石川合流点下流） ・200年に一度の降雨
	地震規模	7.5～7.8	9.0～9.1				
	最大震度	震度7	震度6弱	揺れ	液状化	火災	
建物被害	全半壊棟数	14,661	9,894	3,130	6,265	499	浸水想定 ・平野川と平野川分水路の間のエリア →3～4mが多い （一部4～5.5m）・平野川の西側エリア →2～4mが多い ・分水路の東側エリア →1～3mが多い
	内訳 全壊	9,870	2,847	326	2,022	499	
	内訳 半壊	4,791	7,047	2,804	4,243	0	
	内訳 木造	12,060	9,668	2,952	6,217	499	
	内訳 非木造	2,601	226	178	48	0	
人的被害	死者	412	17	注）人的被害のうち建物 倒壊によるもの 死者15、負傷者数322			
	負傷者数	819	379				
	避難所 生活者数	14,173 （5～8日後）	11,446 （1週間後）				

想定時期：上町断層帯地震は2006年度想定、南海トラフ巨大地震は2013年度想定
総雨量：雨の降りはじめから降り終わり（2～3日間）に降った雨の総量
資料：「東成区防災プラン」2015.3、「大阪府域の被害想定について」2013年度想定より作成

　改めて、当区の被害想定をみると、地震被害では、①30年以内の発生確率2～3％（2014年1月現在）、M7.5～7.8の「上町断層帯地震（内陸直下型）」と、②発生確率は、東南海・南海地震（発生確率70％程度）より低いとされるM9クラスの「南海トラフ巨大地震（海溝型）」、水害被害では、③200年に一度の降雨とされる「大和川水系の氾濫」（石川合流点下流で堤防決壊の場合）の3つが代表的である。①と②の被害状況を建物の全半壊数でみると、①の上町断層帯地震（震度6弱～7）では約14,660棟（うち全壊9,870棟）、②の南海トラフ巨大地震（震度6弱）では9,890棟（同2,850棟）と前者の方が約1.5倍、総建物棟数2.29万棟に対する全半壊数の割合でみると、前者は6割台、後者は4割台という想定だ。また、③の大和川氾濫による浸水は平野川と平野川分水路の間の地域は3～4mの深さ、場所により4～5m台というから、明治の淀川大洪水（最高浸水深約4m）並の想定となっている。

　ちなみに、自然現象の予測の世界では（気象予測を含め）、業界用語の1つに「倍半分」という言葉が使われているようだ。予測にはもともと幅があって、その値は倍になるときも、半分になるときもあるという意味だ。上記の被害想定の「倍」の可能性があるとしたら、それは悪夢に近い惨状となる。個々人ができる現実的な減災対策の追求とともに、「いつ、何が起きてもおかしくない」ものと覚悟し、狼狽えることなく「正しく恐れる（寺田寅彦の戒め）」ことが肝要ということだろうか。

14 密集市街地まちづくりのこれまで

　もう1つ、阪神・淡路大震災をきっかけに大きく取り上げられた課題がある。震災による被害の大部分が木造密集市街地に集中したことから、地震防災対策の重点課題として建物の不燃化・耐震化を含む密集市街地の改善問題が再び浮上した。「再び」というのは、密集市街地の改善は首都圏や関西圏などで1970年代以降において住環境まちづくりとして長い間取り組まれてきた経緯があるからだ。例えば大阪では、豊中市庄内地区や寝屋川市東大利、門真市朝日町など、大阪市内では大工場の跡地等を活用した都島区毛馬・大東地区が初期の事例である。

防災性向上重点地区と優先地区

　阪神・淡路大震災後、国は全国の密集市街地の実態調査を開始するとともに、1997（平成9）年にいわゆる密集法（密集市街地における防災街区の整備の促進に関する法律）の制定や各種事業制度の整備を図るなど、密集市街地の改善に向けた新しい法制度の枠組みを準備した。この動きに合わせ、大阪府・大阪市も密集市街地整備の推進に向けた新たな検討を開始、大阪府では、1997年3月に災害に強いすまいとまちづくり推進要綱を作成し、「促進区域（1997・99年指定）」約2,400ha（豊中・守口・門真・寝屋川・東大阪等の府下21市町39地区）を、大阪市も1999年度に大阪市防災まちづくり計画を策定し、「防災性向上重点地区」約3,800ha（防災街区49地区、市域面積の約17％）を、それぞれ指定・公表した。両者を合わせて大阪全体で6,000haを超えるが、これらは広範囲に及ぶ密集市街地の中でも、地震時において建物被害（老朽木造建築物等の集積）や火災被害（市街地の燃えやすさ）、避難条件（道路閉塞の可能性）などから、防災上の課題が多い市街地として抽出されたものだ。

　また、2001（平成13）年12月（および2007年1月の2度）、内閣に設置された都市再生本部において、「密集市街地の緊急整備」が取り上げられ、特に大火の可能性が高い危険な市街地（延焼危険地域）の解消を目指し、今後10年間の緊急対策として重点整備することが決定された。この方針を受け、大阪市は翌2002年度、先の「防災性向上重点地区（約3,800ha）」のうちおよそ3分の1に当たる約1,300ha（防災街区21地区）を「特に優先的な取り組みが必要な密集住宅市街地」（以下「優先地区」という）として設定した（府も同様に府下約900haを設定）。この優先地区は、国レベルでは「重点密集市街地」と称し、また2012年（東日本大震災の翌年）

アクションエリア・優先地区・重点整備エリア
出典：大阪市都市整備局資料

の見直し以降は、「地震時等に著しく危険な密集市街地（延焼危険性や避難困難性が特に高い）」として再指定され、そこでの改善事業は予算措置を含め国家的なプロジェクトとして位置づけられた。

　大阪市内おける地区指定（線引き）の状況を確認しよう。「防災性向上重点地区」（アクションエリアともいう）は、JR環状線外周部、戦災の被害が比較的少なかった東部および南部を中心に市域面積の2割近くを占める。うち「優先地区（市域面積の約6％）」は、環状線外側隣接部、大正から昭和初期の都市膨張期（「大大阪」と呼ばれた時期）に市街地を形成した地域にほぼ該当し、関係行政区は当区を含む8区（福島・城東・東成・生野・天王寺・阿倍野・東住吉・西成）に及ぶ。

　東成区をやや詳しくみると、前者の「防災性向上重点地区」は疎開道路（豊里矢田線）西側および内環状線東側を除き区内の大部分が該当する。一方後者の「優先地区」は疎開道路と今里筋に挟まれた平野川の両側一帯約120haがそれに当たる。ちなみに、当区「優先地区（約120ha）」の基盤整備の状況をみると、南側（玉津・大今里西）の大部分は、戦前の今里片江区画整理、戦後の玉造復興区画整理が行われており、いわゆるスプロール状の開発が進んだのは北側（中道・中本）に限られる。また、当区における同様のスプロール状市街地の典型は旧街道沿い北側、大今里エリア（今里・神路）がそれに当たり、防災性向上重点地

区に指定されているとはいえ、優先地区に組み込まれても一向に不思議はない。

密集地対策メニューあれこれ

　優先・重点地区の線引きの話はそれくらいにして、この間の大阪市における密集市街地整備の実際の取り組みについて振り返ってみよう。

　まずは、具体的な地区レベルの取り組みについてである。阪神・淡路大震災の少し前、1994（平成6）年度より、市内の老朽住宅密集市街地整備のモデル事業として生野区南部地区の取り組みがスタートした（約98.5ha、1994年7月にまちづくり協議会設立、翌95年2月にまちづくり基本構想策定）。またその後、大阪市総合計画21推進のための新指針の策定（「施策方針」「いきいき大阪再生プラン」「新生おおさか重点プラン」など）や国の都市再生プロジェクト（2001年12月第3次決定）の後押しなどで、密集市街地整備に焦点が当てられ、西成区北西部地区、福島区北西部地区等が先導的な取り組みとして取り上げられた（以上の3地区はいずれも優先地区に該当）。

　一方個別施策でも、全市域を対象に自主的な建て替えを促す「民間老朽住宅建替支援事業（1992年創設、建設費補助、従前居住者家賃補助等）」や「耐震診断・改修補助事業（1995年）」、優先地区を対象にした「狭あい道路拡幅促進整備事業（2003年）」や「まちかど広場整備事業（2007年）」などの事業制度が準備された。さらに、狭小な敷地での建替促進に向け、全市の住居系用途地域等において、防火規制の強化と併せて、建ぺい率制限を60％から80％とする緩和（2004年）が行われた。建物の建て詰まりには少し目をつぶり、老朽住宅の建て替えによる減災効果（倒壊防止・延焼防止）の方が優先されるとの理屈だ。

　また、こうした取り組みを踏まえ、2008（平成20）年2月に「密集住宅市街地整備の戦略的推進に向けての提言（委員長：野間博）」が行われた。特に「地域住民等との連携」や「規制誘導手法の活用」、「公共投資の重点化」の3つの戦略的視点が強調され、地域の実情に応じたきめ細かな施策の展開を求めている。要するに、今後の取り組みには、「厳しい財政事情のもと（公共投資の重点化）」「地域住民の主体性を前提に（地域住民等との連携）」「民間の力を最大限引き出す（規制誘導手法の活用）」、長期の持続可能なまちづくりシステムの構築が欠かせないということだ。これを受け2008年度には、例えば、耐震化促進の一環で、簡易型の耐震改修（上部構造評点0.7以上でも可）やシェルター型の耐震改修（寝室等の一部屋や1階部分のみの補強）への補助制度、優先地区を対象にした「まちかど広場の整備」（市有地や民有地の活用）や「防災コミュニティ道路」（有効幅員

基本6mと沿道の不燃化)の新規事業化など、対策メニューの充実が図られた(北山・中野「大阪市における密集住宅市街地整備の戦略的推進」『都市計画』2008)。

密集住宅市街地重点整備プログラム

そうしたなか、2011(平成23)年3月に東日本大震災を経験した。翌2012年8月には内閣府により南海トラフ巨大地震の被害想定が発表され、震災対策は「待ったなし」でこれまで以上のスピードアップの対応が求められた。同年11月に大阪市は、副市長をリーダーとして優先地区に該当する8行政区(当区を含む)の区長等で構成する「密集住宅市街地整備推進プロジェクトチーム」を設置した。2014年4月には当面の整備目標や取り組み方向を示す「密集住宅市街地重点整備プログラム(2020年度目標)」を策定、同6月から「重点整備エリア」を設定し、10地区約410ha(優先地区約1,300haの3割強)が指定された。

10地区の内訳は、先行して取り組んでいた3地区(生野南部、西成北西部、福島北西部)を含み、区別でみると、生野区4、西成区2、福島区2、阿倍野区1、東成区1となっていて、当区(東成)においては中本地区が対象となっている。また、先の「重点整備プログラム」の策定に際して、4つのモデルエリアを選定して「ハード面を中心とした取り組みの検討」が行われたが、その1つに「地域主導による処方箋型防災まちづくり」をテーマとして、当区の今里地区(大部分が防災性向上重点地区)が取り上げられた。

中本地区と今里地区の防災まちづくり

前者の中本地区(面積約25ha、2015年人口密度223人/ha)での取り組みのポイントは、身近な避難経路の確保とともに民間自力を基本とした建て替え等による不燃化促進にあるようだ。市と中本連合町会との協議により、既に2010(平成22)年3月に「防災コミュニティ道路」1路線(約570m、路線沿道戸数約130戸)が認定され、防災まちづくりをスタートさせた。路線認定以降の沿道建て替えの進み具合は、補助制度(主要生活道路不燃化促進整備事業=設計費、解体費、建設費等の一部補助)の活用はまだないようだが、自主的な建て替え整備がいくつか進んでいるという。

もう1つは、今里地区(面積約27ha、同年人口密度169人/ha)の取り組みである。市の整備プログラムによる取り組みスケジュールでは、当面の目標として「住民の組織づくり」と「防災まちづくりの方針策定」がイメージされている。今里地区といえば、地域活動協議会の発足に向けたモデル地域の1つとして、2012年3月に「今里まちづくり活動協議会」を設立させ、いち早く協議会活動

防災まちづくり地区（中本地区・今里地区）
資料：「大阪市密集住宅市街地重点整備プログラム（2014）」を基に作成

を軌道に乗せた地区である。2018年度から協議会の中に「今里まちづくり研究会」を発足させ、市のまちづくり活動支援制度（専門家派遣や活動費の助成）を利用して、10年先の防災まちづくりの計画策定や地区内の空地・空家調査を実施して具体的な利活用の可能性についても検討しているという。まちづくりの初動期活動が始まったばかりといえる。

　なお当区においては、広域防災（防災骨格の形成）の観点から、南北方向の今里筋（森小路大和川線25m幅員）および疎開道路（豊里矢田線25m幅員）の沿道に都市防災不燃化促進事業（耐火建築物等への建設費一部助成）が適用されている。道路境界から奥行30mの範囲を不燃化促進区域として、安全な広域避難路づくりを目指したものだ。道路部分（25m幅員）と沿道の不燃化部分（両側各30m）を合わせて80m余りの防火帯・延焼遮断帯である。先の中本地区の東側境界部分に、今里地区では南北に縦断する形で今里筋が通り、両地区の防災骨格（防火帯）をなしている。

　さて、以上がこれまでの経過であるが、少し補足しておこう。密集市街地のまちづくりには即効薬はないと考えた方がよさそうだ。当区は幸いにも、戦前のまちづくりで都市計画道路が充実している。一部基盤未整備地区では防災コミュニティ道路の整備で補強することもできよう。そしてこれら道路に囲まれた街区内部（業界用語で避難路や延焼遮断帯を「ガワ」の整備、街区内部を「アン」の整備という言葉がある）は、個別建て替えを中心とした不燃化・耐震化が主要

なテーマである。可能ならば、まちかど広場 (玉津2丁目「たまつ和ひろば」の事例) や空地活用の工夫 (行き止まりの解消や防災空地の確保など) を加えるとして、それにしても長期の取り組みとならざるを得ない。

　改めて当区の住宅の変化に注目しよう (本章「激減する長屋・進むマンション化」参照)。ここ30数年間の間に、低層の長屋の街並みがすっかり消え、代わって中高層の集合住宅が混在する街に変貌した。「長期」といっても四半世紀レベルで考えると街は大きく変化する。大事なことは、暮らしやすく住み続けられるまちづくりを目ざし、1つひとつの小さな変化にできるだけ工夫 (安全面を含む) を加え、それを積み重ねることが、すなわち街区内部の整備 (「アン」の整備) に直接つながるものと考えたい。

　「まちなか居住」に焦点を当てた住宅問題研究者の森本信明によると (「地域許容の原則」をもとにした都市住宅地のあり方／日本建築学会2012)、「住みよいまち＝持続性のあるまち」とし、その評価軸に、これまで一般的であった安定性・均質性の評価 (郊外の計画的住宅地など) に加え、①柔軟性 (地域のニーズに応じた任意・個別的な住宅更新の柔軟性)、②混在性 (自営型個人店舗等の住宅以外の用途の適度な混在) をキーワードにした「しなやかなまち」の都市住宅地像を提案している。当地のような低中層高密型住宅地の将来像を考える上で、示唆に富む。

第3部

まちの記憶

イラスト：成瀬國晴さん

1 計画開発された今里新地花街

大正・昭和に開業した「新五廓」

　大坂の新町、京都の島原、江戸の吉原といえば、江戸期における三大遊廓である。これらを含め、幕府公認の遊廓は全国で20数か所あったという。大坂で公認の遊廓は新町（1629年開設）が唯一であったが、そのほかにも島場所（江戸では岡場所）といわれる非公認の遊所が数多くあった。茶屋・風呂屋・煮売屋・旅籠屋・湯屋などの営業が許可（株取得）されると、例えば茶屋には茶立女が、風呂屋には髪洗女がいて、実際には遊女同様となり、接待・遊行の場として賑わった。その代表が、新町に次ぐ格式を有して北の新地として名をはせた曾根崎新地（1708年開設、近松門左衛門の『曽根崎心中』の舞台）や、南の道頓堀川沿いで芝居小屋を中心に芝居茶屋として栄えた南地五花街（宗右衛門町、九郎右衛門町、櫓町、元伏見坂町、難波新地）、安治川開削に伴い誕生した新堀・富島新地などであり、なお幕末の頃には三郷の町外れを中心にその数40余りを数えた（『新修大阪市史』第4巻 p.814「大坂の遊所一覧」）。

　明治になっても、近世以来の遊所の公認は続いた。1868（明治元）年12月、大阪府は川口居留地の外国人対策として、居留地の近くに松島遊廓の設置を決定した。1871年には花街制限令を布告し、遊廓戸数の制限とともに、松島への遊廓統合移転を促した。その翌年には太政官布告による芸娼妓解放令を受けて、人身売買や年季奉公が禁止されたことから、遊女屋の閉業や移転整理も一定進んだ。しかし一方で、遊女（娼妓・芸妓）の営業は自由意志を建前に制度として認められ（家族・戸長の承認があれば、許可し鑑札が渡され、1か月1人3円を区会議所へ納付義務）、席貸業者（従来の遊廓経営者）の経営権も保護された。また、1900（明治33）年には廃娼運動を背景に、内務省令による娼妓取締規則が制定され、娼妓の居住地は貸座敷の営業が許可された地域に限るとされたが（貸座敷免許地への囲い込み）、取り締まり等の実態はほとんど変わらなかったようだ。

　大正に入って、市街地外縁部での花街の新設が急浮上した。1912（明治45）年の南の大火で、難波新地が三番町から五番町までほぼ全焼し、同所の貸座敷免許地が廃止された。その代替地として、1916年に開業したのが飛田遊廓（天王寺村2万余坪）である。その後、1922年には南陽新地（通天閣のある新世界）と住吉新地（住吉公園近傍）が、1927（昭和2）年には港新地（安治川沿い田中町）と今里

新地（片江・中川町、現近鉄線今里駅南側地域）が、それぞれ「芸妓住居指定地」として設定され、花街の再編が行われた。大正以降に開設されたこれらの花街を「新五廓」とも称し、大阪の都市膨張期における「まちづくり裏面史」と呼ぶにふさわしい。

遊廓移転疑獄事件の顛末

さて、本題はここからである。当地に隣接する「今里新地」に焦点を当てよう。まず花街形成のきっかけだが、これがなかなかの曰く付きだ。大阪を代表する松島遊廓の移転問題と絡んでいた。こういうことだ。1897（明治30）年の第1次市域拡張のころから松島の移転構想は何度か持ち上がっていたが、大正の中頃、複数の土地会社が競って用地買収を画策し、移転誘致を政治家等に働きかけていた。その過程でいわゆる利権をめぐる汚職問題が発覚、1926年に大阪地裁検事局は時の総理大臣（若槻礼次郎）を偽証罪で告訴するなど、内閣までも巻き込むスキャンダル（松島遊廓移転疑獄事件）に発展した。裁判の顛末は、首相は不起訴、収賄側の有力政治家も無罪（6人起訴、2人有罪）、もちろん松島移転は実現しなかった。しかし、疑獄事件後も間もない1927年、突如として2か所に芸妓住居指定地が許可された。その1つが「今里新地」である。当時ここを所有していたのは大東土地株式会社であり、詳しい事情はよくわからないが、結果的に同社が誘致合戦に勝利を収めたことになる。

こんな話もある。大正後半から昭和初め、カフェー（例えば、ジャズバンドの演奏とボックス型客席での日本髪の女給の接客といった風）やダンスホールが流行し、風紀の面から取り締まりが強化された。1927（昭和2）年5月に府知事に着任した田辺治通（後に逓信大臣）は、「わしの目の黒いうちは、ダンスホールなど非国粋的の遊技を許可することは絶対まかり通らぬ」と、ダンス禁止を標榜する一方で、同年12月、婦人矯風会などの反対を押し切り、先の新地開設の指定を断行した（『新修大阪市史』第7巻 p.852）。風紀を乱す洋式の社交ダンスよりも花街を許可する方が伝統・風俗にマッチするという理屈であろうか、いずれにしても府知事は、疑獄事件の後始末にこうして決着を付けたのである。

一大花街に成長した今里新地

芸妓住居地が指定された直後、当該地所は大軌（現近鉄）に売却された。同社は直ちに今里土地株式会社を設立し、1929（昭和4）年12月に片江中川区画整理組合を組織して、花街の建設と土地分譲を行った。施行面積は15.2万坪、1930年に一部で建築線指定や仮換地指定、1940年に換地処分、翌41年解散とある。

片江中川土地区画整理予定図（今里土地会社の土地分譲の広告より）
出典：『大阪市の区画整理』

御殿造の料亭雲井
出典：岡嶋恵美子『今里片江村のむかし話』

　今里土地会社の最初の所有地は約8.2万坪、区画整理後は約5.3万坪となっている。地区の北西部、大軌の今里停留所に近い第1号公園（1街区を使った現在の新今里公園）を含む一角が「新地」である。この公園にはベビーゴルフやテニスコート、遊戯場が整備されていたというから、当時としてはずいぶんお洒落であったに違いない。ちなみに、区画整理による新地区域は、公園のほか、東西方向の街路は幅員11mと6mを、南北方向は幅員11mと8mを交互に配置するなど道路基盤もしっかりしている。

　新地の開業は1929（昭和4）年末、料理屋10、置屋4、芸妓数13人で始まった。10年が経過した1939年度には、料理屋435、置屋104、芸妓数約2,500人と一大花街に成長した。「芸妓住居地」であるから娼妓はおらず、芸妓を集めるのに新橋・曾根崎・南地のお茶屋から応援を求めたという。当時の松島・飛田は娼妓が多数を占め、芸妓の数では南地五花街がトップ、その南地にも引けを取らない規模になった。それも下町の当世風で、旧市の芸妓たちと違った気安さで人気を呼び、開業当初から大繁盛であった。

　今里新地は、芸妓置屋と板場のない料理屋（割烹という看板を掲げた待合茶屋）で構成されたかなり特異な二業地であったという（検番は新地全体で1つ）。新地内には置屋と料理屋のほか、仕出屋や各種飲食店はもちろん、浴場や理髪店、髪結所、技芸の稽古場、各流派の師匠（舞踏、清元、長唄、義太夫、常磐津、三味線）など、駅前近くには30数軒の店舗が入る市場や各種の個人商店、玉突屋等の遊技場、カフェーやバーも揃った。そして家屋の多くは2,500人におよぶ芸妓

天満宮初天神に宝恵駕奉賛に出発する時の儀式
出典：岡嶋恵美子『今里片江村のむかし話』

今里新地公園で開催された五層櫓の盆踊り（芸妓が一度に125人が出演して踊った）出典：同左

の住まい（長屋）である。400軒を超える料理屋（待合茶屋）が軒を並べていたから、仕出屋のほか、和歌山の東白浜水族館を買収して新地経営の共同調理場も造られたという。

　料理屋の表には、思い思いの門構えに、柳・桜・松・樫・槙などの常磐木を配し、灯籠や踏み石も苔むして緑が濃い。茶屋向きに建築されたものばかりだから、奥行きが深く、たいていの家には離れ（経営者の生活スペース）があり、料亭建築の粋と粋を競い合った独特の新地情緒があったという。敷地は東西の通りに面して30坪程度の広さ、その中で約百坪の御殿造の料亭雲井（1937年建築）は、中庭の仙栽や客室には画家手描きの特大襖、天井は本漆塗りとひときわ豪華で目立っていた。

　1945年6月15日の大空襲、近鉄今里駅の線路を挟んで両側、片江と新地の中心部に当たる北半分が焼き払われた。終戦時で料理屋は200軒以下に落ち込み半減した。一流料亭が集まっていた北側が焼け、新地の中心は焼け残った公園南側に移った。1957（昭和32）年の大阪市調査によると、待合216、芸妓扱所（検番）26、女給50、芸妓450とある。芸妓扱所が乱立し、芸者と酌婦の混在化も進んだ。1946年にGHQ占領下で娼妓取締規則（制度上の公娼制）が廃止され、1958年には売春防止法が施行されたことから待合茶屋の廃業も相次いだ。またこの間、甲部芸妓技所（本検番）が設置され、花街の伝統を引き継ごうという動きもあった。年初めの芸妓始業式の舞台では三番叟が披露され、7月の天神祭には舞踏船を奉納、愛染祭（大阪の三大夏祭りの1つ）の宝恵駕行列では今里新地の芸妓が主役を務めた。新地内の公園での恒例の盆踊りでは五層櫓が建ち、2つの花道から1度に120人余りの芸妓が踊った（岡嶋恵美子『今里片江村のむかし話』2004/加藤政洋「雪洞とハングルのある風景―今里新地」『大阪春秋』No130）。

1970年代の中頃にはまだ所々に新地風情（芸妓数50〜60人ほど）を残していたが、料亭や茶屋は年々数を減らした。昭和から平成に変わるころ、廃業した待合が韓国系の料理屋やスナック、クラブなどに次々と姿を変え、今ではすっかりコリアンタウンに様変わりした。松島の疑獄事件に始まるこの街のルーツと股賑（いんしん）を極めたかつての花街の記憶はほとんど薄れてしまった。

2　上方落語を育んだ今里片江

今里片江で誕生した芸人村

　新地開設に関連した話題がもう1つある。新地とその周辺地域（今里・片江）は芸人たちの居場所となったからだ。花街は芸人（芸能人）にとっては修業地の1つであり、例えば、人形浄瑠璃の人形遣い吉田玉助や桐竹紋十郎、義太夫節大夫の山城少掾（やましろのしょうじょう）など、落語家では笑福亭松鶴や桂三木助（新地内に居住）、漫才師では横山エンタツ・花菱アチャコのコンビ、ほかにも女優の山田五十鈴（10歳で清元の名取り）や喜劇役者の藤山寛美など、多くの芸人がここで芸を磨いた。

　今里新地から歩いてすぐのところ、大軌（現近鉄線）の今里停留所の北側に芸人村も誕生した。新地開設の数年後の1932年、後の五代目笑福亭松鶴が西区京町堀より当地の片江町（現大今里南3丁目）に引っ越してきた。ほぼ同時期、落語家の仲間で後の四代目桂米團治や三代目笑福亭枝鶴、漫談家の花月亭久里丸、漫才師の横山エンタツ（アチャコとのコンビで「しゃべくり漫才」の元祖）や都家文雄（みやこや）（世相批判と毒舌の「ぼやき漫才」の創始者）など十数人が近くに移り住み、「今里片江」は大阪笑芸人の1つの拠点となった（『東成の歴史・芸能文化を語り、伝える』）。ちなみに、大阪芸人のもう1つの拠点が、漫才師が多く集まった通称「天王寺村」であり、新世界と飛田の近傍にあった。

　ところで、上方落語といえばもともと「桂」「笑福亭」「林家」の三派が中心である。明治・大正には200名近くの落語家が活躍し、寄席芸はもっぱら落語が主役であった。しかし昭和に入り、新しい芸能としての漫才の台頭に押され、落語は低迷した。この時期の大阪落語を支えた初代桂春団治（アクの強い芸風、実生活での突飛な言動などから「破滅型天才芸人」の代表格とされる）が1934年に亡くなってからは、その凋落に拍車がかかり、終戦の頃には、わずか10数名と最盛時の十分の一にまで激減した。落語ではメシが食えず、多くの落語家が転職に追い込まれた。上方落語の衰退期、そのような時期に親しい芸人仲間など

が集まって誕生したのが今里片江の芸人村である。

　初代春団治が亡くなった年の1934 (昭和9) 年、花月亭久里丸 (もとは落語家、転向して大阪最初の漫談家。作家直木三十五の随筆「大阪を歩く」のなかで幼馴染みとして登場する) は自宅を開放して「明朗塾」を開講した。漫談は自分 (久里丸)、落語は松鶴、漫才はエンタツ・アチャコがそれぞれ講師になり、次代の上方演芸界を担う新人の育成に力を入れた。西条凡児は久里丸の内弟子 (塾生) として一時ここで暮らした。

上方落語の四天王を育てた「楽語荘」

　松鶴が五代目を襲名した1935年、所属していた吉本興業は漫才に力を入れ、落語を軽視し始めたころである。松鶴50歳代初め、上方落語消滅の危機感が強かったのだろう。自宅を「楽語荘」と名付けて同人を募り、私財を投じて古典落語の神髄を集めた月刊誌『上方はなし』を創刊した (約4年間続けて49集で廃刊)。両腕となって協力したのは後の四代目桂米團治と三代目笑福亭枝鶴 (両者ともに40歳代初め) である。新作落語にも力を入れ、米團治は「代書」、枝鶴は「豆炭」を発表した。「代書」は東成区役所前の自宅で代書屋を開業していた経験を題材としたもの、「豆炭」には当時の中本警察 (現東成署) のはなしが出てくるなど、どちらも地元が舞台である。また「上方はなしを聴く会」を開催し、落語をやれる場所があればどこでも駆け付けたという。

　「楽語荘」は戦後の昭和を走ってきた上方落語の四天王 (六代目笑福亭松鶴、五代目桂文枝、三代目桂米朝、三代目桂春団治) を育てた場所でもある。戦後すぐの頃、五代目松鶴に入門した息子の六代目松鶴 (仁鶴や鶴瓶の師匠) や二代目松之助 (明石家さんまの師匠)、預かり弟子の五代目文枝 (桂三枝・現六代目文枝の師匠) など、また四代目桂米團治に入門した三代目米朝 (後に人間国宝、二代目枝雀やざこばの師匠) や三代目米之助 (地元今里出身)、さらに二代目桂春団治に入門した息子の三代目春団治などが、ほぼ同時期に落語の道を志した。これら若手は入門当時、「さえずり会」(後に上方落語協会に発展) を結成し、上方落語の復興をかけ、楽語荘を拠点にして互いに稽古に励んだという。

　表舞台で活躍した四天王 (米朝、文枝、春団治、六代目松鶴) や二代目松之助のその後の話はひとまず置くとして、当地出身の三代目桂米之助の歩みに少し触れておこう。1928 (昭和3) 年生まれ (旧街道沿い現大今里3丁目、本名矢倉悦夫)、父は映画館主、少年時代より映画や落語の資料収集に懲り、これらを作家正岡容に送ったことが縁で正岡門下の米朝青年と知り合った。1943年から大阪交通

四代目桂米團治顕彰碑
出典:『暗越奈良街道ガイドブック
2012』㈱読書館『暗越奈良街
道』編集委員会

『上方はなし』第18集の
表紙　出典:大阪府立上方演
芸資料館

五代目笑福亭松鶴
出典:『東成の歴史・芸能文化を語り、
伝える』

局に勤務、夜は学校に行くと家族にいいながら、実は米團治師匠のところへ落語を習いに行っていたという。五代目松鶴主宰の「楽語荘」の落語会にも通っていて、六代目松鶴とも親しかった。戦後の上方落語瀕死の時、「おまえがやるなら、わしもやる」と六代目から期待され、六代目もその時に噺家になる決心をしたという。1947年にかねてから指導を受けていた四代目米團治に入門し(師匠の前名「米之助」の名をもらう)、それを知った米朝青年もほどなく米團治に弟子入りした。また、同じ大阪交通局に勤めていた文枝青年とも親しくなり、「踊りの稽古」に興味を持っていた彼に四代目文枝師匠を紹介し、落語の世界に誘った。こうして米之助がちょうどつなぎ役のような形で若き落語家たちのネットワークがつくられた。ただ米之助自身は母親の反対で、落語家を本職とすることはできず、定年まで交通局に勤め、社会人との兼業で落語を続けた。定年後の20年間ほど、自宅のある近鉄線若江岩田駅近くで「岩田寄席」を自費で主宰し、一門の分け隔てなく若手落語家(桂南光ほか)の落語道場として指導に力を入れた。「地域寄席」の先駆けである。大阪風俗史や落語知識に精通し、語りも確か、芸風は師匠の米團治に最も似ていると評価され、米朝と六代目松鶴との間で五代目米團治襲名の話が持ち上がったほどである。今里で生まれ、芸人村で青春を送り、上方落語復興を常に下から支えた人であった。

2つの顕彰碑

　話は少し戻るが、芸人村にはこんな人もいた。村の一角には吉本興業の社宅があり、一時そこに浪曲師の二代目広沢虎造がいた。『清水次郎長伝』の特に「森の石松三十石船道中」で知られる。ラジオの普及もあって「虎造節」は戦前から戦後にかけて一世を風靡した。また、市電今里終点と今里新地を結ぶ位置に

新橋通商店街があり、そこで演芸場「二葉館」を経営していた女流浪曲師の冨士月子がいた。関西浪曲界の初代春野百合子と並ぶ大看板で、世話物、任侠物などを得意とする「月子節」で人気を博した。二葉館は戦災を免れ、六代目松鶴や初代笑福亭小つる（五代目松鶴の弟子）の初舞台となったところであり、戦後の大阪では最初に落語を始めた場所とされる。

　ところで、芸人村を支えた第一世代のキーパーソンは、戦後の復興期に相次いで倒れた。楽語荘を主宰した五代目松鶴は1950（昭和25）年に病死した（享年66歳）。楽語荘の同人で松鶴の両腕とされる四代目米團治は翌1951年（同55歳）に、三代目枝鶴は終戦の翌年（同52歳）に亡くなった。松鶴は落語家だけでなく漫才や漫談、浪曲、手品など多くの芸人に慕われていたというから、その後の芸人村の求心力は急速にしぼんでしまったものと考えられる。また、もう1つの磁極であった今里新地花街も1960年代後半にかけて縮退し、芸人村は記憶から遠のいていった。

　ここが芸人村であったことを示す顕彰碑が残っている。1つは米團治の自宅跡（東成区役所敷地内の駐車場脇）に「四代目桂米團治 中濱代書事務所ノ地」と刻まれた顕彰碑がある。米團治が1939（昭和14）年に書き下ろした新作落語「代書」の初演70周年を記念して、2009（平成21）年に建てられた。顕彰碑の除幕式には桂米朝や米朝の長男で五代目米團治などが参加した。もう1つはその翌年、五代目松鶴の楽語荘跡近く（大今里南3丁目）に「芸人の町・片江」の顕彰版が建てられた。除幕式には五代目松鶴の孫弟子にあたる仁鶴をはじめ、笑福亭一門の関係者が集まった。「五代目が残したネタ本の『上方はなし』がなかったら、上方落語は衰弱し、今はなかった」と、仁鶴が挨拶でしみじみ語っていたという。

3　古代と近現代の多文化共生

先進技術をもつ古代朝鮮からの渡来

　古代史は、まだまだ謎だらけといわれるが、現在の大阪市域にほぼ該当する「難波の地」に都（副都を含む）が置かれたのは、およそ5世紀から8世紀のことだ。4世紀末から5世紀における応神天皇の大隅宮や仁徳天皇の難波高津宮（帝都）に始まり（両天皇は応神陵、仁徳陵の超巨大古墳として知られる）、その後7世紀中ごろ、大化改新の政治が行われた孝徳天皇の難波長柄豊碕宮（帝都）、さらに、天武朝の前期難波宮（7世紀後半）、聖武朝の後期難波宮（8世紀半ばの帝都）

がそれである。ちょうど大和から河内へ政権基盤が移行する時期(応神・仁徳期)や7世紀後半以降の律令制の確立による国の形を決める時期に重なり、この難波の地が水上交通に恵まれ、大陸文化の流入拠点(住吉津や難波津が発着地)となったことから政治・経済上の重要な位置を占めた。

　難波の古代史を理解する上での1つのポイントは、朝鮮半島との関係である。ここでは詳述できないが、大まかな経過はこういうことだ。朝鮮の、いわゆる三国時代(高句麗・百済・新羅)は、紀元前1世紀から統一新羅が成立する7世紀までのことだが、特に4世紀の中ごろから大和朝廷の発展とともに、朝鮮との交流が密接になり、大陸のすぐれた文化が伝えられた。例えば、馬具・甲冑・太刀・鏡・須恵器などである。5世紀前後(応神・仁徳期)からは、朝鮮半島からの渡来人を積極的に受け入れ、難波津をとりまく大阪平野(後の摂津・河内・和泉など)を中心に畿内各地に多くが定住した。

　また、6世紀半ばに百済から仏教が公伝されて以降、大陸や朝鮮三国から仏像・経論・僧侶・造仏工・造寺工などが多く流入し、窓口となった「難波津」付近には、難波高麗館・三韓館・難波百済客館堂などのいわゆる迎賓館が立ち並んだ(玉造駅の南側、旧唐居町の唐居殿および唐屋敷の地(現東小橋1丁目)は、外交施設「難波館」が置かれた場所とされる)。6世紀末(593年推古元年)には、わが国最初の官寺である四天王寺が聖徳太子により創建され、聖武朝(8世紀半ば)には全国に国分寺の建立を義務づけ、仏教信仰を国家安定の柱とした。なおこの間、7世紀半ばに百済・高句麗が相次いで滅び、特に百済の王族や民衆の多くが日本に亡命・渡来した。王族の中には官職に就き朝廷に仕えたもの、民衆は近江に(記録では千人以上)、東国に(二千余人)、そして多くの人は、後に建郡される「摂津国百済郡」に居住したとされる。

　国名の二字化が定着した8世紀の初頭、摂津国は13郡からなるが、そのうち現在の大阪市域に対応するのは、東成・西成・百済・住吉の4郡である。百済郡が設置されたのは天平中期の頃(8世紀前半)とされ、郡域は明確ではないが、地形的にはおおむね、上町台地の東端を含み、平野川(猫間川含む)と駒川の流域に該当する。

　いくつかその痕跡をあげてみよう。天王寺区内の堂ケ芝廃寺跡(現豊川閣観音寺の位置)は百済王族の氏寺「百済寺」であったとする説が有力であり、その一帯は「百済野」といわれていた。『旧東成区史』によると、「百済野は四天王寺の東の野辺から北は鶴橋町小橋の辺に至っており、百済人が多く居た」として

いる。東住吉区のほぼ中央を北へ縦断する駒川は、ふるくは高麗川・巨摩川とも書かれ、1889（明治22）年の市町村合併に際して北百済村・南百済村と称し、今も地域に「百済」の名がいくつか残っている（貨物の百済駅・市電やバス停留所・小学校・公園・橋・商店街など）。

　そして、生野・東成の両区を南北に流れる平野川も、むかしは「百済川」と呼ばれた。5世紀ごろの難波とその周辺の図をみると（3頁参照）、平野川の東側部分はほぼ淡水域（一大湖水）であり、森の宮辺りから南側の入江一帯を玉造江と称し、台地部分には高句麗工匠の玉作部（勾玉等の装身具を作る技術集団）の居住地があったとされる。御勝山古墳（築造年代は5世紀前半と推定されている）の近くには猪甘津（船着き場）があり、後にこの辺りは猪飼野と称し、畜産技術（当時のブタの飼育）を有する渡来人が定着した。5世紀の仁徳期には治水のための土木工事が盛んであった。難波の堀江（今の大川）の開削に着手し、平野川の前身とされる小橋江（現東成区内に位置）を掘り、堤防を築いた。猪甘津で橋を造りそれを小橋といった（記録される橋で日本最古の橋とされ、「鶴の橋」（現桃谷3丁目）をそれとする史蹟碑がある）。現在の小橋、玉津（玉造の津）の地名もその名残である。『記紀』の記述が正しいとすれば、当時の水利工事を担ったのは先進技術をもつ渡来人であった。築堤に従事したのは新羅人とも記されている（古事記）。

日韓併合期にみる済州島からの移民

　さて、話は一気に「近現代」に飛ぶ。朝鮮半島が日本の統治下に置かれた1910（明治43）年の日韓併合からみてみよう。この時より第二次世界大戦終結（1945年）までの35年間、朝鮮全土の統治は新たに設置された朝鮮総督府に移り、領有権を含む完全支配が行われた。

　日韓併合の1か月後、総督府は土地調査事業を開始し、土地所有権の確定と課税対象の特定を強権的に進めた（朝鮮版地租改正）。半封建的農業国家であった当時の朝鮮では、近代的な意味での土地の私有権は確立しておらず、長い習慣による占有や土俗的入会地等の土地が強制没収され、農地の所有関係が激変した。金賛汀『在日コリアン百年史』（三五館1997）によると、「全農民の三パーセントに満たない日本人と朝鮮人の地主が朝鮮の全農耕地の五〇パーセント近くを所有し、水田の六四パーセント、畑の四二・六パーセントが小作地になった」という。さらに、植民地支配下での移出米増産政策（米騒動をきっかけとした日本への安い米の安定供給策）も加わり、増産化についていけない小規模自作

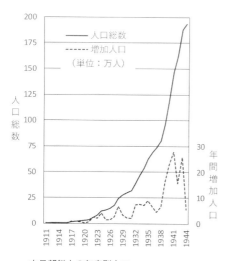

在日朝鮮人の年度別人口
資料：金賛汀『在日コリアン百年史』より作成

農の多くも小作農に転落、農民の貧窮化が極度に進んだ。大量の農民が流民化し、朝鮮半島北部の農民たちは、中国の東北部や沿海州（後の満州国）に、南部の農民は、資本主義の発展途上にあった日本の労働市場に流れた。

日本への移民は年を追って加速した。1910年の日韓併合時の在日朝鮮人人口はわずか2,500人程度であったが、第一次世界大戦後の1920（大正9）年には3万人、その10年後の1930（昭和5）年は30万人、さらに10年後の1940年は120万人、終戦の1年前の1944年には194万人と、およそ200万人に達した。当初はもっぱら出稼ぎ移民が中心であり、やがて家族とともに定住する希望者も増えたが、戦時体制下では労働力不足を補う動員として一挙に膨らんだ。1937年に日中戦争がはじまり、その翌年に制定された国家総動員法に基づく朝鮮人労働者の動員計画（はじめは企業「募集」、やがて「官斡旋」による強制連行）によるもので、1939年から1943年の5年間の増加数は年平均20万人を超えた。

ところで、在日朝鮮人の移動先をみると、1921（大正10）年以降、大阪府が一貫してトップの座を占め（都道府県別にみた在日朝鮮人比率は30％前後）、そのうちの7割台が大阪市内に集中した。ちなみに、1940年当時の朝鮮人人口上位都市をみると、朝鮮内部の京城府（ソウル）78万人、平壌府25万人、釜山府19万人に並んで、大阪市23万人（市の総人口325万人の7％）がその一角を占め、戦前期の大阪市は、世界有数の朝鮮人集住地域であった（『新修大阪市史』第7巻 p.646）。また、市内における区別の朝鮮人人口の構成比（1940年現在の各区総人口に対する朝鮮人人口の割合）をみると、東成区（現在の生野・東成）が17％でトップ、次いで大正区・西成区・東淀川区が10％程度で続くが、東成区が総人口の2割近く（ほぼ5人に1人の割合）でその比率・実数ともに圧倒的に大きい。

大阪、中でも特に東成区への移住の多さには次のような背景があった。1つは、朝鮮と日本を結ぶ新航路の整備が大きく関係した。日露戦争終結時（1905年）に開設された関釜連絡船（釜山―下関間）に加えて、1922年末から済州島―大阪

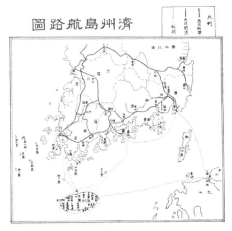

上）第二君が代丸　出典：杉原達『越境する民』
左）済州島航路図
　　出典：杉原達『越境する民』新幹社／元資料は釜
山商業会議所『済州島とその経済』1930年

　間の定期航路が尼崎汽船（君が代丸）によって開かれ、その後も朝鮮郵船、鹿児島郵船、朝鮮人独自の東亜通航組合などが阪済直航路に参入し、大阪への渡航がきわめて容易になった。例えば、済州島からは、それまでの釜山―下関経由（鉄道連絡船）に比べて日数で2分の1、旅費は3分の1に短縮された。もう1つは、工業都市大阪の吸引力である。初期の移民では、炭坑夫や鉄道工夫、紡績工女（大阪では岸和田紡績）などが主であったが、東洋のマンチェスターと呼ばれ、大企業だけでなく、中小零細規模の各種工業が発達した大阪市が多くの朝鮮人移民の受け皿となった。そして、朝鮮からの出稼ぎが多くなった大正末から昭和初期といえば、ちょうど「大大阪」誕生の時期と重なる。新興の中小零細工業地として発達した市の周辺部、当地を含む市東部（現生野・東成・城東）が開発の最前線であり、そこに出稼ぎ移民の多くが集まった。

　もう少し詳しくみよう。大阪市社会部の報告によると（1927年「バラック居住朝鮮人の労働と生活」、28年「鶴橋・中本方面に於ける居住者の生活状況」、29年「本市に於ける朝鮮人の生活概況」、30年「本市に於ける朝鮮人住宅問題」など）、市内の朝鮮人人口の多い地域は、1929年時点で、東成区内の中本・鶴橋両警察管内がそれぞれ12.7％、11.5％で最も多く、両方で市内全体の約4分の1を占めた。また、確認された朝鮮人密住地区は、市内39か所を数えるが、そのうち東成区が15か所と断然多い。代表的な事例は、東小橋（現東成区）の通称「朝鮮町」に81世帯475人、猪飼野（現生野区）に30世帯176人の朝鮮人が居住した。前者の「朝鮮町」では、1戸に平均18.2人が住み、1人当たりの住居面積は平均で0.55畳に過ぎず、

家屋はすべて「頹廃、不潔、湿潤を極めて」いたという。

　また1926年調査によると、鶴橋警察署管内には171軒の朝鮮人経営の下宿屋が存在し、2,363人の下宿人を宿泊させていた。1戸平均の下宿人は13.8人である。1人「半畳」というのもごく普通であったという。下宿屋は通常、長屋の1軒を日本人の家主から借り、それを同胞の朝鮮人に貸した。多くが職業斡旋も兼ねていたようで、借りたい朝鮮人は渡航したばかりのものを含めていくらでもいた。当時は絶対的な借家不足の時期であり、しかも日本人家主の偏見（入居拒否）も大きな壁になっていた。同胞経営の下宿屋が満杯で入居できなければ、「バラック、掘立小屋、アンペラ小屋」といった劣悪な群居生活を強いられたという。こうして初期に渡航した在日朝鮮人の一世たちは、下宿屋から1軒の借家に徐々に住み替え、相互扶助の関係を強めながら定着していった。

　こんな話もある。大正末から昭和戦前期にかけて、新平野川開削工事が実施されたが（第2部第1章「平野川改修と城東運河の開設」参照）、その際、多数の朝鮮人労働者が土工としてかり出された。その人たちが工事終了後、そこに住み着いたのが猪飼野朝鮮人密集居住の起源といわれた。猪飼野の街の形成については、金賛汀『異邦人は君ヶ代丸に乗って—朝鮮人街猪飼野の形成史—』（岩波新書 1985）に詳しい。それによると、土工をしていた人々の出身はほとんどが慶尚道（韓国南東部）の人々で、工事現場（飯場）を転々と移動し、この地には定着しなかったようだ。猪飼野の住人はほとんど済州島出身者で、土工は少なく、多くが零細工場の職工（雑役を含む）であったという。地縁・血縁を大切にした朝鮮人気質から、出身地別に居住地を形成する傾向が強いが、猪飼野はこうして、済州島出身者に特化した形で、最大の朝鮮人集住地として成長を遂げた。

　さて、当地と多少とも関わる範囲で、古代と近現代を簡単に振り返ったが、いくつか偶然ともいえる巡り合わせに気付く。8世紀の前半、平野川（百済川）流域に摂津国百済郡が建郡され、渡来した多くの百済人が定住した。そしておよそ1200年後、平野川沿いの生野・東成に、済州島出身者を多く含む全羅南道（旧百済）の人たちの集住地域が形成された。もう1つ、5世紀の仁徳期、平野川の前身とされる小椅江（現東成区内）を掘り、堤防を築き、猪甘津（現生野区内）に橋を造った。工事を担ったのは先進技術をもつ新羅の渡来人とされる。そしておよそ1500年後、新平野川開削工事で多数の朝鮮人土工が集められた。そのほとんどが慶尚道（旧新羅）出身の人たちだという。

　古代は先進文化をもつ民族との交流、近現代は植民地支配下でのそれと、歴

史的な背景は異なるものの、この地は間違いなく将来世界を先取りした多文化共生の先進地である。そのことをしっかり理解し、そのDNAをプラスに評価したいものだ。

4　鎮守の杜と地域神話

　神社は、その原型である祠や社を祀る聖地に、しかるべき木を植えたことから「鎮守の杜」ともいった。神社林は今やまちなかの貴重な自然であり、建物（社殿・拝殿・鳥居など）は数少ない地域の歴史文化資源である。また、戦火や自然災害を繰り返し受けた当地において、神社はむかしをたどる唯一のツールともいえる。

　ところで現在、当区内には5つの神社と2つの御旅所がある。明治初めの社格制度ではいずれも村社に列し、旧村に対応してみると、①深江村の深江稲荷神社、②大今里村の熊野大神宮、③東今里村の八剣神社（1911年に熊野大神宮に合祀、同社の御旅所）、④本庄村の八王子神社、⑤西今里村の八剣神社（1909年に八王子神社に合祀、同社の御旅所）、⑥中道村の八阪神社、⑦東小橋村の比売許曽神社など、当時の7つの村のそれぞれの氏神であった。これら神社の起源は、社伝や縁起によるといずれも相当に古い。①深江稲荷神社と⑦比売許曽神社は第十一代の垂仁天皇のころ（一説では古墳時代の4世紀ごろと推定される）、④八王子神社と⑤西今里の八剣神社は5世紀前後の応神・仁徳期、②熊野大神宮は6世紀の聖徳太子のころ、③東今里の八剣神社と⑥八阪神社は平安前期あたりで、いずれも古代から中世初期に始まっている。歴史上の事実のほどは別に譲るとして、各社にまつわる話を拾うことで、いくつか地域のむかしを知る手掛かりになるかもしれない。

伊勢神宮と縁がある深江稲荷神社

　縁起によると垂仁天皇のころ、大和国笠縫邑から笠を縫うことを業とする一族の祖が、笠縫島宮浦の地（現在の深江南3丁目あたり、島の名は一族の笠縫氏に由来）に移り住み、下照姫命を奉祀したのが始めで、その後710年代（和銅年間）に山城の伏見稲荷大社の分霊を勧請したものとされる。また、建物の履歴をみると、1603（慶長8）年に豊臣秀頼の命で社殿を改造したが、大坂冬の陣（1614年）の兵火で焼失、1760（宝暦10）年に本殿・絵馬堂を再興、1796（寛政8）年に本殿・拝殿の修理、石鳥居再建とある。

東成区内の5つの神社と2つの御旅所
①深江稲荷神社、②熊野大神宮、③熊野大神宮の御旅所（東今里村の旧八剣神社）、④八王子神社、⑤八王子神社の御旅所（西今里村の旧八剣神社）、⑥八阪神社、⑦比売許曽神社
①②④⑥⑦の出典：『東成区史』
③⑤の写真提供：與川二三

　ところで、笠縫邑にはこんな話がある。『日本書紀』によると、第10代崇神天皇のとき、全国で疫病が流行し、禍の原因は宮中で祀っていた天照大神と倭大国魂の二柱の畏れ多き神であるとされ、宮中の外で祀ることになった。天照大神は豊鍬入姫命（とよすきいりひめのみこと）に預けられ、大和の笠縫邑（現在の奈良県桜井市周辺とされる）に祀られた。第十一代垂仁天皇のとき、祀り手が豊鍬入姫命から倭姫命（やまとひめのみこと）（垂仁天皇の第四皇女）に代わり、新たに祀る場所を求めて、大和から近江、美濃を転々とし、ついに理想の地の伊勢国に至ったという。天照大神（あまてらすおおみかみ）（『書紀』の神話編を通して皇祖神とされる）は、当初の宮中から大和笠縫邑へ、そして伊勢の地へ、これが伊勢神宮内宮起源の伝承である。

　深江稲荷神社の境内には笠縫部の祖を奉祀した笠縫神社があり、伊勢神宮の式年遷宮ごとに神宝の菅笠と菅翳（すげさしは）を奉納、歴代天皇即位式の大嘗祭に用いる菅笠や円座も調進してきたという。いつ頃からは定かではないが、平安時代の延喜式内匠寮に摂津国笠縫氏の名があることから相当に古いとみられる。また、境内の御食津神社（みけつ）は、715（霊亀元）年に伊勢神宮外宮より豊受御食津神（衣食住の守り神）の分霊を移して奉祀したものとされ、本社にはいくつか伊勢神宮と

の関わりを残している。ちなみに、1988（昭和63）年に深江菅細工保存会、2007（平成19）年に深江菅田保存会が結成され、菅田の復元を含めて、20年ごとの式年遷宮で奉納する伝統を今も続けている。

かつては名神大社であった比売許曽神社

垂仁天皇2年、愛久目山（現在の天王寺区小橋町一帯の丘陵地）に下照比売命（主神）や大小橋命らを祀ったのが起源とされる。第二十三代顕宗天皇のときに社殿を造営、推古天皇の行幸（607年）や神階叙位（859年）では延喜式内の名神大社に列し、その社格からして住吉神や難波大社の生国魂神に並び、難波を代表する地主神だったという（『新修大阪市史』第1巻 p.622）。

ところで、この神社の祭神「下照比売」については古くから議論がある。難波の民間伝承とされる天若日子（『書記』では天稚彦）の神話に登場する下照比売か、『記紀』伝承による新羅の渡来神話の女神（阿加流比売）かの2つの祭神説である。金達寿『日本の中の朝鮮文化2』（講談社文庫1983）では、後者の渡来神話（韓民族共通の民族神話）を強く意識して記述されたもので興味深い内容であるが、ここでは紹介だけに留めよう。

さてその後、本社は数度の兵乱で荒れ放題になり、後柏原天皇（16世紀前半）のときに足利義晴（将軍）が社殿を造営したが、天正年間、織田信長の石山本願寺攻めの兵火により灰燼に帰し、大小橋命の胞衣塚のある現在地（東小橋3丁目、当時の摂社牛頭天王社）に移されたという。なお、旧社地には大小橋命が誕生した折の産湯の井戸（玉乃井）が残る産湯稲荷神社があり、現在は比売許曽神社の御旅所となっている。また、大小橋命は、味原の地を開発した小橋の地名由来の人物であり、この地の開拓神とされ、その墓は御勝山古墳との伝えもある。その十世孫は、大化改新の中心人物で藤原氏の始祖である藤原鎌足とされている。

応神天皇の鎮守を起源とする八王子神社

八王子神社は応神天皇3年、神殿（難波大隅宮）創建の際、平野川の右岸「狭枝荘」の1つの丘である本庄小松山（現在の中本4丁目）に、応神天皇の鎮守として祀られたのが起源とされる。孝徳天皇が都を難波長柄豊碕宮に移し（645年）、大化改新を進めたころ、本社への尊崇もあつく、現存する高麗狗一対を献納されたと伝わる。その後、本社は衰退したが、里人たちがこの地の産土神として八王子稲荷大明神と称え、以来崇敬されてきた。

社殿の記録によると、948（天暦2）年、1225（元仁2）年に修営、その後大坂夏の陣（1615年）の兵火で焼失したが、1755（宝暦5）年、1859（安政6）年に再び修営

改築したとある。現在の本殿は1755年のもの、拝殿は1965（昭和40）年に造営されたものとされる。社号は、従来の八王子稲荷大明神を、1872（明治5）年に本社の西に流れる平野川の旧名に因んで百済神社に、さらに1910年に現在の八王子神社と改称された。むかしは社域も宏壮で、特に椿樹が繁茂し、明治維新のころまでは松杉鬱蒼として昼なお暗く、俗に「椿の宮」として広く知られ、花時にはたいへん賑わったようだ。

　話は少しそれるが、応神天皇の時に数千人規模で渡来し、朝廷に協力した秦氏一族のことが思い浮かぶ。秦氏族は、治水等の土木、神社建築（八幡社・稲荷社）、巨大古墳の築造など、実業に関わる技術集団の代表格であり、当時の難波の地においても地域づくりのキーパーソンであったと想像する。8世紀初めに伏見稲荷大社を創始し、稲荷神を秦氏族の氏神とした。当社の祭神である「宇賀御魂神」は稲荷神と同一とされている。明治に入るまで八王子稲荷大明神と称していたから、伏見稲荷大社との、それとも近接の大阪城の鎮守神とされた玉造稲荷神社（伏見稲荷より創建が古く「もといなり」と呼ばれ、主祭神は宇迦之御魂大神）との何らかのつながりがあったのかも知れない。

　そういえば、江戸時代の氏神に関する古文書に「玉造深江稲荷大明神」と記した分厚い書があり、それに基づくと「深江稲荷神社は玉造稲荷神社の末社と考えられるのが妥当ではないか」といった推察もある（川田勝造『わが町深江二千年の歴史』2012）。同じ稲荷神といっても、どのような関係・経緯にあったのかを含めると分からないことの方が多く、神々の世界は複雑で謎が深い。

難波高津宮の皇居守護神を祀る八剣神社

　明治初めの一村一社の社格制度では、西今里村、東今里村のどちらも同名の八剣神社（祭神はスサノオほか）として村社に列したが、かつては本社と御旅所の関係にあったのではないかと想察されている（『神路土地区画整理組合事業誌』沿革篇参照）。

　西今里の八剣神社（現大今里1丁目）は、社伝によると仁徳天皇の難波高津宮の皇居守護神として勧請された社と伝えられる。その後頽廃したが、852（仁寿2）年に里人たちがこれを修営し、産土神として江戸初期の1680年代（貞享年間）まで神幸を行ったようだ。この神幸の御旅所が東今里の八剣神社（現東今里3丁目）とされる。この間、1318（文保2）年に社殿・拝殿等を改築、その後大坂夏の陣（1615年）の兵火で焼失、1625（寛永2）年に再建され、八剣大明神と称して崇敬されてきた。すでに紹介したが、俗に「樟の宮」といわれ、樹齢千三百年を

超える老樟が今に残っている。1885年の淀川大洪水では村人40数名がこの樹にしがみつき助かったという話も伝えられている。

　一方の東今里の八剣神社は、上記の経緯に従うと9世紀中頃から17世紀後半まで西今里村の八剣大明神の御旅所で、その後は多分、分祀化されて東今里村の八剣大明神として明治に至り、そして明治末に熊野大神宮に合祀され、再び御旅所になったと考えられる。江戸期の延宝検地 (1677年) では、東今里の八剣大明神境内 (宮建有り) 1.3畝12歩 (約170㎡) 除地とあるが、明治末の合祀による社趾の面積は5畝23歩 (約570㎡) となっており、この間に社域が拡張されている。江戸初期においてそれまでの御旅所から村の産土神として分霊化し、境内地が広げられたことをうかがわせる。

聖徳太子創建12坊の鎮守社とされる熊野大神宮

　創建年代は少なくとも千四百年以上、用明天皇2年 (587年) に厩戸皇子 (聖徳太子) が四天王寺を玉造の岸に創立されたとき、12坊の伽藍が建立され、その鎮守社 (熊野十二社権現とも称した) としてほぼ同時期に創設されたものと考えられており、往時の社殿は宏麗、境内は広大、祭事備具は堂々たるものであったと伝えられる。

　ところで、四天王寺の創建についてはいろいろ説があり、現在の四天王寺の前身 (元四天王寺) があったかどうかも1つの論点になっている。太子伝説を集大成した『聖徳太子伝暦』や1007 (寛弘4) 年に成立の『四天王寺縁起』では、「初め玉造の地に四天王像を奉祀する寺が仮設され、推古朝の初年 (593年) 荒陵に本格的な寺院が建立された」という玉造草創説 (寺域移転説) が採用されており、本社由緒もこれに倣ったものであろう。ちなみに、先年の発掘調査では、難波宮跡や森の宮遺跡から飛鳥時代の瓦が出土し、玉造草創説の実証に期待が寄せられたが、現在までのところ寺趾とみられるものは判明していないようだ (『新修大阪市史』第1巻 p.670)。

　話を戻すが、その後1570 (元亀元) 年、石山本願寺顕如と織田信長との交戦の際に当社および伽藍が兵火で焼失、本社および一坊舎 (角の坊今の妙法寺) を仮に建立し、1604 (慶長9) 年に本殿・拝殿を再興したとある。1614年の大坂冬の陣では京極若狭守の陣屋となり、翌1615 (元和元) 年以降、大坂城代就任と領地巡見の時は必ず当社に参拝されたという。また、本社の社僧は隣接の妙法寺が勤めるのが例で、国学の祖といわれる契沖 (1680年代に住職) も社僧を勤めた。なお、1594 (文禄3) 年検地において熊野権現宮除地4反4畝24歩 (約4,400㎡、妙

法寺支配地含む)に削減され、明治の地租改正の際も境内官有地1段7畝9歩(約1,700㎡)と再び削減されたとある。また、建物の履歴をみると、1707(宝永4)年の大地震で本殿・拝殿・石鳥居等が倒壊し、1710年に本殿・拝殿を修理、1718(享保3)年に石鳥居を再興とある。その後も1847(弘化4)年、1871(明治4)年に本殿・拝殿の修理、1921(大正10)年、1943(昭和18)年に屋根葺替や透塀・中門等の改修が行われ、幸い戦災を受けず現在に至っている。

栄華を極めた入道道長ゆかりの八阪神社

　1017(寛仁元)年、風光明媚な丘陵地であった通称二俣の地(中道村字法性寺の地)に、入道関白藤原道長が別邸を設け、守護神として牛頭天王および白山権現を鎮祀したのに始まるとされる。その後1166(仁安元)年に里人が社殿を再興、1318(文保2)年に本殿・拝殿を改築、1584(天正12)年に氏子たちが相談して現在地(中道4丁目)に移転し、社殿を東向きにして改築したとある。

　ちなみに、当社の起源とされる11世紀といえば、権門寺社の荘園が多く存在していた時期である。四天王寺領とされる新開荘の北側にあった榎並荘(現城東区北部や都島区、旭区など)は摂関家の支配地であり、放出の地(中世においてはハナチデと発音され、王朝貴族の寝殿造の住宅で、本殿とは別の離れを意味した)には、藤原摂関家の別荘があったともいわれるから(『新修大阪市史』第2巻p.176)、中道付近に「道長の別邸」があっても不思議ではない。また、当社は古来より牛頭天王白山権現と称していたが、明治維新の神仏分離令の際には、仏教に由来する神名の使用が禁じられ、1872(明治5)年に八阪神社と改称、祭神も牛頭天王を素戔嗚尊に交替させた(なお、牛頭天王の信仰の代表格といえば、祇園祭で知られる京都の祇園社であるが、ここでも同様に社号・祭神が、それぞれ八坂神社、素戔嗚尊に改められた)。

　その後の建物履歴をみると、1909(明治42)年に境内地より暗越奈良街道まで南に約一町の参詣道路の開設や南向きに社殿を改築、1924(大正13)年に現在の社殿を竣工、戦後も1952年、69年に本殿屋根葺替や神楽殿手水舎・神馬舎等の改築が行われている。なお、猫間川に架かっていた黒門橋(1650年に幕命による三郷石橋の嚆矢であるといわれ、暗越奈良街道の起点となったところ)が1914(大正3)年に取り壊され、1927(昭和2)年に大阪市より寄贈、その廃石を塀や境内の狛犬・石灯籠の台石に転用したという。

　さて、少し補足しておこう。これら神社の由来によれば、いずれも千数百年の歴史を有するが、共通して大きな空白期と1つの節目が読み取れる。空白期

とは、難波の地が歴史の表舞台から遠ざかった9世紀以降のこと、そして1つの節目とは、1600年前後の中世から近世への移行期、すなわち、織田信長の石山本願寺攻め（1570年代）や大坂冬の陣・夏の陣（1614・15年）の兵火でどの神社も灰燼に帰し、その再興は、ほとんどが近世江戸期であったことだ。またこの時期、土地支配の仕組みも大きく変わった。当地は10世紀後半以降、四天王寺支配の寺領荘園（新開荘）であったが、秀吉の太閤検地で荘園は廃止され、それ以降は豊臣・徳川の直轄領（城代等の役職領を含む）となった。

　つまり、現在目にする社殿等の建物は長くてここ300〜400年ほどの歴史である。それ以前の特に古代期はいわば伝承の領域で、史実のほどは定かではない。しかし、その伝承には多くの歴史的な人物が登場する。古墳時代の垂仁天皇・応神天皇・仁徳天皇、飛鳥時代の聖徳太子、平安中期の藤原道長などである。各社の祭神を取り上げると、『記紀』神話に登場する神々が、ほかにも開拓神や渡来神も登場する。ここは、そうした古代の神話が数多く謎のまま埋まっている場所である。

5　法明上人と契沖阿闍梨のこと

　『東成区史』によると、当区内の仏教系寺院の数は38とある。これを記録等で確認される創建の時期で分けてみると、江戸時代までの創建は13、明治から昭和戦前期9、戦後14、不詳2となっていて、少なくとも150年以上経過する江戸時代までのものが13か寺、およそ3分の1を占める。またこれら13か寺の所在地をみると、大今里に5か寺（妙法寺・観光寺・西蓮寺・良念寺・常善寺）、深江に4か寺（法明寺・真行寺・長龍寺・光栄寺）と両地域に多く、東今里（光照寺）、中本（誓立寺）、中道（浄琳寺）、東小橋（安楽寺）はそれぞれ1か寺となっている。

　さらに、これらのうち江戸時代以前の400年以上の歴史をもつ特に古いお寺を挙げてみると、次の5か寺、すなわち①聖徳太子の創建（587年）とされる妙法寺、②鎌倉期1318（文保2）年に法明上人の草庵として創立された法明寺、③南北朝期1380年代（永徳年間）の創建とされる観光寺、④戦国期1536（天文5）年創建の浄琳寺、⑤慶長年間（1596-1614）以前の創建とされる誓立寺などである。もっとも創建時の建物がそのまま現在に残っているものはなく、先の神社と同じようにいずれも戦火等の災害を何度も経験し、その度ごとに再興・改修などして現在に至っている。

左）法明寺
　　出典：『東成区史』
右）法明像（大念仏寺蔵）

　例えば、妙法寺は1570年代（元亀・天正年間）に織田信長と石山本願寺との争いで（12坊の伽藍とともに）焼失し、角の坊（妙法寺）のみ残って寺名だけとなり、享保年間（1716-35）に再建された。法明寺は法明上人建立当時、融通念仏宗寺院の名刹とされたが、その後（戦乱を経て）廃頽し、1648（慶安元）年に浄土宗に転じて再建された。ほか観光寺は1570年代の兵乱や1707年の宝永地震での被災、浄琳寺は1844（弘化元）年に火災で焼失、誓立寺は1615年の大坂夏の陣や1885年の明治の大洪水、1945年の戦災などで焼失・流失した等が記録されている。つまり再建年次からみるといずれも江戸期に入って以降のこと、中には先の大戦後の再建となっている。

　ところで、当地のお寺に在籍した代表的な人物（僧侶）といえば、法明上人（法明寺）と契沖阿闍梨（妙法寺）の2人が挙げられる。

大念仏寺（融通念仏）中興の法明上人

　法明上人（1279-1349）は鎌倉時代末期の人である。深江の地で生まれ、25歳で出家して高野山で真言の秘法を学び、後比叡山で天台の教観を極め、さらに転じて大念仏宗を修め、40歳のころ郷里の深江に草庵（法明寺1318年）を建てた。その数年後1321（元亨元）年、大念仏寺（現平野区、融通念仏宗の総本山）第7世の住持職となって法統を継ぎ、雑修の融通念仏から自派を独立・再興したことで中興の祖と呼ばれた。大念仏寺（融通念仏）の開祖は天台宗僧侶であった良忍上人（1073-1132）とされるが、法明上人は、大念仏寺傘下に六別時と呼ばれる6つの地域グループを形成し、河内を中心に摂津・大和に念仏講の集団を築いたことから、「実質的には開祖であった可能性が大きい」（『新修大阪市史』第2巻 p.415）とする見方もある。

　ちなみに、仏教の系譜でみると、奈良仏教（南都六宗）や平安仏教（真言宗・天台宗）は、大雑把に言えば当時のそれは国や貴族中心のもの、対して鎌倉仏教は、民衆救済のための新しい宗派（日蓮宗・浄土宗・浄土真宗など）が誕生するなど

左）妙法寺
　　出典：『東成区史』
右）契沖像（妙法寺蔵）

大きな変革の時期であり、融通念仏はちょうどその時期、平安末期の末法思想を背景にした仏教民衆化の先駆けであったといわれている。

　法明上人は、1347（正平2）年に深江の法明寺に隠遁、2年後の1349年に71歳で逝去した。同寺はその後、浄土宗の京都知恩院末寺となり現在に至るが、堂内には法明上人の自作と伝わる法明上人木像があり、境内に鎌倉当時のものとされる雁塚（4層の石塔2基）が残されている。また、平野の大念仏寺には法明像や法明伝承に関わる宝物の亀鉦がある。当地（大今里）の良念寺には融通念仏宗の三祖と呼ばれる開祖良忍、中興法明、再興大通の画像がある。法明上人の墓は、奈良時代に行基菩薩が作ったとされる河内7基のうちの1つ「長瀬墓地（現東大阪市）」にあり、高野山奥之院には供養塔がある。

国学の基礎を築いた契沖阿闍梨

　契沖（1640-1701）は江戸時代前期、三代家光から五代綱吉のころの人である。尼崎に生まれ、11歳のとき今里の真言宗妙法寺に入り、13歳で高野山に登り10年間の修行を経て、1662（寛文2）年23歳で大坂生玉八坊の1つの曼荼羅院の住職（翌年阿闍梨の位）となった。しかし市井の喧騒を嫌い、数年でここを去って放浪し、後年師と仰いだ古典研究の先駆とされる下河辺長流との交誼を結び、国文・歌学の研鑽に励んだ。1679（延宝7）年40歳のとき今里妙法寺の住職となり約10年間在職し、ここで、水戸の徳川光圀の委嘱で、万葉集の全歌注釈書『万葉代匠記』を著し、1690（元禄3）年51歳で精選本を完成させた。それまでの歌学は、師範家の口伝秘授とされていたが、契沖のそれにより、厳格な本文校訂と和漢文献の幅広い引用による実証的な国学の伝統が樹立され、近世和学史上の画期（国学の祖）として高く評価された。

　晩年の10年間は、円珠庵（現天王寺区空清町）に隠栖し、古典注釈書や国語の歴史的かなづかいを正した『和字正濫抄』などを残し、1701（元禄14）年62歳で没した。妙法寺には、契沖の手になる妙法寺記・富士百首などや、徳川光圀か

ら贈られた三つ葉葵の紋をつけた三脚の香炉が遺され、境内には契沖阿闍梨供養塔や契沖慈母の墓所がある。晩年を過ごした円珠庵には契沖像やいくつかの著作類、境内に契沖の墓碑がある。

こんな話も残っている。水戸光圀から当時としては驚くべき白銀千両と絹30匹を（三脚の香炉とともに）賞与として贈られたが、契沖は挙げて寺の修繕と貧民救済の資に供し、「身に半銭尺帛もつけなかった」（『旧東成区史』p.291）といわれる。また、万葉集の注釈書は、はじめ下河辺長流が手掛けていたが、病気のため進まず契沖が受け継いだ。「代匠記」と名づけた意図は、「先輩長流の説に基づく」という長流への敬意と謙虚な気持ちからであると伝えられる。そして長流の墓も契沖の手によって当初今里墓地にあったとされるが、幕末安政年間の災禍で失われたらしく、その後1925（大正14）年長流没後240年を記念して、有志によって円珠庵の契沖の墓側に建てられたという。

話は飛ぶが、2019（平成31）年4月1日、平成に変わる新しい元号が「令和」と発表された。典拠となった『万葉集』が一躍ブームになり、文字の意味もあれこれ話題になった。政治への痛烈な批判が込められたものとの皮肉な見方もある。ここは改めて、万葉集の注釈に心血を注いだ契沖と長流に解説していただきたいところだ。

6　まちなかの祭り文化

大阪の夏祭りといえば、6月30日に始まる愛染祭（四天王寺の別院・愛染堂 勝鬘院）、7月25日が本宮の天神祭（大阪天満宮）、8月1日で終わる住吉祭（住吉大社）の3つが代表的な祭り（三大夏祭り）とされるが、これらメジャーな祭りの他に、市内各地で身近な地域の祭りが数多く開催されている。当区でみると、①7月〜8月にかけての神社の夏祭り、②8月初旬の区民まつり（1976年に始まる）、③8月初旬〜中旬にかけての校下の盆踊り（場所は小学校や公園など）、④夏の終わりの「地蔵盆」と続く。これらのうち特に伝統的な祭りといえる①の神社のお祭りと④の地蔵盆をここで紹介しよう。

150年の歴史をもつ地車祭り

まず、地域の風物詩として今もしっかり根づいている「神社のお祭り」についてである。夏祭り（もとはお祓いの神事、厄災除去祈念）や秋祭り（五穀豊穣祈願）の祭礼日には、賑やかな地車囃子が季節を告げ、氏地内を巡行する地車やかつ

ては太鼓・獅子・神輿も加わり、それぞれが揃いのゆかた・はっぴを着用し、当地でも盛んな時には数百人が渡御行列に参加した。

　祭りの山車で最も一般的な「地車（だんじり）」について少し説明しておこう。地車といえば、そのスピードと豪快な「やり回し」で知られる岸和田のだんじりを連想するが、およそ300〜400年前から摂津・河内・泉州を中心に関西において広範囲に普及した祭り文化（関東では神輿が中心）である。

　大阪における地車の歴史は、一説では秀吉の大坂城築城に際して奉納された地車囃子がその起源とされ、江戸初期には地車（陸渡御の原型）の宮入が大阪天満宮で始まったという記録もある。元禄時代にはほぼ定着し、18世紀後半の最盛時には天満宮の夏祭（天神祭）に80台余りの地車の曳行（えいこう）があったという。また、地車の形についても、当初は簡素なものであったといわれ、ただの台車からやがて屋根がつき、飾りや彫刻が施され、地域間の競争もあってだんだん豪華になり、太鼓や鉦（かね）の鳴り物を含め、ほぼ現在のような形になったのは幕末から明治初めのころとされている。それも地域によって独自に発展し、例えば、大きく重く安定度が高い泉州地域で多い下地車と分類される岸和田型、対して上地車とされる比較的軽く坂道や狭い道など小回りが利く堺型・住吉型・河内型・大阪型・神戸型など多様である。ほかにも地車の曳き方や曳き唄、囃子、踊り、手打ちなどそれぞれの地域で特徴をもつ。

　さて、大阪市内の地車文化の今をみよう。2018（平成30）年現在の資料によると（ネット情報『山車・だんじり悉皆調査』）、市内には80台余りの地車（子供地車等小型を除く）が確認される。分布状況でみると、平野区や生野・東成・城東・鶴見・旭などの東部5区に多く残っており、市内24区のうちこれら6区で60台あまり、全体の約4分の3を占める。なお、平野区は旧環濠集落平野郷の伝統を引き継ぐ杭全神社の氏地内に9台（平野区内では計14台）が健在である。一方、かつて盛んであった中心市街地部（旧三郷の地）では、大阪天満宮の地車講（天満青物市場）が管理する三つ屋根地車1台（1991年に曳行復活）と大阪歴史博物館に展示される御座船地車1台が残るのみで実質的な地車文化は薄れている。ちなみに、市内の神社の数（摂社・末社除く）は130社余り、各社は毎年何らかの例祭が行われるが、そのうち地車が活躍する神社は40社ほど、先の平野区や当区を含む市内東部の神社が中心である。これら地域はいずれも戦災による被害が比較的小さかったことから、たぶんそれが幸いして地車文化が今に生き残ったものと考えられる。

当区の話に焦点を合わせよう。区内の5つの神社と2つの御旅所については
すでに詳しく触れた（「鎮守の杜と地域神話」参照）。これら神社には御旅所を含
め旧7か村の氏地を引き継ぐ形で現在、それぞれ1台ずつ、合計7台の地車が
現役である。

　当区における地車の登場は、その製作・購入記録によると、遅くとも明治初
期には始まっていたと考えられる。例えば、東今里（熊野大神宮の御旅所）の地
車は1855（安政2）年作と推定され、1885（明治18）年の明治の大洪水の時には既
に所有されていたようだ。大今里（熊野大神宮）の二代目地車は1898年に360円
かけて新調し、初代のものはその時に20円で下取りされたとある（住吉大佐「地
車請取帳」）。深江（深江稲荷神社）の地車は1881〜83年（明治10年代中頃）に購入
とあるが、話では、1877年頃に購入した（たぶん初代のもの）がかなり傷みが酷
かったらしく、地域の若衆が「（新しい）地車を要求してストライキを起こした」
といわれている。中本（八王子神社）の初代地車は1860年代（慶応年間）に造られ
たもの、現在の二代目は1957（昭和32）年に製作（この時初代を城東区諏訪町へ売
却）とある。また西今里（八王子神社の御旅所）の初代は明治初期から中期の作で
購入は1907（明治40）年頃、現在の二代目は市域編入を契機に1924（大正13）年
頃に購入（この時初代は東大阪市柏田へ売却）とある。ほか中道（八阪神社）では
1924年の社殿改築と併せた形で地車を製作、東小橋（比売許曽神社）では1937（昭
和12）年に大神輿を製作、地車製作は戦後の1951年とある。

　各社の詳細な祭礼記録は手元にないが、大正・昭和の戦前期、大今里や深江
の地車が高津宮（社格は府社）や枚岡神社（同官幣大社）へ巡行したと伝えられる。
例えば、1935年に深江名産の菅笠を枚岡神社へ奉納した時、地車も菅笠にお供
して曳行した写真が残されている（『大阪のだんじり第2集』大阪地車研究会）。日
中戦争以降の戦時体制下では祭事の自粛が徐々に強められたものの、それ以前
は開発ブームに沸いていた時期である。1937年に大神輿を製作した東小橋（比
売許曽神社）では夏祭の渡御参加は老若男女約700名に及んだという（『旧東成区
史』p.287）。

　戦後の祭は、1946（昭和21）年の復興祭に始まった。深江・東今里などの地車
はこの復興祭に参加し、再び曳行を開始した。1950年代中頃にかけて、他の氏
地町会でも地車・神輿・獅子舞（傘踊り）などを順次復活させ、祭りブームとも
いうべき賑やかさを取り戻した。復興への必死な思いが祭事と重なっていたに
違いない。しかし1960年代以降の高度経済成長期、地車巡行が途絶え、祭りブー

左）深江の地車
　出典：『創立50周年記念誌 ふかえ』
右）大今里の地車（正面「宝珠を
　つかむ青龍」）
　出典：『大今里だんじり』HPより

ムは下火となった。再び復活の兆しを見せたのはその後20年ほど経ってから
である。

　1975（昭和50）年の区制50周年の節目に大今里（熊野大神宮）が地車保存会を結
成・再開させた。また、1977年の御堂筋いちょうまつりに深江の地車が、1983
年の大坂城築城400年祭には深江・東今里の地車が参加した。その後も御堂筋
パレードや区民祭りなどへの参加を加え、これらイベントへの参加が1つの刺
激になり、昭和から平成に移る頃にはほとんどの氏地町会で地車巡行が復活し
た。1989（平成元）年に開催された大阪市制100周年記念の東成の区民祭りでは
区内の地車7台がはじめて勢揃いし、地車パレードと会場（東中本公園）での地
車囃子や踊り（当地は天満流の龍踊りを受け継ぐ）が競演され、以来それが恒例と
なった。およそ150年の歴史をもつ地車文化がこうして引き継がれた。

　地車の運営について少し補足しておこう。かつては一村一社の氏子制を背景
に、地車の仕切りは村の若衆が担い、地車は村の団結の象徴でもあった。例え
ば、1898（明治31）年に新調された大今里（熊野大神宮）の地車は、当時のお金で
360円をかけた。今の価値に換算するとおよそ800〜900万円に相当する（1897
年頃の1円は今の2万円強として概算）。仮にこれを当時の大今里の氏子戸数（二百
数十戸）で頭割りすると、戸当たり3〜4万円ほどの負担となる。また、近年で
はこんな話がある。東今里神路地車保存会の地車改修をめぐって、「一度、小さ
な町工場のおじさんたちが集まって日曜大工などで修理したが（それでも60万
円ほどかかった）、素人の修理で地車の軸がずれてきたため、平成15年に400万
円をかけて大修理した」。地車修理は保存会の会長さんの悲願であり、「修理費
を集めるために、地車の引き回しでお花代をもらったり、地域の人に寄付を募っ
て回るのがすごく大変だった」という（杉本容子「大阪市内の古集落と地車」都市

環境デザインセミナー2003年第3回記録）。地車を維持するにはそれを支える裏方（各地の保存会）の並々ならぬ情熱抜きには語れない。

　なお、地車の魅力はその彫物にもあるという。先の1898年新調の大今里の地車は、当時の名門だんじり大工の住吉「大佐」十二代目川崎宗吉と彫物は実弟下川安次郎の合作といわれている。大屋根廻りの鬼板には獅子の頭部を模様化した「獅噛み」、屋根正面の車板には「宝珠をつかむ青龍」、その前の破風部分に取り付けられた懸魚には「鳳凰」「麒麟」、枡合の彫刻には「賤ヶ岳の合戦」、ほかにも小屋根廻りや腰廻り、見送り廻りに「兎をつかむ鷲」「牡丹に唐獅子」「加藤清正虎退治」「太平記物」などが彫り込まれている。各氏地のどの地車をみても1つとして同じものはない。

夏の終わりを飾る地蔵盆

　若者が主役である「地車祭り」に対して、子どもが主役となるのが「地蔵盆」である。町内のお堂や街角の祠で祀られたいわゆる「お地蔵さん（辻地蔵）」は、むかしから子どもの守護神・守護仏として信仰を集め、その縁日である8月23日・24日、子どものための祭りとして今も地域の年中行事の1つに定着している。もともと地蔵盆は、京都がその発祥の地とされ、一説では地蔵信仰と道祖神信仰が結びつき、地域を守る素朴な民間信仰として、中世以降に関西を中心に広まった祭り文化とされる。

　大阪市内に残る辻地蔵の正確な数は承知しないが、1995（平成7）年現在の当区内における地蔵盆の一覧をみると（『東成区わが町のまつりフォト』東成区コミュニティ協会1995）、その数約90か所を数える。この時の区内の町会数は148町会（人口約8万人）であったから、およそ1〜2町会に1つの割合で分布している計算になる。

　事例を挙げてもう少し詳しくみよう。例えば、旧深江村集落部に当たる現在の深江南3丁目（2015年現在、人口1,637人、世帯数774世帯、面積11.8ha、概ね3つの町会で構成）には7体の地蔵尊が鎮座する。およそ1町会500人ほどの範囲に2体が祀られ、当区内でも辻地蔵が多く残っている場所である。旧集落内には5体（東小路地蔵尊、中小路地蔵尊、南小路地蔵尊、旭地蔵尊、高原地蔵尊）、旧集落から少し離れた旧街道沿いに2体（法明寺地蔵、東六北向地蔵尊）が鎮座し、いずれも歴史をうかがわせる。

　これらのうち中小路地蔵尊は、2004（平成16）年にお堂を修築し真新しいが、前の修築は戦前期の1941（昭和16）年、その前は1855（安政2）年修築とあり、深

旧深江村集落の地蔵尊
左）中小路地蔵尊　写真提供：與川二三
中）法明寺地蔵　出典：『暗越奈良街道ガイドブック2012』
右）安堵の辻地蔵尊　出典：深江郷土資料館「周辺散策マップ」

地蔵巡り（安堵の辻地蔵尊
の参道）　出典：『深江つなが
りの輪』ブログより

江では最も古いといわれている。法明寺地蔵は、その脇に「寛政9年・善光寺
如来安置」と刻まれた石碑があり、江戸後期に法明寺への道案内地蔵として建
てられたようだ。また、東小路地蔵尊（別称「安堵の辻」地蔵尊）は、その説明板（法
明寺に残る安堵の御影縁起）によると、深江の法明上人が亡くなる1年前に、雲
間から現れた尊い僧—沙弥教信（平安初期の念仏信仰の先駆者）と出逢ってお告
げを聞いたのがこの辻だったという伝えから、ここを「安堵（安心）の辻」と呼
ぶようになったという。ほかにも、村の四ツ池（南深江公園辺り）の網にかかっ
た地蔵石（南小路地蔵尊）や村人が畑から掘り出した地蔵石（高原地蔵尊）などを
それぞれ祀ったとする話も伝えられている。

　こうしたお地蔵さんのお祭りが地蔵盆である。8月23日の宵縁日には町内地
蔵講の人たちがお地蔵さんを清め（お身拭い）、祭壇にはお供え物を、周囲に飾
り幕や提灯などが飾られる。子どもが生まれると、その子の名前を書いた提
灯が奉納される風習も残っている。24日の縁日夕刻には、深江の地蔵盆の場合、
法明寺の住職が各地の地蔵尊を順にお参りされ、読経に合わせて「数珠繰り」
（念仏信仰の作法で、子どもを中心に20〜30人が輪になって大きな数珠を回すお祈り）
をして、子どもはもちろん地域の人たちの健康・安全を祈る。法要が終わると、
子どもたちはお下げのお菓子や果物、くじ引きでおもちゃなどをもらい、いろ
いろな遊びも用意される。むかしは地蔵盆おどりやスイカ割りなどが定番だっ
たが、近年ではビンゴゲームやスーパーボールゲームなどが人気で、この時ば
かりは大勢の子どもが集まるようだ。小さな子ども向けには金魚すくい、輪投
げ、紙芝居など、各地でさまざまに工夫されるという。ここ深江南3丁目では
こんな工夫もある。日が暮れると行燈に灯がともり、「七地蔵めぐり」ができる。

参道に並べた行燈には幼稚園児や小学生の画いた絵や文字を貼ってある。日暮れ時の光の演出は、懐かしい下町路地の風情をほのかに漂わせている（「深江つながりの輪」ブログ）。

　若者が担う「地車祭り」や子どもたちの健康・安全を願う「地蔵盆」は、たぶんむかしからの大人たちのある種の思いが込められた儀式のようでもある。「地域のこれからを次の世代に引き継ぎ・託す」という強い思いである。祭りが続く限り、地域は元気であり続けることができるのかも知れない。祭りにはそうした力がある。

7　作家たちとまちの記憶

戦中・戦後の闇市

　司馬遼太郎は敗戦直後、当地の今里や鶴橋界隈を一時徘徊していた。1943年11月（20歳の時）に学徒出陣（戦車第一連隊に配属）。敗戦の年の1945年9月、復員してきた大阪で友だちから働き口を紹介された。「今里の町工場（ネジ工場）の運転手」である。行ってみると話は大違い、人八車を曳いて「一日一回谷町まで地金を買いに行く」仕事だった。「好意をことわりかねて、その日から（肩引のついた）荷車をひいてみた」が、「ひと月もひくうちに、ばかばかしくなった」という。また、その年の暮、「ちゃんとした紳士靴がほしかった」ので、「今里の闇市をひとまわり物色してから、猪飼野闇市の方向に」向かう途中、「電柱に貼ってあるビラ（記者募集）」をみて、猪飼野にある新聞社に入社、ここに5か月ばかりいた。新聞記者の原点である。その後は京都の新興新聞社（新日本新聞社）に丸1年、1948年の春に産経新聞社に入社して十数年勤めた。こうして3つの新聞社を遍歴したが、氏にとっての戦後のスタートは今里・猪飼野（鶴橋）界隈であったことが知られている。（『司馬遼太郎が考えたこと』第1巻収録「わが愛する大阪野郎たち」「あるサラリーマン記者」新潮社　2001）

　1943年4月に樟蔭女子専門学校に入学した田辺聖子（この時15歳）は、自宅（現福島区福島3丁目）から城東線を利用し、「鶴橋」で関急（現近鉄線）に乗り換え「河内小阪」に通っていた。関急は「鶴橋―今里―布施―河内永和―河内小阪」のルートであるから、車窓から当地の今里の家並みを眺めていたに違いない。1945年1月に学徒動員で「航空機製作所の工場」でネジづくり、5月の下旬からは学校工場で「兵隊の服を縫う作業」を行った。6月1日の日、「一時間目の授業のあと

左) 司馬遼太郎『司馬遼太郎が考えたこと』第1巻（新潮社 2001年 のち新潮文庫）
中) 田辺聖子『私の大阪八景』（文藝春秋新社 1965年 のち角川文庫、岩波現代文庫）
右) 梁石日『修羅を生きる』（講談社現代新書 1995年 のち幻冬舎アウトロー文庫）

で警戒警報」が発令。第2次大阪大空襲の時である。臨海部や安治川・堂島川沿いが集中被爆した。警報解除ですぐ下校したが「鶴橋から向こうは不通……、市電の線路が光るのを頼りに」歩いて帰った。たどり着いたわが家（写真館経営）は焼夷弾の直撃で焼け落ち、焼跡の「すさまじい白煙をながめた」そうだ。そして敗戦、学校の行き帰りで乗り換える「鶴橋」では闇市がすぐにできて、「道路といわず敷石といわず、商品をむしろの上にひろげ……、銀めしもサッカリンも芋飴も何でもあるが、おそろしく高い……。朝鮮人のうり手が、日本人の客に甲高い声でどなっていた」という。（『私の大阪八景』その四「われら御楯（鶴橋の闇市）」文藝春秋新社 1965）

　当区の出身、1936年生まれの梁石日は、自伝的小説の中で敗戦前後のことを描いている（『修羅を生きる』講談社現代新書 1995、『血と骨』幻冬舎 1998など）。例えば、建物強制疎開である。「焼夷弾の類焼を防ぐために幅五十メートル、長さ数キロにおよぶ空地をつくるために、私たちが住んでいた地域一帯の家を何の補償もなく立ち退かせ、取り壊した」。たぶん1944年2月の第1次疎開空地帯指定のことである。建物疎開の後、姉家族の家に身を寄せたが、その翌年に大空襲に遭った。中道小学校（国民学校）2年生、8歳の時である。防空壕も安全ではなくなり、母親とともにひたすら逃げたという。「火の海と化した住宅密集地の道は路地が多くて通ることができず、……広い道路を選んで逃げた」。疎開道路を左折し、市電道路にそって今里ロータリーへ、さらに布施方面に、「だが大通りに面した両側の家屋も燃えあがり、私たちはあたかも火焔ドームの中をかいくぐっているような感じだった。……もどってみると、家は灰燼に帰して、あたりは焼け野原になっていた」。空襲の被曝状況から考えると、6月15日の第4次大阪大空襲であろう。建物疎開に加えて空襲でも家を焼かれ、姉家族と一緒に奈良の五條に疎開、そこで敗戦を知り、再び当区大成通りの長屋に

左）開高健『日本三文オペラ』（文藝春秋新社 1959年 のち角川文庫、新潮文庫）
中）小松左京『日本アパッチ族』（光文社 1964年 のち角川文庫、光文社文庫）
右）梁石日『夜を賭けて』（日本放送出版協会 1994年 のち幻冬舎文庫）

移り住んだ。「鶴橋駅周辺は一大闇市、……母は戦時中と同じようにホルモンを肴にドブロクと焼酎の一升瓶をリンゴ箱の上に置いて売っていた。私は学校から帰ってくるとすぐに自転車で鶴橋へ行き、密造酒を売っている母が警察の手入れに捕まらないよう、アメリカ製のタバコを売りながら見張っていた」。

砲兵工廠跡とアパッチ集落

　「もはや戦後ではない（1956年 経済白書）」といわれた1950年代後半、戦争の遺物—アジア最大の兵器工場（約35万坪）であった大阪陸軍造兵廠跡をめぐる事件が大きな話題になった。造兵廠跡に埋まった屑鉄を集団で盗むアパッチ族（そう呼んだ）が警官隊との攻防の末に壊滅した話である。これを題材にした小説作品が3つある。開高健の『日本三文オペラ』（文藝春秋新社 1959）、小松左京の『日本アパッチ族』（光文社 1964）、梁石日の『夜を賭けて』（日本放送出版協会 1994）である。開高健はアパッチ族の拠点である朝鮮人集落に潜入取材した経験をもとに書いたという。小松左京のそれは、廃墟を住処とする屑鉄泥棒がやがて「鉄を食う怪物（食鉄人種）」に変貌し、それが「大阪の街の一郭から日本全体へひろがる」という、痛烈な社会風刺をすり込んだSF物（氏の処女長篇）として描かれた。そして梁石日は、自身が実際にアパッチ族に参加した一員であり、鉄塊の発掘に加担した経験者の目でそれを物語った。ただし1958年のアパッチ騒動（作者22歳の時）の後、35年もの長い時間を要して（58歳の時）の作品である。これらそれぞれの物語の詳細は省くが、いくつか象徴的な場所の描写を拾ってみよう。

　1つは事件の舞台となった「廃墟」である。「戦前、ここには陸軍砲兵工廠があり、それが戦時中くりかえし爆撃を受け、ついに見わたすかぎり巨大なコンクリートと鉄骨の、瓦礫の山と化した。くずれた塀や、ねじまがった鉄骨の残骸は視界をはばみ、足のふみ場のないほど煉瓦やコンクリートの塊がつみかさ

なり、やがて終戦とともに高さ三メートルもある雑草がおいしげって、飢えた野犬が徘徊し、一度足をふみいれたら、生きてかえれないとさえいわれる魔所と化した」（小松左京）。

　次はアパッチ族の拠点となった「朝鮮人集落」である。「集落は城東線の車窓から見下ろすことができる。百二十軒ほどのバラック小屋が黒い塊となって地面に這いつくばっていた。……集落の構造は複雑で、いったん集落の路地に迷い込むとなかなか出られなかった。……みんなが勝手に建てた掘っ立て小屋は折り重なりもたれ合うようにして出来上がっており、集落全体が迷宮の魔窟のような構造をしていた」（梁石日）。ちなみに、120軒ほどのバラックに、各地から食い詰めた行くあてのない者たちが、多いときには800人もの人間が集まったという。

　もう1つは「廃墟」と「集落」の間を流れる「運河（平野川・猫間川）」である。「アパッチ族をたちすくませたのは平野川であった。……この運河は寝屋川の一支流で、大阪湾に通じていた。……運河そのものの質は底知れぬ腐敗と沈澱であった。あらゆるものがここに沈んで、よどんで、腐臭をあげていた。犬の死骸。野菜屑。機械油。尿。空罐。すべて形を失い、とけて、くずれて、腐りきったものが、犯しあい、もつれあっていた」（開高健）。

戦後生まれの作家たち

　戦後生まれの、当区や近傍出身の作家を挙げてみると、藤原伊織、東野圭吾、芦辺拓、玄月などが該当する。いずれも近鉄線沿い（鶴橋―今里―布施）の北側・南側エリアに居住歴があり、これら作家の作品の中にも「生まれ育った場所」を舞台に登場させたものがいくつかある。例えば、藤原伊織の『シリウスの道』（文藝春秋 2005）、東野圭吾の『白夜行』（集英社 1999）、玄月の『蔭の棲みか』（文藝春秋 2000）などが代表的である。

　藤原伊織（1948年生まれ、59歳没）の作品『シリウスの道』は、広告業界の熾烈な競争を舞台にした話の中に、3人の幼馴染みが抱える過去の秘密が明かされていくミステリー作品である。幼馴染みが住んでいた街は大阪の下町、「今里」である。この地名が作品の中に20か所ほど出てくる。五叉路の今里ロータリーや通りの図書館、今里商店街や町工場、軒を連ねる長屋と路地、今里新地近くの公園、少し足を伸ばすと鶴橋、玉造、秘密の場所となる真田山陸軍墓地も。そしてこんな風に回想した。「上町台地の丘の上に立つと、子どものおれたちからは、大阪の下町すべてが見わたせるような気がしたものだった。汗のにお

左）藤原伊織『シリウス
の道』上 下（文藝春秋 2005
年 のち新潮文庫）
中）東野圭吾『白夜行』（集
英社 1999年 のち集英社文庫）
右）玄月『蔭の棲みか』
（文藝春秋 2000年 のち 文春
文庫）

いもなく、湿っぽさから遠く、渇いた静謐だけが町をおおっている。……歩け
ば足音が、小石を蹴れば転がる音が、寂れた店があれば風に揺れる壊れた看板
が、そういった音さえすべてが冴えわたっていたあの時代。冬の日々。……満
天には静かに輝く星の群れがあった。冬はそのようにいつも美しかった」。

　東野圭吾（1958年生まれ）もミステリー作家である。作品の『白夜行』は、迷
宮入りした事件の「被害者の息子と容疑者の娘」のその後、2人の周囲には不可
解な凶悪犯罪が次々と起きるという、やや陰湿なトーンで描かれたミステリー
長篇である。物語がスタートする最初の事件場所は近鉄線沿いの「布施―今里」
近辺という設定だ。「近鉄布施駅を出て、線路脇を西に向かって歩き……公園
の向こうに7階建てのビルが建っている」。ここで質屋の主人が殺され、容疑
者は近くのアパートに住む「今里のうどん屋」で働く女性という。また、氏の
初期作品で『浪花少年探偵団』（講談社 1988）の舞台も「布施―今里」近辺が対象
である。小学校女教師の主人公が、担当クラスの悪ガキ連中とともに事件を解
決していく軽快な探偵もの。布施駅や今里駅前の商店街、城東運河、新地公園、
煤けた長屋や狭い路地、小学校と神社などが出てくる。小学校の名は「大路」
とあるが、実際は作者自身が通った「小路小学校」、隣接する神社は「清見原神
社」のことであろう。

　玄月（1965年生まれ）の『蔭の棲みか』（2000年芥川賞受賞作品）は、在日朝鮮人
の集落で戦前戦後を生きた主人公の老人を通して、同じ民族間のギャップを描
写した純文学作品である。舞台は、在日コリアンが多く住む猪飼野界隈。「民
家に挟まれた路地が、トタン屋根の庇の下で狭く行き詰まった洞窟に見えるの
が新鮮だった。ここからでは、洞窟の奥に二千五百坪の土地が拡がり、血管の
ように張りめぐらされた路地が、がっしり組んだ角材に板を打ちつけた二百も
のバラックに通じているとは想像も出来ない」。もう1つ紹介しよう。氏の作

品の中に『運河』(「群像」2003年1月号) という短篇がある。平野川沿いが舞台である。「川は、南北どっちに向かって流れているのだろう。いくら目を凝らしても、水が流れているように見えない。……晴れているのに、川面は雨が降っているような小さな波紋を無数に作りつづけている。あれは川底のヘドロから出ているガスであり、あたりにうっすらと漂う悪臭の元にちがいない」。

　ちなみに、「平野川」は、先の開高健(『日本三文オペラ』)が1950年代後半期に「底知れぬ腐敗と沈澱」と描写したのに対して、玄月のそれは「うっすらと漂う悪臭」とした。そういえば、司馬遼太郎の作品に『婆女守り』(「司馬遼太郎短篇全集第十巻」収録 講談社 2006) という短篇がある。「平野川まで出たとき、綱正は急に意を決して道を南にとり、川沿いの土手を行進しはじめた。やがて一行は舎利寺村・林寺村に出、いよいよ南下して奈良街道に出た」。この物語は関ヶ原の戦いの頃だから、まだ柏原船の運航はなく、大和川の付け替え前の話である。その時の平野川の川幅はかなり広く、蛇行していたが、間違いなく「透き通る清流」であった。

あとがき

　大学に入るまで過ごしたのが本書で取り上げた神路界隈(≒今里界隈)だった。1945(昭和20)年3月10日生まれ、記憶にはないが3月13〜14日の大阪の大空襲の時には日赤病院(天王寺区筆ケ崎町)の地下に移され難を逃れたようだ。彼の地最大の被害があった6月15日の大空襲でも無事に切り抜けた。後で聞いた話だが、母親が一緒につれて逃げるのを忘れ、警報解除の後で戻ってみたら一人で静かに寝ていたようだ。

まちは遊び場

　戦後のヤミ市時代の記憶はほとんどないが、朝鮮動乱あたりから小学校(神路小学校)に入るころにはかなりはっきり憶えている。みんな貧しかったのだろうが、子どもにはよくわからず、何の悩みもなく遊び回っていた。長屋の狭い路地裏は格好の遊び場だった。雑多であったが妙に活気づいていた商店街があり(筆者は新道商店街に住んでいた)、長屋の一角には機械の音や油くさい小さな町工場も混じっていた。

　子どもの行動範囲は意外に広かった。千間川を超えたあたりから一面が田んぼであり、夏にはイナゴ・ドジョウ・ザリガニなどを捕って食べた。近くの城東運河ではトンボ(確かギンヤンマ)が、近鉄沿線の枚岡神社ではクマゼミがよくとれた。枚岡神社の秘密の奥道から暗峠を抜けて生駒山にもよく登った。浜寺の海水浴場(明治の頃は東洋一といわれた)で泳ぎに慣れ、大和川で急激に変化する水の怖さを知り、蓬莱峡(六甲山の裏側)の岩場ではダイビングに挑んだ。夏・秋の祭りには一日中夢中に地車を引っ張った。今里新地の盆踊りはその規模と華やかさに圧倒された。

　近くの神社(熊野大神宮)や原っぱでの遊びに飽きると、大阪城にも遠征した。子どもの足で1時間半ほどの距離である。それに隣接する砲兵工廠跡にも忍び込んだが、守衛に見つかり指紋をとられ、「警察に突き出す」とさんざん脅かされた。アパッチ騒動(1958年)があった4、5年前のことだ。ヤミイチバと称した近くの朝鮮部落にもときどき侵入し、入り口がムシロで覆われたバラック小屋になぜかいつもショックを受けた。

市電がゆっくり走っていたころ

　小学校の勉強は兄弟（兄・姉と筆者の3人兄弟）の中で一番できが悪く、もっぱら体育の時間と給食の時間（脱脂粉乳とコッペパン＋α）、それに放課後の時間を得意とした。よく遊んだ「原っぱ」がいつの間にか中学校（筆者も通った相生中学校）に変わったが、それが戦前に実施された神路区画整理の3つの公園の1つであることはもちろん知らなかった。中学もほぼ小学校の延長のようであったが、少しは本を読むようになり、夜明け前から出かけるフナやハゼ釣り（近鉄沿線の溜め池や武庫川河口など）に楽しみを広げた。

　高校（大阪市立東高校）は市電（今里―日本橋―本町2）で通った。本町通に並行して2～3街区南の通り（現中央大通）と東横堀川が交差するあたりにあったコンパクトな学校である（敷地5,000㎡未満、現中央区役所）。テニスコートとバレーボールコートそれぞれ1面とるといっぱいになる小さな運動場に、四面囲む校舎には蔦がおおっていた。講堂は創立当初の木造校舎（確か大正期の建物）のままでなかなか風格があった。1学年は5クラス、女子が全体の3分の2を占め、前身が女学校であった伝統を受け継ぎ、みんなのんびりしていた。ここではもっぱらテニスコートと部室が居場所だった（筆者は、中学・高校は軟式テニス、大学は硬式テニス部に所属していた）。そういえば、高校に入った年の6月15日、御堂筋デモに参加した。大学生たちはジグザグデモを仕掛けていたが、高校生グループは静かなフランス式デモで整然と歩いた。60年安保で樺美智子さんが亡くなったこの日はよく憶えている。

建築・都市計画の道へ

　何度か受験して大学（福井大学建築学科）に入った。バンカラ風がまだ残っていた学生寮に入り、夜になるとまちに繰り出し、酔うときまって寮歌を叫んで締めくくった。まち全体が学生を包み込むように優しく居心地がよかった。帰阪の折には、近現代建築というより奈良・京都の古い建物めぐりを楽しみ、桂離宮を観てすごいと思った（桂離宮は「つくられた神話的な存在」という評価もある）。

　この時期、大阪の街は大改造の真っただ中、万国博開催に向けてそこら中が掘り返されていた。やがて市電やトロリーバスが廃止され、地下鉄に変わった。地下鉄中央線事業の最大の難関といわれた西横堀川と東横堀川に挟まれた船場地区は通い慣れた高校のそばであり、ここに船場センタービルが建設されて様変わりした。キタ（梅田）やミナミ（なんば）のターミナル拠点では地下街が広がった。高速道路が堀川の上に覆い被さり、懐かしい水都の風景が消えた。活気が

あった地域の商店街や町工場も昭和40年代に入ると徐々に後退の兆しをみせた。市電の廃止とともに、商店街を彩った映画館が1つ2つと消え、産業道路沿いにあった機械街も集団移転した。ちょうどこの時期が戦後における街並み形成の1つのエポックであった。筆者が、建築から都市計画・まちづくりの道に強い関心を持つようになったのもこの頃である。激変する大阪のまちに刺激を受けたように思う。

　大学院（東京都立大学都市計画研究室）に進み、ここではオーバードクターになるまであれこれ横道にそれながら、6年間ほど過ごした。当時は日照権紛争や道路公害反対運動、区画整理反対運動など急激な都市開発のツケが噴出した時期である。住民運動の後を追いながら、住民参加・住民主体のまちづくりの可能性に期待した。そして当時としては数少なかった参加型の計画づくり（グラントハイツ周辺地区整備計画／練馬区光が丘）に関わり、手探り状態で5年間ほどそれにのめり込んだ。これが都市計画の実践に踏み込んだ最初である。その頃のプランナー像は、まち医者型（地域密着型）プランナー、弁護士型プランナー（アドボカシープランニング）の2つのタイプをイメージしていたが、半世紀近くたった今にしても、それが民間プランナーの職域として確立されたとはいいがたい。

まちづくりの歴史を学んで

　以上が、都市計画の道に進むまでのおおまかな歩みだが、もう1つ付け加えよう。筆者がまちづくりの歴史に関心を持ったのは、次の2つの「自治体まちづくり史」の作成にかかわったことがきっかけである。1つは、1992年に発行された『世田谷区まちなみ形成史』（世田谷区／研究会座長：石田頼房）、もう1つは、2008年発行の『町田市まちづくり50年史』（町田市／編集会議座長：高見澤邦郎）である。これらの作業を通じて、恩師石田頼房先生（1932-2015）、研究室の先輩高見澤邦郎さんから歴史の面白さを教わった。こうした機会がなければ、本書の執筆構想もなかったように思う。石田先生には大学院のその後も変わらずご指導をいただいた。世田谷区まちなみ形成史が発行された時も「こんな取り組みがもっといろいろな自治体で広がるといいね」と期待されていた。まちづくり・まち育てが自治体の、そして地域のコミュニティにとって大事なテーマの1つとするなら、それぞれの地域・自治体のまちづくりの歩みをきちんとまとめ、それを将来のまちづくりに生かしていくという長いスパンの取り組みが欠かせないはずである。残念ながら、こうした取り組みはいまも十分に根付いているとはいえない。

もう１つの「場所の記憶」

　さて、私事を長々綴ったが、履歴の１つとして家族の話題にも少し触れよう。彼の地で暮らした家族のことだから、本書の「場所の記憶」に関係なしとはいえまい。筆者の母親が、昨年の10月に大台の三桁（紀寿）に達し、ここ今里ロータリー近くのグループホームでいまも元気である（もう記憶はかなり曖昧だが）。1920（大正9）年生まれ、地元の神路尋常小学校に通っていたから、大大阪誕生期から現在に至る「地域の百年」を見続けたひとりである。2・26事件があった1936（昭和11）年、筆者の父（当時24歳）と母（同16歳）が彼の地で一緒になり、翌年の日中戦争の開始、続く太平洋戦争という戦時下において三世代家族（祖父、父親・母親と子ども３人）に成長した。筆者は終戦の年（1945年）の３月生まれ、その３か月後の６月に祖父は亡くなった。知り合いの家で数日間長居し、父親が迎えに行って自転車の後ろに乗せて自宅に戻ったが、息子の背中につかまったままで息を引き取った。70歳であったから当時としては長生きであった。父親はその２か月後、終戦間近の８月に３度目の召集を受け、大陸に渡る途中の輸送船が撃沈され戦死した。33歳であったから短い命であった。筆者が生まれた終戦の年はわが家にとっても劇変の年であった。戦後、母親は３人の子ども（兄・姉＋筆者）を抱え、気丈に生きた。

　祖父のことも断片的な話を聞いている。今橋２丁目（現大阪市中央区）で生まれ、繊維卸を営む商家で育った生粋の船場のひとであった。子どものころに「猿」という名をもらって歌舞伎の子役に出たこともあり、たぶん演目「靭猿」にも登場したに違いない。二代目実川延若とは幼馴染み、芸能好きで文化的なひとであったようだが、波瀾のひとでもあった。日露戦争のころ、真田山の騎兵隊（騎兵第４連隊）に配属されていたが、あろう事か軍を逃亡、10年間ほど北海道を転々とした。そして大正御大礼の恩赦で大阪に戻る機会を得て、ここ今里で縫製業（縫い子さんを集めて被服類を縫合加工する今でいうアパレル業）を営んだ。祖父が北海道逃避行（「良心的兵役拒否」の行動か否か今になって確かめようはないが）から帰阪し、定住地とした当時の「神路村」が筆者にとってのふるさとの原点である。

　この本は、「我がふるさと（神路界隈とその周辺）」の人たちにぜひ読んでもらいたい。自分たちの「まちの歩み」をしっかり理解し、これからの「まちづくり」に少しでも役立ててもらいたい。まちの基盤をつくった戦前の力強い先人

たちのまちづくりを、戦禍をくぐり抜け、戦後復興の粘り強いまちづくりを、そして都市が大きく変化する中、暮らしを守る多彩なコミュニティ活動をみることができる。ひと言でいうと、このまちは雑多であるが、なかなかしぶとい。100年余りのまちづくりの積み重ねが、変化へのしなやかな対応と誰をも受けとめる許容力の広さがしっかり根付いている。この良さは、これからのまちづくりにもきっと生かされるに違いない。そう確信したのが、今回の「地域まちづくり史」の最大の成果であった。

　この本をまとめるにあたり、戦前や戦後復興期の地域状況等については筆者の兄（竹内宗和／元東宝株式会社常務取締役・東宝ビル管理株式会社代表取締役社長）から話を聞いた。また、いつも近くで相談にのってもらっている高見澤邦郎さん（東京都立大学名誉教授）に全体を一読願い貴重なアドバイスをいただいた。改めて深く感謝いたします。

　本書の編集・発行は、南風舎にお願いし、担当していただいた南口千穂さんには大変お世話になりました。南口さんは大学（東京都立大学建築工学科）卒業後、コクヨ株式会社（意匠設計部）に就職、研修期間は当時女子寮があった「神路3丁目」（本書の対象地域内）に滞在されていたという不思議なご縁です。新型コロナの蔓延で窮屈な行動制限が続くなか、丁寧な編集で多くの時間を割いていただきました。重ねてお礼申し上げます。

　ウィズコロナ・アフターコロナの新たなまちづくりの展開に期待して、そして本書が、彼の地のこれからを担う若い人たちになにがしかを届けるものがあるとすれば、これに勝る喜びはありません。

　2021年7月

竹内陸男

主な参考文献

『大阪百年史』大阪府、1968年

『新修大阪市史』(第1巻～第10巻) 大阪市、1988～1996年

『東成郡誌』東成郡役所、1922年

『東成区史』東成区創設三十周年記念事業実行委員会、1957年
　　＊本文中には『(旧) 東成区史』と記す

『東成区史』東成区制七十周年記念事業実行委員会、1996年

『住宅問題と都市計画』関一、弘文堂、1923年

『関一遺稿集 都市政策の理論と実際』関秀雄編、1936年

『日本近現代都市計画の展開1868－2003』石田頼房、自治体研究社、2004年

『大阪建設史夜話』玉置豊次郎、大阪都市協会、1980年

『まちに住まう―大阪都市住宅史』大阪市都市住宅史編集委員会、平凡社、1989年

『大阪の長屋／近代における都市と住居』寺内信、1992年

『第一次大阪都市計画事業誌』大阪市役所、1944年

『総合大大阪都市計画地図説明書』大阪都市協会、1928年

『十周年記念大阪市域拡張史』大阪市役所、1935年

『大阪のまちづくり―きのう・今日・あす』大阪市計画局、1991年

『まちづくり100年の記録　大阪市の区画整理』大阪市建設局、1995年

『大阪市神路土地区画整理組合事業誌』神路土地区画整理組合、1942年

『大阪電気軌道株式会社三十年史』大阪電気軌道、1940年

『大阪市交通局七十五年史』大阪市交通局、1980年

『大阪市水道八十年史』大阪市、1982年

『大阪市下水道事業誌』大阪市下水道技術協会、1983年

『平野川改修事業のあゆみ』大阪都市協会、1986年

石田佳子「大阪の建物疎開―展開と地区指定」『大阪国際平和研究所紀要』2005年

『戦災復興誌』第1巻 (計画事業編)、建設省、1959年

『大阪市戦災復興誌』大阪市役所、1958年

『大阪焼跡闇市』大阪焼跡闇市を記録する会、1975年

『甦えるわが街　戦災復興土地区画整理事業 (東成玉造地区)』大阪市、1984年

『阪神高速道路公団10年史・20年史・30年史』阪神高速道路公団編、1972, 1982, 1992年

『都市計画と中小零細工業』三村浩史・北條蓮英・安藤元夫 (共著)、新評論、1978年

『都心・まちなか・郊外の共生―京阪神大都市圏の将来―』広原盛明・高田光雄・角野幸博・
　　成田孝三 (編著)、晃洋書房、2010年

『東成区の昨日・今日・明日』東成区役所、1995年

『ひがしなり－みつめよう我がふるさと－』東成区役所、2000年

『大阪春秋 No130（特集：今里界隈）』新風書房、2008年

『松下幸之助起業の地 顕彰碑建立記念誌』松下幸之助起業の地顕彰会、2005年

『コクヨ・70年のあゆみ』社史、1977年

『大阪機械卸業団地10年の歩み』大阪機械卸業団地協同組合10周年記念誌、1977年

『はばたく街－結成50周年記念誌』東成区商店街連盟連合会、1997年

『私たちのふるさとと学校』神路小学校創立百周年記念事業委員会、1982年

『東成区赤十字奉仕団設立70周年・東成区地域振興会設立45周年記念誌』東成区地域振興会、
　　東成区赤十字奉仕団、2017年

『今里新地十年史』今里新地組合、1940年

『今里片江村のむかし話』岡嶋恵美子、2004年

『大阪「鶴橋」物語－ごった煮商店街の戦後史』藤田綾子、現代書館、2005年

『在日コリアン百年史』金賛汀、三五館、1997年

『異邦人は君ヶ代丸に乗って－朝鮮人街猪飼野の形成史－』金賛汀、岩波新書、1985年

『越境する民／近代大阪の朝鮮人史研究』杉原達、新幹社、1998年

『大阪府神社名鑑』大阪府神道青年会、1971年

『大阪のだんじり 第1集〜第3集』大阪地車研究会、1984〜1988年

『暗越奈良街道ガイドブック2012』㈱読書館『暗越奈良街道』編集委員会、2012年

『続・続々／大阪古地図むかし案内』本渡章、創元社、2011, 2013年

著者

竹内陸男 (たけうち むつお)

都市プランナー

1945年　大阪市生まれ
1970年　福井大学工学部建築学科卒業
1972年　東京都立大学大学院建築学専攻(都市計画)修士課程修了
1975年　東京都立大学大学院建築学専攻(都市計画)博士課程単位取得退学
1982年　シビックプランニング研究所設立、現在に至る

〈主な調査研究・計画〉

　住宅公団調査：民間RC造賃貸住宅調査 1977、木賃アパート建て替え研究 1979, 81、公団区画整理事業ビルトアップ調査 1981-82、市町村住宅計画動向研究 1983-86、高密度複合市街地住宅研究 1988、首都圏単身者居住研究 1988-90

　住宅白書：世田谷区住宅白書(2分冊) 1985-86、東京都住宅白書 1992年版

　住宅条例：世田谷区住宅条例 1989、中央区住宅住環境条例 1989、川崎市住宅基本条例・居住支援制度 2000

　住宅計画：世田谷区住宅整備方針(1次方針 1992・後期見直し 1996・2次方針 2001)、町田市高齢者住宅計画 1993、横浜市住宅基本計画 1995、川崎市住宅基本計画(1次改定 1999・2次改定 2005・3次改定 2011)

　地区まちづくり：練馬区グラントハイツ周辺地区 1974-78、江東区木場地区 1976-80、庄和町南桜井地区 1980、杉並区宮前地区 1983-86、世田谷区桜丘地区 1984-86、町田市玉川学園地区 2005-13、町田市田中谷戸地区 2007-12、町田市鶴川平和台地区 2009-17

　自治体まちづくり史：世田谷区まちなみ形成史 1992、町田市まちづくり 50年史 2008

〈審議会委員等〉

　川崎市住宅政策審議会 2000-15、川崎市空家等対策協議会 2016-20、町田市街づくり審査会 2004-06、町田市建築紛争調停委員会 2006-11、相模原市開発審査会 2011-15、茅ヶ崎市住まいづくり推進委員会 2013-21、その他住宅政策関係の委員会(中央区、港区、新宿区、江東区、世田谷区、町田市、田無市、横浜市、横浜市住宅供給公社ほか)

場所の記憶
大阪東部下町／旧神路村界隈とその周辺まちづくり史

発 行 日	2021年8月25日
著　　者	竹内陸男
発　　行	南風舎
	101-0051
	東京都千代田区神田神保町1-46　斉藤ビル201
	TEL：03-3294-9341
印　　刷	日経印刷

©Mutsuo TAKEUCHI 2021, Printed in Japan
ISBN978-4-9909168-1-7　C0052

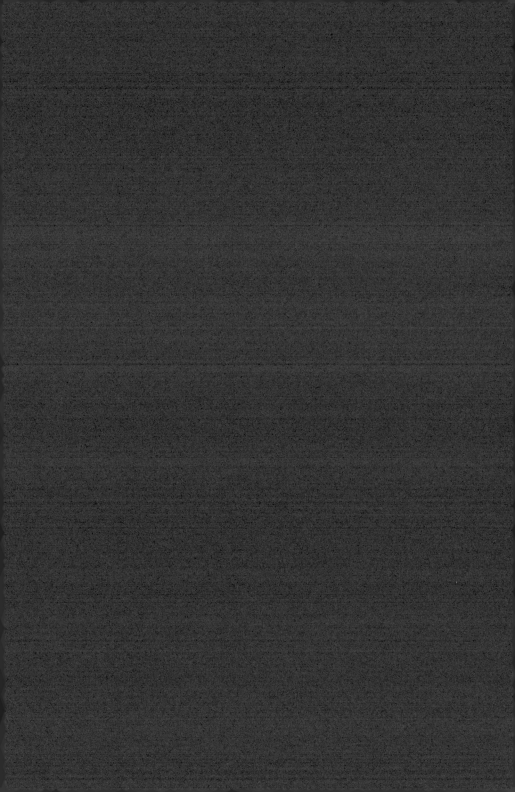